高等院校应用型专业心理学系列教材

老年心理学

PSYCHOLOGY OF AGEING

主　编　张志杰　王铭维

西南大学出版社
SWUP 国家一级出版社 全国百佳图书出版单位

图书在版编目(CIP)数据

老年心理学 / 张志杰，王铭维主编. — 重庆 ：西南师范大学出版社，2015.7

ISBN 978-7-5621-7480-6

Ⅰ. ①老… Ⅱ. ①张… ②王… Ⅲ. ①老年心理学 Ⅳ. ①B844.4

中国版本图书馆 CIP 数据核字(2015)第 173991 号

老年心理学

LAONIAN XINLIXUE

张志杰　王铭维　主编

责任编辑： 任志林　郑持军

封面设计： 尚品视觉 周　娟　钟　琛

排　　版： 张　艳

出版发行： 西南大学出版社（原西南师范大学出版社）

地址：重庆市北碚区天生路 1 号

邮编：400715　市场营销部电话：023-68868624

http：//www. xdcbs. com

经　　销： 新华书店

印　　刷： 重庆新荟雅科技有限公司

成品尺寸： 180mm×230mm

印　　张： 15

字　　数： 302 千字

版　　次： 2015 年 10 月　第 1 版

印　　次： 2024 年 8 月　第 8 次印刷

书　　号： ISBN 978-7-5621-7480-6

定　　价： 45.00 元

前　言

当前人口老龄化已成为一个全球面临的社会现象。根据联合国人口老龄化的标准，一个国家60岁及以上的老年人口占人口总数的比例超过10%，或65岁及以上的老年人口占总人口的比例高于7%，这个国家或地区就进入了老龄型国家或老龄型社会。据《中国老龄事业发展报告(2013)》指出，2012年我国老年人口数量达到1.94亿，老龄化水平达到14.3%，预计2013年老年人口数量会突破2亿大关，达到2.02亿，老龄化水平达到14.8%。这也就意味着我国已经步入老龄社会。

随着日益增长的老龄人口，我们不得不面对随之而来的一系列问题，并由此引发了大量有关老年群体的科学研究。其中，老年心理学作为探讨老年心理活动的特点和规律的学科，日趋受到社会的关注。相对于国外老年心理学的研究，我国在这方面起步较晚，科学研究滞后于老龄化的发展速度。

本书旨在以通俗易懂和科学的方式来介绍老年心理学的相关研究成果，增强我们对老年群体的心理和行为特征的科学理解，促进社会对老年群体的关注和关爱。全书共分九章，第一章绪论主要概述老年心理学的研究对象、研究历史及相关的老化理论；第二章简要介绍老年心理学的研究设计和方法；第三章至第六章介绍老年期的感知觉能力以及记忆、智力、人格和社会性特点；第七章着重介绍老年人的心理健康标准、常见心理疾病及其心理健康的维护；第八章从社会环境的角度，介绍老年人工作、退休及休闲生活的心理意义；第九章阐述了老年人面对死亡以及临终关怀的相关内容。

撰写伊始，我邀请到河北省脑老化与认知神经科学重点实验室主任王铭维教授与我一同担任本书的主编，王教授长期从事老年退行性疾病以及老年心理疾病的临床和研究工作。王教授的加入增加了我完成本书的信心。王教授和我一同协商制定了本书的写作大纲。

本书在撰写过程中力求遵循以下三个基本原则：

1.科学性：在撰写过程中我们参阅了大量权威的文献资料，力求达到对概念和原理的准确表述。

2.可读性：我们力求以简练的文字，通俗易懂的方式来表述有关的研究过程和结果。

3.实用性：本书在每章后都提供有自测练习题，以供读者评估自己对于知识的掌握程度。

本书各章的撰写者分别为：贾茜、张志杰（第一章），刘馨元、张志杰（第二章），刘红丽（第三章），李铭心（第四章），高莹颖（第五章），刘馨元（第六章），杨林霖、张一雪（第七章），张鸥（第八章），张方、贾茜（第九章）。刘馨元在最后的统稿过程中做了大量的工作。最后由我和王铭维教授统稿和定稿。衷心感谢西南师范大学出版社任志林编辑为本书的撰写所提供的无私帮助。本书在撰写过程中，借鉴和参考了大量国内外有关老年心理学的文献资料和前沿研究成果，在此对这些作者致以深深的谢意。

由于我们的能力和水平有限，加之时间仓促，在撰写过程中还存在很多疏漏和不足之处，恳请各位专家和读者批评指正，以期在今后的修订过程中能使之更加完善。

张志杰

2015 年 8 月于河北师范大学

目　录

第一章　绪论

每个人都会接触到老年人，也许是你年老的亲人，也许是你工作中所要面对的客户，而总有一天，我们也会成为老年群体中的一员，老年人与我们的生活是密不可分的。但你真的对老年人有深入的了解吗？或许你只是偏见地认为老年人只是生命力日渐衰退的一个群体。本章将带你迈出认识老年世界的第一步，向你介绍老年心理研究的重要性以及对老年阶段的不同划分方法，最后还会简单介绍一些有关老年发展的理论以及个体在发展中会受到哪些因素的影响、产生怎样的问题等内容。

第一节　老年心理研究的重要性

人在漫长的一生中会经历不同的时期，多数人都会进入最后一个阶段——老年期。发展心理学对青少年及之前的年龄阶段给予大量关注，由此产生了许多著名的研究成果，相比之下，对老年期的关注则少了很多。那么，导致这种现象的原因有哪些？且随着人类平均年龄的普遍增长和老年人口比例的逐渐上升，对老年人的关注越来越具有现实意义，老年研究的重要性也逐渐显现出来。

一、老年心理研究被忽视的原因

我们可以发现有关老年人的心理学理论和科学研究较少，而对儿童心理的研究却非常多，造成这种现象的原因有哪些呢？一是人们普遍认为个体的发展大都发生在幼儿和青少年阶段，而个体一旦成年，人格及能力等各种特点就趋于平稳，不会再有更深入的发展和改变。发展心理学领域的两阶段论观点曾得到大多数人的认可，这种观点认为人的生理和心理功能在个体成熟时到达顶峰之后便要开始经历逐渐衰退的过程。如果单从这种理论视角来看，确实不必过多关注老年期心理的研究，因为个体的发展在成年初期达到顶峰后就只有走下坡路的结果。但是这种假设受到了很多质疑，毕竟个体的发展是一个复杂的过程，而两阶段理论却把这种发展设想得太过简单。与之相对的毕生发展理论认为，发展贯穿于人的一生，发展的形式具有多样性，全部发展过程是由获得和丧失相结合组成。毕生发展观是一种积极的、乐观的老年心理变化观，认为衰老在一定程度上是可以通过干预得到改善。第二个导致人们较少关注老年心理的原因是，由于医疗水平和生活条件的限制，以前老年人的数量和所占比例都相当的少，人口平均年龄较低。直到 20 世纪末 21 世纪初，随着一些发达国家逐步过渡到老龄化社会，人们对老年人和老年期的研究才开始增多。那么为什么我们要更加关注老年期的研究？是哪些原因导致了近些年来对老年期和老化理论的关注？以下内容将会对这些问题进行论述。

二、老年心理研究的必要性

（一）科学因素

直到近几年，人们对成年发展的认识和研究还停留在对成年人的测验和观察上，也就是说，从科学的视角上来看，因为以往研究的样本都来自于青年人，所以很难确定这些研究结果是否适用于老年人，如果不适用，那么它们的科学价值将受到局限。

从发展的角度来看，来自成年人和老年人的不同发现也会对个体的整个发展过程的理解有很大的帮助。例如，如果一个青年人对近期发生的事件有着良好的记忆而老年人对很久之前发生的事件记忆能力更好，这也许可以说明不同年龄阶段的人拥有不同的思考和思维的方式。

（二）个人因素

从个人的立场上看，有关老年期和老化的知识能在生活上为人们提供很大帮助。大多数人都终会步入老年期，因此对老年心理的研究可以带来很多实际用途。例如，应该怎样规划退休以后的生活，选择怎样的居住环境，或是怎样处理与他人之间的人际关系。不仅如此，对老年期的深入理解还有助于理解他人，因为每个人都会与老年人接触，自己的亲人、朋友也许都已经步入老年，你也许会发现亲人或朋友似乎有听力和理解的障碍，那么，如何在这种情况下提高沟通和理解的效率？你也许会发现自己的父母已经变得健忘，或者自己的朋友和年轻时相比变得不爱外出或不爱交际，这些或许都和性格及生活方式随年龄的改变有关。

（三）社会现实因素

随着老年人在社会人口中所占比例的增加，老年人得到越来越多的社会关注，一些健康服务人员接触到老年人的机会也会大大增多。医生、护士、心理学工作者、社会工作人员、医务人员等也许会发现，他们同老年人一起度过的时间越来越长。老年大学中老年学生的数量也逐年增多，所以如何提供一个适合老年人学习的条件是课程规划中的重要内容；在企业中，职员也许会一直工作到老年，因此老板应该能够理解年龄偏长的员工的需求以及他们具备哪些过人的能力；在超市、社区、银行等服务行业的工作人员如果能够了解一些老年人的知识，在面对老年顾客时就更能够应对自如；另外，随着老年人市场的开拓，更多地以老年人为受众的项目和设计会被开发出来，而在这些行为的背后，都需要对老年心理的研究进一步加深和有关老年人的理论作为支撑。

三、老年人口比例

如今，在较发达的地区老年人（65 岁以上）的人口比例不断提高，但是，在欠发达的地区老年人的人口比例较低。从表 1－1 中我们可以看到非洲、北美洲、拉丁美洲、亚洲、欧洲和大洋洲的老年人口比例。《中国老龄事业发展报告（2013）》指出，2012 年，我国老年人口数量达到 1.94 亿，老龄化水平达到 14.3％，预计 2013 年老年人口数量突破 2 亿大关，达到 2.02 亿，老龄化水平达到 14.8％，我国已进入老龄化社会。人口学家描述了社会人口变化的几个阶段。农业社会或工业化之前的社会均有很高的出生率和死亡率，较高的出生率是由于对生育控制的能力低，较高的死亡率则是由于恶劣的卫生条件、营养的缺乏和医疗技术低下所致，在这种社会的人口构成中，老年人只占很少的比例；随着社会工业化进程的提升和科技的发展，社会人口进入第二个阶段，死亡率逐渐下降但是出生率依然保持较高的水平，社会的总体人口数上升；当社会发展到第三个阶段，由于出生率的降低，人口增长速度随之降低，老年人口的比例出现明显的增长；在第四个社会阶段，社会人口的出生率和死亡率都会变得极低，社会总体人口增长得十分缓慢，各个年龄阶段的人口数变得平均，虽然新生儿数量少了，但是他们在出生后可以享有更好的生活条件，拥有更长的寿命。

表 1-1　各大洲 65 岁以上人口所占比例

地区	65 以上人口所占比例(%)
非洲	3
北美	12
拉丁美洲	6
亚洲	6
欧洲	16
大洋洲	10

现在越来越多的国家处于社会发展的第三和第四个阶段，老年人口比例的增加也是学习和研究老年心理学和老化的一个重要影响因素。人口学的信息既可以帮助我们认识到老年群体的需求，帮助我们了解过去和现在的人口特点，也可以用来预测未来的人口总数和比例，虽然不一定十分精确，但确实可以为我们做出的规划提供一些指导。

复习巩固

1.简要阐述我们为什么要研究老年人和老化现象？
2.简要阐述社会人口发展的四个阶段？

第二节　年龄的概念

人们在日常生活中经常会用到“老年人”这一概念。例如，在公交车上要给老年人让座，老年人可以享有一些医疗优惠等等。那么，老年人究竟是指哪些人呢？不同的人对老年人的理解不同，一般情境下，通过观察体貌特征、行为表现，以及询问年龄等方式可以判断一个人是否可以称之为老年人。下面就向大家介绍通常是怎样划分作为人生阶段之一的老年期的，以及老年期内部更加详细的年龄划分方法。

一、老年期的界定

从人的一生发展的角度来看，每一段人生都会有相似的特征及相对应的任务和发展规律，通常用年龄将这些阶段进行划分。在1994年以前，国际上通常将人口分为三个年龄阶段：0至14岁为少儿人口，15至64岁为劳动年龄人口，65岁以上的则为老年人口。随着经济的发展和人们生活水平的变化，又由于各个国家的国情不同，每个国家对年龄的划分会有一些细微的差异，特别是对老年期这一阶段的划分各有不同。例如，很多发展中国家将55岁以上的个体划分为老年人，而发达国家则将老年期界定在65岁以上，日本则定为70岁。随着社会的发展，越来越多的国家逐渐进入老龄化社会，联合国及世界卫生组织（WHO）和教育科学文化组织（UNESCO）将65岁以上的老年人占总人口7%以上的社会，称之为老龄化社会。社会人口的老化，来自医疗卫生和社会生活的进步使得死亡率降低和平均寿命延长。以美国为例，1900年，超过65岁的人只有4%，2000年则达到13%，美国老年人口在100年内增长了12倍之多，65岁以上的人口增长了3倍多。1900年出生在美国的婴儿人口平均寿命是47岁，到了1998年，预测美国出生女婴平均寿命可以达到79.5岁，男婴的寿命也达到了73.8岁。自20世纪90年代以来，我国的老龄化进程加快，65岁及以上老年人人口从1990年的6299万上升到2000年的8811万，所占人口比例由5.57%上升为6.96%，预计到2040年，65岁及以上人口的比例将超过20%，且人口老龄化的现状将会日趋明显。

正如上文所述，以往的研究一直将人类年龄分为三个阶段——儿童年龄、劳动年龄和老年年龄，老年群体被称为第三年龄。但是，一些老年学专家经过大量研究分析后认为，人类寿命已经得到延长，不同年龄层次老人的身体和精神状况还是具有很大差异的，高龄老人和低龄老人在身体健康状况方面存在着明显的差异，因此用一个年龄阶段来概括整个老年群体是不科学的。并且老年群体内部可以被分成两个阶段，由此引出了“第四年龄”的概念。第四年龄的老人是指85岁以上的高龄老人，他们经常在户内活动，一般普遍带有三种以上疾病，且自理能力比较差，需要他人照顾。相对于“第四年龄”，第三年龄的老人在60至85岁之间，他们相对健康，有自理能力，是较活跃的老年群体。这种细致的划分有利于对处于不同阶段的老年人采取不同的措施和对策。例如，对于处在第三年龄阶段的老年群体，可以适当鼓励他们多参加户外运动，以更加积极、健康的方式来对待生活。对于第四阶段的老年人，应该更加关注如何解决他们的生活照料问题、医疗保健以及精神上的慰藉问题。

除了以“第四年龄”这一角度对老年群体进行更细致的划分以外，还有其他一些老年研究者将老年群体划分为初老、中老以及老老三类。初老是指65至74岁的老人，他们的健康状况良好，仍可以在岗位上工作，具有活动能力以及参与社会活动的动机。中老是指75至84岁的老人，他们多患有一种以上的慢性病，并且在心理上可能会有一些障碍，社会参与力和社会活动能力比较低。老老期的人多在 85 岁以上，多数已经瘫痪在床，需要依赖他人的照料，并且可能伴有精神上的疾病和神志不清的现象。在以上对老年群体的划分中可以看出，不同年龄层次的老年人的身心健康状况及其行为模式还是有很大差异的。因此，"老年人"一词的范围是相当宽泛的，将老年群体进行更细致的划分更便于掌握其身心状况和特点。

以上内容从年代年龄的方面讨论了老年的标准，这种是被大家所广泛接受的年龄标准。除此之外，还有心理年龄和社会年龄的划分，因此按照年代年龄标准来说，当一个人进入 65 岁后就是"老"了，但是按照其他年龄标准来衡量也许不一定就是老。人到老年，正是进入生活最充实、智慧最成熟、经验最丰富的阶段，是人类精神世界的宝贵财富。因此要改变那种人生七十古来稀的观念，做到年高而不老，寿高而不衰，努力开创人生的第二个春天。

二、年龄的定义

(一)年代年龄

年代年龄(chronology age)是指从出生到现在所经过的时间，是以时间为单位所计算的年龄，这是一种使用最广泛的年龄计算方式。比如，当别人问你多大时，通常回答的都是年代年龄。除了这种年龄计算方式以外，还有生物年龄、功能年龄、心理年龄、社会年龄等多种年龄，年代年龄并不能在以上几个维度对个体进行准确的描述。

(二)生物年龄

一个人的生物年龄(biological age)与他的寿命长短有关，是指一个人身体的老化程度。如果一个人可以活 70 年，那么他在 65 岁时就被认为生物年龄很高，但如果一个人可以活到 90 岁，那么他在 65 岁时还拥有一个较年轻的生物年龄，所以同样处在年代年龄 65 岁的地段，不同个体的生物年龄是不同的。因为不能精确地推测出一个人的寿命到底会有多长，所以这种判断生物年龄的方法是带有不确定性的。另一种确定个体生物年龄的方法是通过他的机能组织和身体状况来判断，也可以通过与同龄人的比较来推测生物年龄的高低。

(三)功能年龄

功能年龄(functional age)与一个人在特殊领域的能力有关。正如生物年龄一样，功能年龄也可以与同年代年龄的人进行比较，如果一个人在同龄人中可以更好地掌握某一方面的技能，那么他就有年轻的功能年龄。如果一个 85 岁的老人可以做到在夜间很好地驾驶，那么他比其他不能在夜间开车或是不会开车的老人具有更年轻的功能年龄。同一个个体在不同的功能领域功能年龄是不同的，例如这位 85 岁可以在夜间驾驶的老人或许因患有严重的关节炎而不能行走。在体育运动领域，可以认为一个

35 岁的运动员功能年龄较大，而一个 60 岁的企业董事或是国家领导人就不会被认为年龄大了。

（四）心理年龄

心理年龄（psychological age）与一个人能否很好地适应环境有关，如一个人是否能够运用认知、性格、社会技巧去适应新的环境，或是能够主动体验新的经验和活动。如果一个人能够很好地适应这些变化，那么他的心理年龄比较年轻，如果一个人在适应新事物上有些困难或是总是重复之前的行为，那么他的心理年龄比较老。也就是说，在对待周围环境和周围事物时，灵活性强的人心理年龄较小。

（五）社会年龄

社会年龄（social age）与这个社会大多数成员普遍认为的个体应该在什么年阶段做什么事以及应该如何行为有关。例如，人们普遍认为 20 多岁之前应该上学，30 岁左右结婚，30 多岁时生小孩，40 岁时立业。如果一个人到了 40 岁不但没有结婚，还和父母住在一起，就可以认为他们有较小的社会年龄。如果一个人 40 岁了才刚刚进入职场，那么他则比那些工作多年又处于管理阶层的人有较小的社会年龄。曾经有一个调查表明，人们会对一个 45 岁、结婚 20 年并育有两子、处于公司中层管理岗位的女士持有积极的态度，而对一个 45 岁、结婚 5 年、在基层工作的女士持有消极的态度，因为这个女士并没有完成这个社会对中年人的一个期望，并且她的社会年龄要比她的实际年龄小很多。

生活中的心理学

两位老人的不同生活写照

一位 70 岁的老人刚刚过完他的生日，他依然相信自己的身体是年轻的并且充满了活力，尽管在早晨刚刚醒来的时候会觉得身体有一些僵硬，但早饭后一次轻松的散步便让这一整天都变得美好起来。为了保持身体的灵活，老人坚持骑单车并且练习太极拳，老人的母亲已经活到了 90 岁，并且可以自理生活，很少需要他人的帮助。尽管老人的家族里有这样长寿的背景，他并不把他现在的生活状态完全归因于遗传，因为他确实也为自己的身体健康做了很多事。比如，他会尽量多吃蔬菜和水果，尽量避免甜食和酒精，并且依照医生的嘱咐坚持每天测量血压。除此以外，老人还喜欢和密友们在一起打打麻将，或是在一个好天气时打高尔夫球。老人认为，一种积极且平衡的生活方式是保持健康的关键所在。

下面这位老人却不觉得生活得如此得意了，年龄相近的两个老人，为什么对生活的感受有这么大的不同？

这位老人今年 67 岁，最近他发现他在阅读报纸时已经变得很困难了，因为他要费很大力气才能辨认清楚报纸上的字迹，索性他现在只通过看电视或者听收音机来了解新闻。上个星期，老人和他的妻子刚刚参加了一个和朋友们的聚餐，但是感觉不像以前那么愉快了，因为他总觉得朋友说话的声音有些含糊，他必须费劲地去聆听，如果几个人一起说话，就听得更困难了。因此，老人建议妻子一次只约见一个或者两个朋友，这样的话打扰和噪音就会少一些。之后的一些日子里，老人变得不喜欢社交活动，他觉得安静的生活在自己的世界里会少一些麻烦，儿女也不似从前那样理解他了……

三、年龄歧视

年龄歧视是指对老年人的一种歧视态度，这种歧视态度来自一系列不合理的想法或信念。它以一种消极的想法和刻板印象把老年人都视为相似的群体。这种歧视大都包含了对老年人认知能力、社会能力的消极判断。在美国，年龄歧视已经成为仅次于种族歧视和性别歧视的第三大歧视，而和其他两种歧视不同的是，每个人都可能会成为年龄歧视的对象，因为不出意外的话，我们都会有成为老年人的一天。

心理上的老化，是每个人都要经历的，但是这种老化在一定程度上可以受到个人的掌控。例如，可以通过建立良好的生活习惯，培养进取的人格态度将老化的负面影响降到最低。但是社会的老化却往往不受个人的意愿所控制，虽然它也是每个人都能感受到的。社会的老化是指社会对老年人所设定的行为模式和社会制度，社会往往认为，老年人因为年龄已大就应该具有不同的行为准则和社会规范，当然这种社会的观点有利也有弊。例如一些好的社会规范，在公共交通工具上应该给老人让座，这是一种尊老敬老的规范。但是，社会上仍有一种无形的压力影响着老年人的生活和发展。例如，一般大家都认为老年人无须再过分追求事业的成就，应该静静地在家含饴弄孙、颐养天年，再比如，我们时常会听到类似“都这么老了，还……”这样的话语，所以许多现存的社会上的行为模式和社会制度对老年人是不太公平的，带有不少年龄歧视的成分。例如，社会上一般对老年人有很多误解，老年人如果对自己没有正确的认识，加上别人也不能以正确的眼光看待，久而久之就会使自己的行为朝向他人所期望的那样，形成自我实现的预言。例如以下这些社会上常见的对老年人的误解，很多人认为老年人是体弱多病的，长久以来，疾病和衰老这两个词常常被人联系在一起，但是事实并非如此，绝大多数处于初老阶段的老人都拥有健康的身体，甚至有三分之二的 75 岁以上的老人都是相当健康的，因此老不一定代表有病，老也可以很健康地生活。另外，很多人认为老年人的行为模式很类似，例如认为老人体弱多病、依赖性大、固执、唠叨、糊涂，好像老年人都是一个模子里塑造出来的，人越老越向着同一个方向发展。事实上，由于个人人生经验的不同，应该是人越老个体之间的差异性越大，就像美国发展心理学家纽加顿所说："个体的生命就像一把逐渐展开的扇子，当活得越久，彼此之间的差异性就越大。"

除了以上两种对老年人的误解之外，更普遍的误解是认为老年人的心智能力有很大的退化，事实上，随着年龄的增长，个体的某些心智能力确实有逐步减退的现象，卡特尔对智力的划分可以更深刻地解释老年心理的发展走向，他将智力划分为液体智力(fluid intelligence)和晶体智力(crystallized intelligence)，液体智力是指在信息加工和问题解决过程中所表现出来的能力，它较少地依赖于文化和知识的内容，而主要取决于个人的禀赋。液体智力在青年时期达到高峰以后确实会逐渐下降，但是这种减退是十分缓慢的，缓慢到可以使老年人有足够的时间去适应这种改变。心智能力的结构是很复杂的，例如晶体智力，反而会随着年龄的增长而逐渐增加，因此老年人会变得睿智成熟，常识和经验越来越丰富，解决问题的能力也变得越来越好，这些都是晶体智力增长的结果。有些研究证实，经常进行脑力活动会使液体智力的衰退幅度降至最低，这就如同锻炼身体的肌肉一样，经常锻炼心智的"肌肉"可以有效地阻挡心智的衰退，因此，对于老年人而言，如果想保有健康的生理和心理功能，最好的途径便是不断地使用它。当然，除了以上比较常见的对老年人的偏见和误解外，还有很多社会上存在的对老年人的一些刻板印象，如老年人的工作效率比较低，老年人对性不再感兴趣，老年人是寂寞孤独的等等。

虽然年龄歧视这种现象确实在现实生活中存在，但人们对待老年人的态度并不完全都是消极的。有研究发现，大学生们对老年人的看法是多样的，有消极的观点也有积极的观点。例如，有些人认为老年人是"顽固的"、"过时的"，也有人认为是"慷慨的""博爱的"。人们经常赞扬老年人更加拥有一些良好的品质，例如有责任感、有理解力，但是人们也常常认为老年人是不能胜任事情的、虚弱的。这些类似的想法在很多国家都能体现出来，在美国、比利时、哥斯达黎加、日本、韩国等国家都发现了类似的对老年人的看法，这种现象表明了年龄歧视是在全球范围内普遍存在的一种对老年的偏见和消极态度。最近，又发现了一种新的对老年人的歧视态度，那就是人们普遍认为老年人需要同情和怜悯，因为老年人总是感到无助或是十分需要他人的认可和追捧。年龄歧视的存在会产生很多消极的影响，也许随着老年人人口比例的增多，这种现象会逐步减少，但还是应该尽量控制年龄歧视的产生，多多普及有关老年人的知识，营造一个平等、和谐的，适于大家生存和生活的社会。因为每个人都会有年老的那一天，客观地看待老年人，从行为上尊重老年人，从某种角度上来看也是在尊重自己。希望通过以上的探讨可以使大家对老年人有进一步的认识，更了解老年人的心理行为特征，从而更易于和老年人相处。

复习巩固

1.简要阐述如何对老年期进行界定以及老年期内部可以分为几个阶段。
2.简要概括几种年龄定义的划分。
3.结合实际社会现象说说你怎么看待年龄歧视现象。

第三节　老化的理论

随着年龄的增加,老化是每一个个体必须面对的阶段,老化不仅是身体机能的生物性衰退,也会导致认知、情绪等方面的衰退和变化。老化理论的发展已是由来已久,下面将从生物、心理和社会性三个方面来对老化这一过程进行阐述和解释。

一、老化研究的历史及发展

早期的一些学者已经对个体的发展和老化进行了探索。例如,通过对梵语、圣经或者古老寓言来探索人体发展与老化的奥秘,他们甚至通过一些考古学的发现去解释在不同年龄阶段个体发展的不同。这种早期的观点从某种角度来看是在向外传递着一些世界观,例如在圣经中会提到遵循上帝的指示可以长命百岁,或将高龄的女人看作是女巫,这些说法都不免带有一些神秘色彩,但也是对个体老化的一种解读。20 世纪 40 年代以后,人们对老化的研究进入到了一个更加科学的阶段,逐渐抛弃了带有神学和宗教意味的解读,转向一种较严谨、科学的观点。研究者们首先运用现象学的手法,对老化这一现象进行系统的观察和描述,之后建立起一个模型,由此来描述不同的年龄阶段之间有着怎样的联系,个体由健壮到衰老发生着怎样的变化,最后通过一些科学的理论对这种模式和现象加以解释。

尽管人们对老化研究的兴趣可以追溯到几个世纪之前,但对老化的科学研究是近期才开展的,一些著名的研究者(Birren,1996;Birren&Schroots,2001;Schroots,1996)打开了老化的科学研究之路。1835 年,比利时数学家和天文学家阿道夫(Adolphe)出版了一本描述不同年龄阶段的人的身体和行为特点的书。1884 年,高尔顿(Galton)在伦敦发起了一项健康展览,他描述了 9000 名从 5 到 100 岁的人的身体和精神状况,后来,高尔顿的资料被很多科学家进行了分析。1992 年,霍尔(G.S. Hall)出版了一本书——《衰老:人们的后半生》(*Senescence:The Second Half of Life*),这本书从生理学、医学、解剖学和哲学等方面论述了老化的过程,其中还有一部分内容关系到了心理学。在 19 世纪后期和 20 世纪初,由于一些实际的需求,如训练老师，向家长提供一些教育孩子的方法，发展心理学家们将更多的注意放在了儿童身上。而在1933年，布勒(Charlotte-Buhler)出版了一本从生理和心理学两个方面描述个体毕生发展的书籍，后来布勒的这本书被看作是毕生发展心理学的基础。1927年，美国斯坦福大学心理系建立了一个系统研究心理老化的科学实验室，这个实验室是由迈尔斯(Walter R.Miles)建立的。那时加利福尼亚人常认为人太老了就找不到工作，这个实验室起初就是由于这个原因而建立，之后五年的时间迈尔斯对老化又做了进一步研究。1939年，华盛顿大学的生物学家路易斯(St. Louis)编写了一本名为老化问题的书，书中的内容不仅包含了医学方面，还包含了社会、心理学的内容。在1941年美国公共健康服务中心组织了一场有关精神健康和老化的大会。总的来说，在19世纪30年代末和40年代初，对老化的科学研究已经开始在美国成型。老化研究曾经由于美国加入二战而短暂停止，但在战争结束后，研究又开始复苏并且相继成立了一些专门研究老化的协会。1945年，老年学协会成立。随后老年协会和新成立的美国老人协会开始联合出版有关老年化研究的科学期刊。在同一时间，国际老年协会成立，开始组织一些有关老化科学研究的全国性或国际性的会议。

随着科学发展，一些新的发现也有助于老化的研究。比如，在生物学领域中一些精密仪器的改进，可以越来越精准地判断个体细胞的老化程度，这些都有益于老化研究的进展。除此以外，研究设计的进步也进一步促进了老化理论的发展。研究设计从方法论的角度提升了老化研究的科学性。例如，要求老化理论能够区分随着年龄的增长所带来的个体变化与不同年龄阶段个体差异有何相同与不同之处。这就类似于我们现在经常使用的横向设计和纵向设计。横向研究是指在相同的时间对不同年龄的被试进行研究，进而得出发展的规律；纵向研究是指对被试的追踪研究，从而得出个体心理发展的规律。随着这些实验设计变得更加科学和严密，对个体老化的研究具有很大的益处。

二、老化理论的各种观点

(一)生物学的有关理论

生物学领域首先对个体老化进行了探究，生物学理论认为，生物老化影响着所有有生命的个体。个体随着年龄的增长而发生着变化。并且生物老化的过程不同于病理过程，由年龄增长而引起的个体老化的原因是因人而异的。早期一些观点认为，个体老化是由于个体的机能组织受到了随机的破坏，或是个体发生的变化是遗传和基因设定好的程序。这种理论认为，衰老的过程就像计算机编码的程控过程。近期的一些观点也从不同的角度对个体的老化做出了解释，例如人体中的能量是有限的，生命的长度和生命的潜能都会受到人体能量的限制，这些能量应按照预定计划消耗，当大量的细胞耗损，不能及时得到修复时，机体功能就受到影响。免疫系统的退化会导致个体的衰老，随着年龄的增长，免疫系统功能下降、淋巴细胞功能下降，对疾病感染的抵抗力降低。随着个体的衰老，自体免疫疾病增多。另外该理论还认为，老化使得机体对外来异物的辨认与反应降低，导致感染与癌症患病率增加。自由基理论认为，所有生物的衰老和死亡是由一个受遗传因素和环境因素影响的共同过程负责，衰老是细胞成分氧化损伤累积的结果，是由氧自由基反应引起的。荷尔蒙理论认为，过多的类固醇可以引发个体的迅速衰老，身体中的一些有氧代谢物累积后引起细胞凋亡。从微观的角度出发，还有研究者认为，生物细胞的保护与修复功能的退化是导致个体老化的重要因素。

（二）心理学的有关理论

心理学领域则与生物学领域不同，它更加关注个体在认知上的变化或是在情绪体验、人格上的变化。心理学家在对老年心理变化的研究过程中出现了两种不同的观点。一种观点认为，人自出生到机体成熟，直到成年期，其心理活动的变化属于“发展”期，成年以后先有一段时间的稳定期，然后便开始衰退，年龄越老心理活动的衰退便越明显，这种变化只能称作“老化”而不能叫作“发展”，这是一种消极的悲观的心理观。与以上观点相反的心理发展观为“毕生发展观”，这是20世纪70年代以来欧美国家出现的新的发展心理学的观点，认为个体的发展是贯穿一生的，发展的形式具有多样性，整个发展总是由获得和丧失的结合组成。毕生发展观是一种积极的、乐观的老年心理变化观，认为衰老在一定程度上是可以通过干预得到改善的。液体能力的发展与年龄有着密切的关系，一般人在20岁之后，液体能力的发展达到顶峰，30岁以后将随着年龄的增长而降低，也就是说，在老年阶段液体智力是呈一种下滑趋势的，表现为记忆障碍、思维固执、注意力难以集中、持久性差等等。晶体智力是指获得语言、数学等知识的能力，它决定于后天的学习，与社会文化有着密切的关系，晶体智力在人的一生中一直在发展，只是在25岁以后发展的速度逐渐平缓，也就是说老年期的晶体智力不但没有下降，还会保持一种持续增长的状态。

除了从晶体智力和液体智力的角度对老化进行评判，日常能力是近年来新提出的一种综合能力，是指一个人如何通过自己的日常经验有效解决一些日常环境中的问题，这种能力包含了很多方面，比如认知动机、一些实用的认知能力和社会环境分析能力等。研究者发现日常能力并不随着个体的年龄增长而退化，反而会逐渐提高。有一种观点认为，日常能力是个人认知能力与当时环境需求的结合，即个人是否能够对周围的环境进行判断，之后将自己的认识能力有效地运用在当下的问题情境中去。传统的智力测量多集中于对基本心理能力的评估上，然而，对这些能力的评估并不能反映老年个体问题解决的水平的实际情况。

研究者在比较了心理测量学家所关注的智力与人们日常生活中所运用或感知到的智力之后认为，理解成人的智力概念有必要考虑个体在日常生活中获得的实用性知识，也即日常知识应是成人智力的组成部分，探究成人的智力发展或评估成人的智力水平必须考察成人解决日常问题的能力。这种智力概念往往又被研究者称作日常问题解决能力(everyday problem solving)。人与生存环境的不断适应是个体生命全程发展的本质特征,能否解决每个生命阶段所面对的核心任务是个体适应的关键。成人个体面临的主要任务已不再是像儿童、少年时期那样发展形象思维,提高完成学业的能力和掌握与社会文化相关的符号系统。应对日常生活实际中遇到的各种问题是成人适应的主题,而这些问题仅靠形式思维是难以解决的。进入成年期以后,工作经历与生活经验的累积使得不断增加的个人主观意识与已获取的客观文化知识不断整合,成人个体处理问题的方式越来越表现出相对性和多样性,不仅要容忍事物的复杂性、模糊性或矛盾性,还要调适好感情与理智、精神与肉体、自我与他人等多种冲突。对成年晚期的个体来说,保持甚至增进日常问题解决能力,以摆脱对独立性丧失的恐惧更是生存的核心内容。因此,日常问题解决的研究成为考察成人发展本质的重要切入点。有研究者将成人日常问题解决能力分为工具性问题解决能力和人际性问题解决能力。所谓工具性问题解决(instrumental problem solving),是指从事日常生活中对个体的生存具有工具性意义,但不涉及人际情感因素的问题解决活动,如买菜、洗澡、打电话、辨识方向等。换言之,解决这些问题的活动是个体生存的工具。所谓人际性问题解决能力(interpersonal problem solving),是指处理社会关系情境中出现的人与人之间引发的情绪反应问题,如缓和夫妻矛盾、消除朋友间的误会。从对解决日常问题能力的理论可以看出与基本认知能力之间的差别,那么这种日常能力在人的一生中具有怎样的发展趋势呢?日常能力在老年时期又会有怎样的发展?一些研究表明,这种能力在老年期不会出现明显的下滑,反而会在稳中有升,这更多的是一种经验的积累,机体的生物性衰退或许并不对这种能力产生过多的消极影响。例如我们经常说到"智慧老人"一词,虽然人到老年可能出现体能的下降、注意抑制功能的衰退、记忆和思维的衰退,但老年人这种解决日常问题的能力尤其是解决人际性问题的能力不会发生较大变化。

三、理论模型

选择和补偿的最优化理论模型(Selective Optimization With Compensation Model of Aging,以下简称SOA)和老化的生态模型(Ecological Model of Aging)是老化研究中两种较新的理论模型。这两种模型都对老化和老年期提出了一个基本的理论框架,并且可以帮助我们更深入地理解老年人。SOA理论模型主要关注老年人应对老化所选择的策略,生态理论模型则更强调环境作用,尽管两者在关于老化的详细过程有一些分歧,但它们都认为老化是一种适应的过程,并且都以一种积极的视角来看待老化。

（一）选择与补偿的最优化理论模型

SOA理论模型建立在这样一个假设上，每个个体的发展过程就是一个逐步适应的过程，适应自己变化及周围环境的变化，人们能够做出改变，进一步学习，并且唤醒保存的能力，这种能力在一般条件下和环境中是不会被用到的(图1-1)。

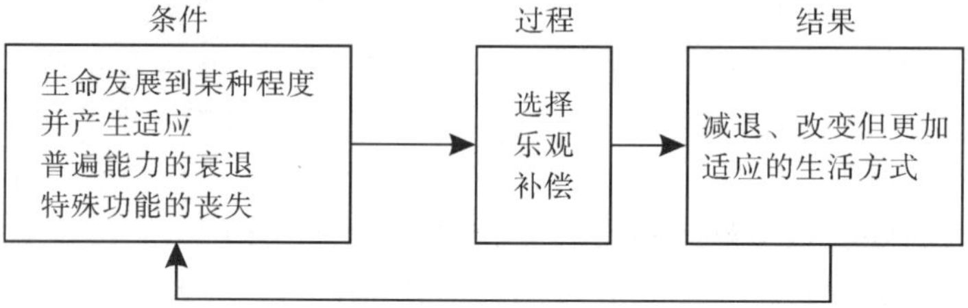

图1-1　选择与补偿的最优化理论模型的动态呈现

SOA理论模型的另外一个假设是，在个体发展的一生中都会体验到得到和失去，在老化的过程中，人们可能会体验到更多的失去，如听力、视力的退化、记忆力的退化等。尽管在老年期失去比得到的比例更大一些，个体内部保存的潜力也逐渐减少，但这并不意味着会失去一切，一些策略的使用可以最大限度地得到成功老化的机会。比如，老年人为了避免失去，可以将努力投入到一个可以继续保持的功能领域中。不同的个体可能会选择不同的领域，所以说这种选择也是一种策略，有时候个体对某一领域的认知还是需要做出调整的，积极乐观的态度不但从量的角度关注生活，更要从质的角度关注生活。当失去发生时，一种新的策略可以作为补偿代替这种失去，如果记忆力衰退了，一个人可以通过记笔记来补偿这种失去，如果听力和视力不像之前那么敏锐了，个体可以通过戴眼镜和戴助听器来进行补偿。SOA理论模型主要来源于毕生发展的观点，它可以解释随着个体的老化，人们是怎样适应各种领域的变化的。如在感觉方面、认知方面、生物方面、社会关系方面等，如果个体在经历这些变化的过程中能够用选择性的、积极的、补偿性的策略来应对，那么它们就可能达到一种成功的、积极的老化。

（二）老化的生态模型

老化的生态模型认为，个体与环境间的相互作用决定了个体的适应水平，这种适应水平可以通过对个体情绪和行为的观察来测得。正如图1-2所示，个体都是具有一定的综合能力的，这种综合能力包括生理上的、感觉上的、认知上的和一些社会能力。周围的环境会给个体带来挑战和压力，这种挑战和压力会对个体的综合能力产生需求。如果想要产生一种积极的适应，个体的能力等级就要与他所处的环境所带来的压力相匹配。

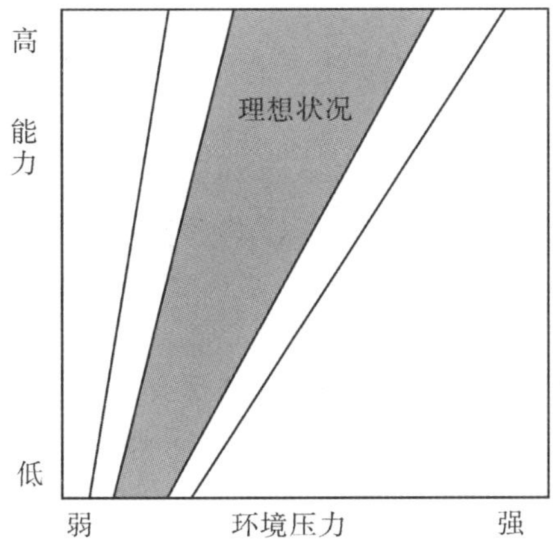

图 1-2　老化的生态模型

在图中，灰色区域代表了一种理想的适应状况，灰色区域两边的两个白色区域则代表了适应不良的情况，来自环境的压力过大或过小都会导致这种情况的出现。灰色区域中的积极适应是由于个体能力和环境压力相匹配的结果，一个人如果能力比较低，那么他在低压力的环境下也可以适应得很好，但是多数情况下周围的环境还是很具有挑战性的。但如果一个环境所带来的压力极低，也还是无法向一个能力较低的个体提供足够的刺激的。随着一个人的能力水平上升，如果想要达到积极适应的状态，他所需的环境压力也应该较大。同时，随着个体能力的提高，个体所对应的灰色区域的面积也在扩大，这说明能力高的人能够适应的压力范围较大，而能力低的人能够适应的能力范围则较小。但是，如果一个人的能力很强，他却生活在一种刺激极小的环境中，这也会产生不良的适应状态。在早期的生态理论模型中，会将老年人看成被动接受环境压力者，现在则更加强调人与环境之间的互动性。与其将老年人看作是消极的接受环境的影响，不如将其看成是与环境相互作用的发起者，因为能力较高的个体是能够发现并开发环境中的资源的。

生活中的心理学

老年人保持好记性与自信很重要

美国《老年医学期刊》近来的一篇文章说道，如果你不相信自己老了以后能有一个好记性，那么你很可能真的会变成一个爱忘事的人；但如果你自信会有个好记性，那么良好的记忆力很可能就不会离开你。

美国布兰代斯大学的心理学家们对 335 名年龄从 21 岁到 83 岁的成年人进行了一项测试，要求他们回忆之前看到的一张词汇表，表中 30 个词汇被分成水果类和鲜花类等等。测试结果表明，在中年人和老年人中，那些对认知控制能力比较自信的人，测试成绩也就比较好。

负责此次研究的心理学教授玛吉·拉赫曼说，如果你对保持好记性有信心，那么好记性就会降临。她在报告中写道："你越是有信心用一些方法可以使自己记住某些事儿，那么你就越有可能尽力寻找适合的方法和有效地利用才智，就越不会担心忘掉那些事儿。"人们年轻时候的记忆力问题，往往归咎于注意力不集中或其他一些因素。而老年人的记忆问题则往往会被人们理解为年纪大了之后的一种智力的下降。拉赫曼说，许多人将记忆力降低看成是"人变老过程中无法避免、不可挽回和控制的一部分。"然而，"这些想法是有害的，因为它们往往与悲伤和焦虑有关，让人不去努力采取必要的措施就放弃了。"

复习巩固

1.简要阐述选择与补偿的最优化理论模型。
2.简要阐述老化的生态模型。

第四节　发展的影响因素和老化研究中的问题

有很多因素会对人们的一生发展产生影响。在个体发展的过程中，不但会受到在一个特殊的年龄阶段所带来的影响，同样也会受到那个年代所发生的事件和周围环境的影响，如气候、文化氛围等，最后，一些突发的或预料不到的事件也会对个体产生影响，比如早年丧偶、事故或是中奖等。发展心理学家将这些因素划分为三类：不同年龄阶段的普遍影响、历史因素的普遍影响、特殊生活事件的影响。下面将从这三个方面对个体发展的影响因素进行详细的解释。

一、发展的影响因素

（一）不同年龄阶段的普遍影响

这种影响因素大都是和阶段年龄相关的生物因素或是环境事件的影响。比如说，在青少年时期身体的生理发育或是女性绝经这一事件都会对个体的发展产生影响。普遍情况下，这种影响因素会在每个个体特殊的年龄阶段体现出来。除此之外，不同年龄阶段的普遍影响还体现在个体生活的社会环境中。比如，在一种特定的文化氛围中，不同年龄阶段的人们会去做不同的事情，包括何时进入校园读书，何时步入婚姻，何时退休等等。例如处于 15 至 18 岁的人在中学校园生活，18 至 22 岁的人会去大学深造，在 20 至 30 岁这一年龄段的多数人们会进入婚姻的殿堂，而到了 60 岁人们将会迎来退休生活。在上一节中曾提到过“社会年龄”这一概念，它是指整个社会对其成员所抱有的期望，即在什么样的年龄阶段做相应的事。但是随着社会的发展，似乎对什么样的年龄阶段做什么事情有了很大的灵活性，虽然 15 至 18 岁的孩子大都会在中学里读书，但是不同年龄阶段的成人去大学深造也已经变得很普遍，也就是说在大学里可以看到不同年龄阶段的成人，而不仅局限于 18 至 22 岁了。所以，虽然多数人选择在 20 至 30 岁结婚，但也有很多人将结婚生子的年龄推迟到 30 至 40 岁，同样，人们的退休年龄也变得越来越灵活了。

（二）时代历史因素的普遍影响

时代历史因素也是影响个体发展的一个重要因素，这种因素来源于特定年代的一个事件或者来自于某个历史时期的社会变革，比如时疫、战争，或是经济发展的某一阶段，如萧条时期、恢复时期、繁荣时期等。除此以外，社会文化的影响也可以包含在这类的影响因素之中，如抚育儿童的方式方法、对性别角色的期盼、对性行为的态度等。这些特殊的因素大都与当时的历史事件有关，比如疾病、战争、新的科学技术的引进。例如，在 20 世纪 40 年代第二次世界大战期间，男性大都参加了战争，所以女性成为社会的主要劳动力就成了一种比较普遍的现象；在 20 世纪 80 年代中期，由于艾滋病的流传，人们对性行为的态度也变得保守了许多；20 世纪 90 年代，计算机的普及改变了人们的交流方式和对信息获取的方式，人们只需在自己的电脑上进行操作，就可以阅读到理想的书目或是购买需要的物品。对于老年人来说，不断提高的医疗条件和医保政策也许就是一个重要的时代历史因素。

（三）特殊的生活事件

以上两种因素都比较偏重于考虑一个群体普遍性的一面，而特殊的生活事件这一因素则更加强调个体特殊性和偶然性的一面，这种因素不会影响到社会的大多数成员，并且不一定和年代年龄和历史因素有关，但却可以对个体造成重大的影响。比如，患上罕见的疾病，遭遇一场事故，中彩票，与配偶离异等等，这些都可以被看作是发生在个人身上的特殊生活事件。

虽然年龄阶段的影响、时代历史因素的影响和特殊生活事件的影响在本书中被清晰地划分为三个不同的因素，但是在现实情况中，这三种因素却是相互影响的。例如，时代历史因素会影响个体年龄阶段的发展，越南战争作为时代历史因素对青壮年的影响要高于对中年人和老年人的影响，因为中年人和老年人较少有参与战争的。1929 年股市的崩盘和随之而来的经济萧条对当时正在养家糊口的人来说产生了直接的影响，这种影响还延续到了较年轻的一代，因为他们不得不辍学找工作来支撑家庭的开销。像这样的例子还有很多，一个人的职业生涯常会受到那个时期经济事件的影响，计算机革命和当今人们对电脑的依赖对不同年龄阶段的人产生的影响是不同的。随着计算机成为教育系统不可或缺的一部分,现在的青少年已经可以熟练地操控它并且会通过它获得信息了,而相比之下,老年人在学习和工作中却很少使用计算机,比如,大部分老年人还保持着在笔记本上进行财务记录的习惯。通过学习,老年人同样可以适应和掌握电脑,但与青年人不同的是,老年人不会像青年人一样对电脑和网络有那么大的依赖感。

虽然从定义上看,生活中特殊事件与年龄是没有联系的,但实际上,同一种事件在不同年龄阶段发生对个体产生的影响还是有很大不同的。一个人在 20 岁时中了大奖和他在 60 岁时中大奖的感受是不同的,当然对其个体影响也不同;一个人在 25 岁时离异与在 60 岁时离异也会明显地产生不同的影响。所以总体来说,这三类影响因素对个体的发展是交互产生作用的,它们是相互区别但又是相互融合的,正因为如此,如想要完整地理解它们是如何对个体产生影响的,就需要心理学家、社会学家、生物学家和社会历史学家的共同合作和努力。

生活中的心理学

89 岁老人为无名抗日烈士守墓 65 年

65 年前的一场与日寇的殊死战斗使他失去了战友,据霍双玉老人本人回忆,当时在战斗中,敌人一枚炮弹落下,一位战士为了掩护他与他一起扑倒,事后他摇晃着那名满身是血的战士,而那名战士却用最后的力气向他吐出了几个字:“我宁死也不当亡国奴!”老人说,那句话深深地震动了他……在这场激烈的战斗后,23 具烈士的遗体被送到霍双玉所在贯南庄村,当天,村民们都自发地从自家的炕上拿下凉席,裹在烈士们身上,入夜后,霍双玉和几个村民把他们悄悄掩埋。从此,这 23 座坟墓矗立在贯南庄,同时也矗立在霍双玉的心中。此后,每年的清明节和烈士们牺牲的日子,霍双玉老人必定要来上坟,带来祭奠用的是平时舍不得抽的烟和只有过年才能吃得上的点心。在平时,这位老人也会来这看看,和战士们说说心里话。这 23 名走得匆忙的烈士都没有留下名字,为了让这些烈士找到自己的亲人,多年来,老人一直坚持在给这些他目睹牺牲的烈士寻亲,据老人的亲属讲,老人先后写过数百封信,但是,所有努力最终都没有换来希望中的结果。不过,在老人的看护下,这 23 座无名烈士坟墓,还是走过了 65 年的风风雨雨,屹立不倒。

从这个感人的故事里,我们能够看到一位 89 岁老人内心中的坚持,也可以看到抗日战争那段历史对老人的生活所带来的影响。如果老人出生在现代,肯定会拥有一个不同的人生,但是这个世界上不会有如果,一切事物的发展都是偶然与必然的结合,个体的发展也一样。

二、老化研究中的问题

在发展心理学中一直存在着两个很重要的问题，这两个问题对老年人和老化问题的研究都具有特殊的意义。一个议题是遗传和环境在个体发展中的作用，另一个议题就是个体发展的这一过程究竟是连续性的量变还是阶段性的质变。

（一）遗传与环境

在很多有关个体发展的研究中，遗传与环境是常被提到的两个因素。遗传主要是指基因和生物学因素的影响，例如双亲寿命短者，其子女的寿命也较短；同卵双胞胎的两人寿命差异比异型双胎者要小；女性的寿命长于男性；长寿老人的遗传物质结构和功能比较稳定，DNA损伤程度较小，修复功能较强，不易受外界理化因素的影响。环境主要指一些外部条件，如生活环境、教养方式、生活经历等的影响。例如，由于气温越高，机体的代谢率越高，而导致寿命缩短，气温过高或者过低均会导致短寿；辐射和环境中化学因素也会导致机体一些器官的早衰；空气新鲜、无工业污染、良好的水土资源和饮食可起到抗衰老的作用。另外，长寿老人的生活往往是清心寡欲、生活规律、起居有常、戒烟少酒、适当运动和清洁卫生的。在早期，发展心理学家们对个体的发展究竟应该归因于遗传还是环境产生了很多争论，而现在，人们越来越偏向于认为，个体的发展是由两者之间的交互作用产生的。

在老年人的身上，遗传和环境的交互作用已经持续了相当长的时间，因此，很难再去探讨这两个因素中哪一个因素产生的影响更大一些。

不同的人在老化的过程中具有很大的差异，为什么有些人在他们的老年期能够保持身体的健康活力和良好的认知能力，而另一些人却因为疾病早逝或是很早就表现出了老化的症状？身体和精神的损坏在多大程度上是来自基因和遗传，又在多大程度上受到像生活环境和生活经历的影响？发展心理学家们经常将拥有相似基因的双胞胎放在一起进行研究对比，去观察他们在不同的年龄阶段有哪些相似的发展，又存在哪些不同的发展，在分开抚养或是在不同环境条件下生活的双胞胎，他们的性格、行为方式、认知能力、健康状况以及寿命长短又具有哪些相似和不同之处。以上这些问题恐怕需要通过长期的、科学的研究才能找到答案。

（二）量的研究与质的研究

当想要研究不同年龄阶段的人具有怎样不同的表现，或是相同年龄阶段的人在不同时间上会有怎样不同的表现时，常常会用到两种方法，一种是量的研究，另一种是质的研究。比如说，如果想要研究青年人和老年人在解决问题的方面有何不同，一种方法是可以比较两组被试所需的解决问题的时间多少，这就是用到了量的指标；另一种办法是可以关注两组被试解决问题的策略有何不同，即选择了质的指标。但常常质与量的指标之间会存有某种联系，比如使用一种解决问题的策略所耗费的时间会比使用其他策略所耗费更长的时间。研究者们有的偏好使用定量的指标，有的偏好使用定性的指标，两种研究方法无所谓好坏之分，我们只需选择更加适合的方法。

总的来说，遗传与环境尤其是两者之间的交互作用对个体的影响是研究者需要考虑的问题。同时，对于不同年龄阶段的人在量上和在质上的不同行为表现也是应该被关注的一点。这两个问题的两个方面都对充分理解老年期与人生其他阶段有何差异具有重要作用。

三、理解老化：解读老年人的新视角

人们对老化过程持有三种不同的观点。早期观点为标准老化观，这种老化观主要是对现象的描述，关注老年人的行为水平、功能状态的平均值，概括了老年人普遍的老化过程。之后有人提出了成功老化观，这种观点强调随着个体的老化，老化的过程可以区分为两种结果，一种是普遍的平均结果，一种是理想的结果，也就是说老化可以分为普通的和可能达到的两种状态。积极老化观是一种最新的观点，它部分来源于积极心理学的兴起，一个人甚至在面对逆境时也可以体会到快乐和平和的感觉，积极的思想可以为人们提供力量和源泉，使他们有能量可以面对老化所带来的身体和心理的挑战。罗伯特认为，积极老化观比成功老化观更加综合、包容性更强，积极老化从根本上挑战了老化的刻板印象，鼓励个体有意识地面对自己老化的事实，建立一种充满生机的老年生活，老年人自身在整个生命周期中，不仅在机体、社会、心理方面保持良好的状态，而且会积极地面对老年生活。作为家庭和社会的重要资源，为了提高生活质量，要使老年人健康、积极地参与社会的机会尽可能发挥到最大，继续为社会做出有益贡献，从而让所有进入老年的人，包括那些虚弱、残疾和需要照料的人，都能提高其生活的能力和生活质量。即使一个人由于老化而受到了身体和心理的限制，他也可以充分体验生活并且找到生命的真谛。

复习巩固

1.简要分析哪些因素影响了个体的发展。

2.遗传与环境是怎样对个体产生影响的？

拓展阅读

美国心理学家发现老年人更容易乐观

不少人进入中老年时期后，会变得比从前乐观、开朗。美国研究人员发现，这是因为中老年人更愿意把注意力集中在积极的事件上，把不好的东西抛诸脑后。

美国东北大学心理学家德里克·伊萨克韦兹与佐治亚理工学院心理学系主任弗雷达·布拉查德—菲尔茨为探寻快乐老人的秘密，进行了一系列的研究。他们给老人和年轻人看一系列面部表情不同的照片，一段时间后，让他们回忆照片中人物的样子。研究人员发现，老年人对那些满面笑容的照片印象最深刻。另一个研究表明，人年纪渐长后，更愿意主动出击，寻找能让自己高兴的事情，他们会“清理”朋友圈子，把那些让自己不开心的人“驱逐”出去。另外，老年人面对失败和失望通常持“顺其自然”的态度，以获得更大的精神满足。这些研究意味着，老年人更多关注生活中积极的事情，看待事物的角度更“阳光”。与他们相比，年轻人倒容易想不开，遇到问题总是烦恼不已，直到有好事发生，才能把他们的注意力吸引开。一些年轻人的快乐“源泉”甚至来自于他人的不幸。

但是伊萨克韦兹说，他们的发现还不足以直接证明“越老越快乐”这一现象，仍需要进一步深入研究。找到老年人快乐的秘密“不像说起来那样容易”，伊萨克韦兹说，“从平均水平来看，老年人比年轻人快乐，我们想要知道到底是什么原因。”

本章要点小结

1.人们常常将兴趣点放在如何减缓老化和如何延长人的寿命，对老化和老年期的科学研究是最近才兴起的。

2.如今老年人口的比例越来越高，人们认识到人的整个一生包括老年期在内都在不断地发展。

3.从科学的角度、个人的角度和社会现实的角度，对老年人和老化的研究都是必要的。

4.年龄可以通过年代进行定义（指从出生到个体当时所经过的时间），同时也可以从生物学、心理学和社会学的角度进行定义。

5.老年期可以被划分为初老（65—74 岁）、中老（75—84 岁）、老老（85 岁以上）三类，其中老老人群的数量更为显著地增加。

6.年龄歧视是指对老年的一种歧视的态度，这种态度来自于一系列不合理的想法和信念。它以一种消极的想法和刻板印象把老年人看成一个相似的群体。

7.生物学领域首先对个体的老化进行了探究，生物老化影响着所有有生命的生物体，个体随着年龄的增长而发生着变化，并且生物老化的过程不同于病理过程，由年龄增长而引起的个体老化的原因是因人而异的。

8.日常能力是指一个人通过自己的日常经验有效地解决一些日常环境中的问题的能力，这种能力包含了很多方面，比如认知动机、一些实用的认知能力和社会环境的分析能力等。

9.在人的一生中，个体的发展会受到三类因素的影响，它们是：不同年龄阶段的普遍影响，历史因素的普遍影响，特殊生活事件的影响。

10.对于个体发展研究的两个主要问题是：发展更多是受遗传影响还是受环境影响，个体发展中的改变是量变还是质变。

11.选择和补偿的最优化理论模型和生态理论模型可以帮助我们更深入地理解老化过程和老年期，这两个模型都阐述了个体怎样进行老化过程的适应，通过适应的过程来达到积极老化和成功老化。

关键术语表

两阶段论	a two stages of life
毕生发展观	the life-span developmental perspective
晶体智力	Crystallized intelligence
液体智力	fluid intelligence
日常能力	everyday competence
选择补偿最优化理论模型	Selective Optimization With Compensation Model of Aging
老化生态模型	Ecological Model of Aging

选择题

1.我们为什么要进行老年研究，老年研究的必要性有哪些？（　　）

A.科学因素

B.社会现实因素

C.个人因素

D.经济因素

2.下列说法中,哪项是对心理年龄的描述?(　　)

A.能够灵活的对待周围的环境和事物

B.能够主动体验新的经验和活动

C.在适应新事物上有些困难或是总是重复之前的行为

D.将新获得的技巧、经验运用到事物的处理上

3.根据老化的生态模型,以下哪种描述代表了适应良好的状态?(　　)

A.个体能力等级高,所处的环境复杂

B.个体能力等级低,所处的环境复杂

C.个体能力等级高,所处的环境简单

D.个体能力等级低,所处的环境简单

4.有很多因素会对我们的一生产生影响,在个体发展的过程中哪些重大因素会对个体产生印象?(　　)

A.不同年龄阶段的普遍影响

B.学校因素的影响

C.时代历史因素的普遍影响

D.特殊生活事件的影响

5.下列哪些描述属于特殊生活事件对个体的影响?(　　)

A.晚年期间被诊断为癌症

B.中了彩票大奖

C.经历的经济萧条时期

D.丧偶

6.以下有关遗传与环境因素对个体发展影响的看法中,错误的是(　　)

A 环境因素主要指一些外部条件如生活条件、教养方式、生活经历等的影响

B 研究者经常使用双生子的研究来探讨有遗传与环境对个体发展的影响

C.老年人的身上很难再去探讨这两个因素中哪一个因素产生的影响更大一些

D.遗传因素主要是指基因和生物学因素的影响

第二章　老年心理学的研究方法

随着社会老龄化进程的加快,老年人的心理健康状况和心理特征的发展变化越来越受到心理学研究者们的关注。作为心理学研究内容的一部分,老年心理学研究与其他研究有什么异同？老年心理学研究的目的是什么？在老年心理学研究中我们通常会采用哪些研究方法？带着这些问题,我们开始学习如何对老年人的心理特征进行调查研究。本章主要介绍老年心理学的研究设计,包括:横断研究设计、纵向研究设计、时间滞后研究设计和序列研究设计;老年心理学的研究方法,包括:实验研究、相关研究和自然研究。

有研究者将22名美国加州大学伯克利分校的老教授(60～71岁)与年轻同事(30～59岁)以及同龄的其他老年人(控制组)进行对比,看看他们在智力功能上的差异。研究要求他们完成一系列测查不同认知能力的任务。结果发现,在某些任务上,如配对一联想学习的测验,老教授们表现出与年龄有关的能力下降。但是在其他测验上,老教授与年轻同事并没有表现出有什么不同,如在复述故事任务中与年轻同事的表现一样出色。而老年控制组则表现出年龄所带来的影响。我们该如何解释老教授们的表现呢?有研究者认为,教授的角色需要他们保持高度的心理活动,而这可以使他们免受某些典型老化症的困扰(Shimamura et al., 1995 心理学与生活)。

老年心理学作为心理学的一部分,对其研究要以科学原则为准。对老年期研究的信息收集和心理学其他领域的方法一样,老年心理学研究者也和其他心理学家面临着同样的问题:寻找合适的控制组以及探索适当的研究方法等。

当然,对老年期的研究与其他心理学领域的研究也不是完全相同的,其区别在于老年心理学的研究需要考虑到行为的多重影响因素。特别是对于研究老年病学的专家而言,考虑到生物一心理一社会因素至关重要。这使对老年期的研究更困难,因为我们需要考虑到更多的变量。

老年心理学研究的目的在于,解释随着年龄的增加,老年人的心理是如何发展变化的,也就是老年人与其他年龄阶段的群体相比,其心理发展的规律和特点是什么,这可以参考前文中的实验。研究者还想了解随着年龄的增加,人们在智力功能上产生了哪些变化。再有,影响老年人心理发展的因素有哪些,以及这些因素及其交互作用如何影响老年人的心理发展。同样在这个例子中,除年龄外,训练也是影响智力功能的因素,它可以补偿年龄所带来的消极影响。对于这些问题的回答离不开对老年心理的科学研究。本章主要介绍老年心理学研究中的常用研究设计和方法。

第一节 老年心理学的研究设计

发展心理学的目的在于探讨和揭示随着年龄的增长,心理特征会产生怎样的发展和变化。在对老年心理特征的研究中,年龄通常是作为老年心理研究的一个重要变量。但是,年龄本身并不是一个单纯的变量,而是与特定的历史背景、社会经济环境相联系的。因此,在老年心理的研究中,必须要区分出与年龄不同,但又存在一定内在联系的几个重要概念。

一、年龄、群组、测量时间

（一）年龄

在目前大多数研究中通常使用一个人从出生到现在的实际的生理年龄(chronological age)，这时的年龄相当于一个时间概念，并不包含与年龄相伴随的生活年代、历史事件等。如果两个人从出生到某一时间点所经历的时间相同，那么我们就认为他们的年龄相同，虽然他们存在着许多其他差别。例如，一个1940年出生的65岁老人和一个1950年出生的65岁老人属于同一个年龄组，虽然他们在心理特征和心理发展方面可能有很多不同，但是他们的年龄是相同的。然而，更好的研究方法应该是使用一种更精确的年龄定义，比如在第一章介绍过的生物年龄(biological age)、社会年龄(social age)和心理年龄(psychological age)等。

（二）群组

群组是指在某一相近的时期内出生，具有相似经历和生活环境的一群人。一个人出生在哪一年，他就属于那一年的群组。例如，出生在1940年的人就称为1940年的群组，出生在1960年的人就称为1960年的群组，有时也称为一代人。群组中的个体在其发展过程中具有相似的社会背景或生活经历。当属于不同群组的年龄相同的人在心理发展的某些方面出现差异时，就不能用年龄因素来解释这种差异了，而群组就成为标志心理特征差异的指标。不同群组之间存在差异的情况称为群组效应。

（三）测量时间

测量时间是指对研究对象施测的时间。测量时间也会对研究结果产生影响，因为在不同的施测时间，心理特征可能会存在差异，而这种差异可能与年龄本身无关。测量时间可以反映出该时期的社会、环境、历史，或被试曾经历的其他事件。例如，涉及某一特定时期的工资增长的数据可能是由于受到那一时期的经济状况的影响。如果经济状况处于严重衰退期，那么出现工资增长现象的可能性就很小。相反，如果处在经济繁荣期，那么涨工资的可能性就很大。显而易见，研究所处的时期是经济衰退期还是经济繁荣期会影响对工资变化的研究，即所选择的测量时间可能会导致相反的测量结果。

在老年心理学研究中，根据对年龄、群组和测量时间三个因素的不同的控制程度，可以将研究设计分为横断研究设计、纵向研究设计、时间滞后研究设计和序列研究设计。下面我们将详细介绍这四种研究设计。

二、横断研究设计

横断研究设计是指在同一时间对不同年龄组的被试进行测量，从而比较各个年龄组的被试在某个心理行为特征上的差异。通过横断研究设计我们可以检验某一心理现象的年龄差异,但缺点是无法观察由于年龄因素而产生的改变。在一个典型的横断研究设计中,通常选取一个年轻组(例如 20～30 岁)和一个老年组(65～75 岁),然后要求他们完成一系列的任务或测验,如果两个年龄组在任务或测验结果上差异显著,我们就可以认为两个年龄组在该任务或测验上存在年龄差异。图 2-1 中的每一纵列都是一个横向研究设计。

但是,老年心理学除了要研究老年人与其他年龄群体在心理特征上的差异,还关注老年人的心理变化,甚至是更感兴趣于年龄变化。而横断研究所得到的结果似乎只能描述年龄差异,而不能解释差异的原因。同时,我们也不能假定,被试在某个心理特征上存在年龄差异,就表明这个心理特征是随年龄增长而产生变化的。

因为对所有被试都是同时施测的,所以测量时间因素不可能是产生组别差异的原因。但是在横断研究设计中,我们无法区分另外两个重要因素——年龄因素和群组因素。也就是说,我们无法判断,测验结果上的显著差异到底是由于个体内在发展过程,还是因为属于某一特定群组的成长经验。在这里我们可以通过一个横断研究设计的例子来具体理解这种混淆,表 2-1 中列出了两个横向研究,其中每一列都是一个横向研究。我们可以看出,在测量时间为 1990 年的横断研究中,年龄为 40 岁、50 岁、60 岁的被试分别来自 1950 年群组、1940 年群组和 1930 年群组。如果群组因素对被试的心理特征变化产生影响,那么不同年龄组被试之间心理特征的差异就不只是年龄差异,这时横断研究得到的结果就不是心理特征变化随年龄变化的结果。测量时间这种年龄因素和群组因素之间的混淆也是横断研究设计的主要缺点。横断研究设计倾向于对成熟或老化做出简要的描述。例如,早期关于智力发展的横断研究设计表明,智力与年龄有很大的关系。可是问题在于我们根本没有办法判断是否大多数人都会表现出一样的发展过程,也就是说,我们不能通过时代差异来研究个体差异。

表 2-1　1990 年和 2000 年的两个横断研究

出生时间(群组)	测量时间	
	1990	2000
1960	—	40
1950	40	50
1940	50	60
1930	60	—

除了变量混淆的问题,针对老年心理学研究的横断研究设计不可避免地面临着被试取样的问题。如果我们的研究对象是八九十岁的老人,由于这些年龄组被试的数量本身就很少,很多人的寿命就无法延续到这个年龄阶段。因此,在某种程度上而言,我们可以认为八九十岁老人在心理特征或健康方面优于那些已经去世的被试,因此形成

了“精英被试”。相比之下，年轻人却是在总体中取样，这些年轻人中既有可能达到高龄的人，也有可能无法达到高龄的人。所以，被试组之间本身就有的差异可能会导致研究结果产生偏差。另外，在横断研究设计中，测验任务也会对研究结果造成影响。比如，在认知实验任务中，年轻被试可能更适应测验形式，而老年被试可能会显得不那么适应。因为老年人的某些认知功能本身已经开始衰退，在测量这些认知功能时，老年被试可能会表现出更多的紧张和消极状态。这些因素都会影响到测验的结果。

虽然有以上缺点，但是横断研究设计仍然是老年心理研究中最常用的研究设计。这是由于对于老年心理研究来说，横断研究设计最方便和实用，因为所有测量都在同一时间进行，而横断研究设计和其他研究设计相比，所需时间更短，同时所需费用较少。更重要的是，由于横断研究设计只进行一次测量，不需要考虑与以前测量结果相比较的问题，因此可以使用最新的测量技术，这样可以进行更精确、先进的研究。因此，只要认识到横断研究的这些限制，它仍然可以作为探索性的研究工具，为其他研究设计的进一步深入研究提供研究方向和思路。

三、纵向研究设计

纵向研究设计是指对同一群组的被试在不同的年龄阶段，对被试的心理特征进行多次观测和测量。纵向研究设计探索的是被试心理特征随年龄的变化过程，是一种发展的、动态的研究方法，可以提供心理特征随着年龄增长而改变的证据。图 2-1 中的横行就是纵向研究设计。

纵向研究设计的一个最大优点是可以确定年龄因素对心理特征改变的影响，因为它是在不同时间施测同一批人。问题是，找到原因我们就能解释为什么会发生这些变化吗？由于纵向研究设计只测量某一群组，因此它能够很好地控制群组因素。但是，另外两个潜在的因变量——年龄和测量时间仍然是混淆的。例如，假设我们想对 20 世纪 30 年代这一群组进行纵向研究，如果我们想在他们 60 岁的时候对其进行测量，那么我们就要在 1990 年做这件事。结果就是，我们观察到的任何改变都可能是由于个体内部加工，即年龄因素，同时也可能是由于我们选取的不同测量时间所造成的。

同样以工资增长为例，如果我们对一个群组进行纵向研究设计发现他们的工资增长了，那么这个现象的原因既有可能是个体自身能力和个人价值的提升，也有可能是所处时代的经济状况。因此，在一个纵向研究设计中，我们不能判断年龄因素和测量时间到底哪一个更重要。

除了混淆年龄因素与测量时间对心理特征发展的影响之外，纵向研究设计在实施过程中还存在一些其他的潜在困难。

首先，如果研究要求被试完成某些任务，而且需要对被试进行多次测量，那么就很有可能出现练习效应。如果练习效应出现，那么被试成绩的提高只能说明，随着时间的推移人们对此类任务更加熟练。对同一批被试重复使用同一种测量工具可能会在被试身上出现明显的练习效应，从而会使研究本身无效，甚至有可能会使被试对该研究产生消极的印象。

第二，纵向研究设计要在被试的不同年龄阶段测量，研究需要历时很长一段时间。比如，要研究某种心理特征从60岁到90岁的变化过程，这项研究要花30年才能完成。而在这么长的时间内，纵向研究设计很容易面临被试流失的问题。被试流失意味着很难保证一个群组在一个纵向研究设计中自始至终保持完整。被试流失的原因有很多，比如有的被试对测验失去兴趣而不愿意再参加实验，时隔几年后被试可能搬家而找不到原来的被试，由于意外或健康问题导致被试死亡（在老年心理学研究中这一原因更为普遍）。被试流失带来的直接后果是被试数量的减少，这会增加统计分析的困难。更重要的是，研究最初的总体是某一群组的总体，随着被试流失，被试从群组总体变成了未流失被试的代表总体，而这些未流失的被试往往在某些心理特征上高于总体水平，比如更健康，有较高的智力水平和受教育程度，更有坚持性等。这就导致了被试流失前后，被试除了年龄、测量时间不同之外，他们所代表的不同总体特征也存在差异。如果被试流失数量太多，我们就很难说清纵向研究结果报告的差异到底是由什么因素造成的。

第三，纵向研究设计结果本身的外部效度较差，即对某一群组进行的研究结果很难应用到其他群组中去。因此，纵向研究设计的结果很有可能只是某一群组所特有的发展过程和特征。

由于纵向研究设计相对来说耗时长，花费较多，因此，在过去的研究中并不经常使用。但是，人们对纵向研究设计的认识似乎有所改变，为了进一步理解和解释人类毕生发展的过程，心理学研究也越来越需要来自纵向研究的证据，即随着时间的推移，个体会出现哪些心理特征上的发展和变化。因此，纵向研究设计在对老年心理学的研究中越来越普遍。

拓展阅读

横断研究设计和纵向研究设计之争

从前面的介绍中可以看到，横断研究设计和纵向研究设计都可以进行有关年龄差异的研究，同时也存在一定的局限性。横断研究设计混淆了年龄与群组的差异，而纵向研究设计混淆了年龄和测量时间。

在实际的研究中，两种研究设计有时候会得出相反的研究结论。例如，在智力研究中一直存在着这样的争议：智力随着年龄的增加是增长或减低，还是保持不变？横断研究结果表明其中存在明显的年龄差异，而纵向研究的结果显示不存在年龄差异。哪个结论更可信呢？

在横断研究中，年龄差异可能反映了存在真实的差异或反映了群组效应。例如，老年人从未学习过任何计算机技术，而年轻人则可能在关于新鲜事物的智力测验中表现得更突出。问题在于我们无法区分到底是年龄还是群组效应导致了差异显著的结果。在纵向研究中，不存在年龄差异的结果可能只是反映了不存在年龄变化。也有可能是只有健康的、智力水平较高的被试才会一直坚持到最终试验完成。这也就可能导致最终的被试样本与开始时的被试样本已经存在显著差异。

其实，两个研究的结果都不完全正确。因为，在这两种研究设计中都存在变量的混淆问题，在错误的假设前提下，其研究结果也不可信。从这个例子我们可以看出，在比较横断研究和纵向研究的结果时一定要小心谨慎，以避免前人研究中的类似错误。

四、时间滞后研究设计

时间滞后研究设计是指在不同时间测量相同年龄的被试。严格来说，时间滞后研究设计并不针对年龄差异进行分析，因为在该研究设计中进行差异比较时所有被试都处于相同的年龄阶段。在时间滞后研究设计中，对于不同群组在不同时间进行观察和测量，而这些群组在进行测量时都具有相同的年龄。例如，在 1980 年对 1940 年出生的 40 岁的群组进行测量，在 1990 年对 1950 年出生的 40 岁的群组进行测量，而在 2000 年对 1960 年出生的 40 岁的群组进行测量，然后比较这三个群组的差异。图 2-1 中的三个对角线即为时间滞后研究设计。

通常采用时间滞后研究设计来描述人们在某一特定年龄段的特征。但是，由于该研究方法不能提供任何心理特征的年龄差异，或是由于年龄增长而产生心理特征改变的信息，因此时间滞后研究设计在老年心理学研究中并不常使用。

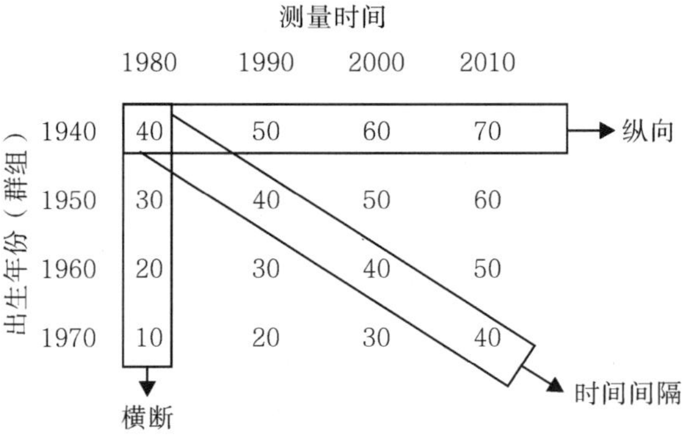

图 2-1　测量时间、群组、时间间隔

图 2-1 中，每一列为一个横断研究设计，每一行为一个纵向研究设计，每一对角线为一个时间滞后研究设计。

我们已经介绍了三种研究设计类型，图 2-1 包含了以上三种研究设计类型。然而上述的三种研究设计类型，都只能对某一种因素进行较好的控制，同时还产生了另外两个因素的混淆。这些混淆包括：横断研究设计中年龄因素和群组因素的混淆，纵向研究设计中年龄因素和测量时间的混淆，以及时间滞后研究设计中群组因素和测量时间的混淆。这些研究缺陷增加了解释个体行为差异的困难，正如“拓展阅读：横断研究设计和纵向研究设计之争”中所讲，那么，是否有一种更复杂的实验设计可以同时解决这些问题呢？

五、序列研究设计

为了对三种因素进行更好的控制，沙因（Schaie，1965）提出了序列研究设计。序列研究设计建立在上述三种研究设计的基础之上，可以区分年龄、群组、测量时间三者的影响。序列研究设计可以分为三种：群组序列设计、时间序列设计、交叉序列设计。每一种序列研究设计都是前面三种研究设计的结合。

（一）群组序列设计

群组序列设计结合了横向研究和纵向研究的特点，不考察测量时间的影响，只考察心理特征在年龄和群组因素上的差异，即同时对两个或两个以上的组群进行横向研究。群组序列设计的实施过程一般包括：首先选取几个群组作为被试，然后在各个群组被试的不同年龄阶段，对被试的某种心理特征进行测量。实际上群组序列设计即是对每个群组的被试分别进行纵向研究。如图 2-2 所示，一个组群序列设计包括两个或两个以上纵向研究设计，对两个或两个以上群组进行测量。在这种系列研究设计中，每个纵向研究设计都开始于同一年龄，并且对每组被试进行相同时间长度的跟踪研究。例如，我们在 1980 年对一组 50 岁年龄的被试的智力发展进行一个纵向研究，我们的被试是 20 世纪 30 年代的人。之后我们会对这一组群跟踪研究若干年。在 1990 年我们会对另外一批 20 世纪 40 年代的 50 岁年龄的被试进行第二个纵向研究，同样，之后我们会对这一组群进行跟踪研究，时间长度和之前组群一样。

出生年份（群组） \ 测量时间	1980	1990	2000	2010
1940	40	50	60	
1950		40	50	60

图 2-2　群组序列设计

注：图中间数字代表年龄

对群组序列设计的分析，可以使用方差分析的办法，分别分析群组的主效应、年龄的主效应、群组和年龄的交互作用，从而确定群组、年龄因素在影响某种心理特征发展中的作用。随着群体序列研究中被试的年龄范围的扩大、群组数量的增加，其研究结果可以逐渐推广到更大的适用范围中。

虽然优于单一的横断研究设计或纵向研究设计，但是群组序列设计仍然存在一些问题，比如它与纵向研究设计面临着同样的历时长、被试流失等问题。当然群组序列设计最主要的问题是对被试的施测时间不同。因此在群组序列设计中有一个假定的前提，即所研究的心理特征的测量结果与测量时间无关。这是因为如果在不同测量时间，研究得到不同的测量结果，那么群体序列设计的研究结果就不完全可信。

（二）时间序列设计

时间序列设计是在不同的时间对两个或两个以上的横断研究进行观察和测量。时间序列设计不考察群组的影响，只考察心理特征在年龄和测量时间上的差异。进行时间序列研究的过程包括：首先确定需要进行研究的年龄组，然后对这些年龄组进行测量，第一次测量结束后，再选择几个其他的测量时间，选择与第一次测量同样的年龄组进行测量。因此，时间序列设计实际上就是在不同的测量时间分别进行几次横断研究。如图 2-3 所示，一个时间序列设计包括两个或两个以上横断研究，即在两个或两个以上的时间进行测量。在这些横断研究中，每个研究的被试都有相同的年龄。然而，每个测量时间中的被试又都不同。例如，我们可能会在 2000 年比较 40～60 岁被试的智力测验成绩，然后在 2010 年，则改用另一批 50～70 岁的被试再进行重复研究。

出生年份（群组）	测量时间 1990	2000	2010
1930	60		
1940	50	60	
1950	40	50	60
1960		40	50
1970			40

图 2-3　时间序列设计

注：图中间数字代表年龄

对时间序列研究结果的分析，可以使用方差分析的方法，分别考察测量时间的主效应、年龄的主效应、测量时间和年龄的交互作用，从而确定测量时间和年龄对某种心理特征发展的影响。随着时间序列设计中年龄范围的扩大、测量时间数量的增多，其研究结果可以推广到更大的适用范围。

但是，时间序列研究也存在实验设计上的问题，时间序列设计无法确定群组对被试心理特征的测量是否存在影响。因此，时间序列设计也是建立在一个假设前提的基础上，即所研究的心理特征与被试的群组无关。因为如果不同群组被试的心理特征发展不一致，那么测量时间序列研究的结果就不可信。

（三）交叉序列设计

交叉序列设计不关注年龄的影响，只考察心理特征在群组和测量时间上的差异。交叉序列设计的实施过程一般包括：首先选择需要研究的几个群组被试，对这些被试进行第一次测量，然后在不同的时间继续对原来的被试进行测量。表 2-2 是一个交叉序列设计的案例，该研究在 2000 年和 2010 年对 1940 年和 1950 年的群组被试施测。从表中可以看出，所有同一群组的被试年龄不同，同一测量时间的所有被试年龄也不同。

表 2-2　交叉序列设计

群组	测量时间	
	2000 年	2010 年
1940 年	60	70
1950 年	50	60

对交叉序列设计的分析，可以使用方差分析的方法，分别考察测量时间的主效应、群组的主效应、测量时间和群组的交互作用，从而确定测量时间、群组对某种心理特征发展的影响。随着交叉序列设计中群组数量的增加、测量时间次数的增多，其研究结果可以推广到更大的适用范围中。

交叉序列设计假定，研究所测量的变量与被试的年龄无关。很明显这种假设前提下的研究设计并不适合一般的老年心理学研究，因为我们一般认为，心理特征随年龄发展而发生变化。因此将交叉序列设计应用在老年心理学研究中时，一般都需要与群组序列设计或时间序列设计同时使用，作为后两者的补充研究方法。

（四）综合年龄、群组和测量时间的序列研究设计

以上三种序列设计都只能测量年龄、群组或测量时间三个变量之中的两个。那么是否能有一种研究设计将三个变量都结合到一起进行测量呢？沙因在这个问题上做出了极大的努力和贡献。他曾经指出，如果将组群序列设计和时间序列设计结合起来，那么将会产生一个“最完美的研究设计”（1965，1977）。这种结合后的研究所得到的数据可以用来解释人类发展过程研究中的大多数问题。这种序列研究设计是由两个或两个以上的横向研究设计和纵向研究设计构成，包括以下几个施测过程：首先进行一个横断研究，对各年龄段的被试进行测量；5～10 年后再对这些被试施测，同时新增一个年龄组，这个年龄组的年龄与第一次测试时的最小年龄组的被试年龄相同；再过5～10年后，对前两次的被试再次进行重复测量……以此类推，直到所有年龄组的被试接受同样次数的测量后，这个序列研究才算结束，一般要耗时几十年。

我们以沙因曾经做过的一项关于成人智力发展的交叉序列设计的研究为例，让大家更直观地认识交叉序列设计。这项研究最初是在 1956 年进行一个简单的横断研

究，以来自四个群组的22～67岁成人为被试，进行智力测验。接着在1963年，再一次对之前的被试施测，这样就得到了四组被试的纵向研究数据，可以观察他们的心理特征随年龄增长而产生的变化和发展。同时，招募年龄在20～70岁的新被试来参加测试，这些新被试形成第二个横断研究，与之前1956年的横断研究中的被试的年龄群组相同。然后在1970年，对两个横断研究中的被试再次施测，得到1956年测量被试的第二份纵向研究数据，和1963年测量被试的第一份纵向研究数据。最后，在1977年对1963年测量的被试进行第三次测验，这样，每组被试都经历了14年的纵向研究，同时也可以对比两组被试的数据结果。

尽管序列研究设计是一种很有效的研究方法，而且可以得到关于心理发展问题相当丰富的信息，但是，只有少数的研究者使用这些方法，因为序列研究设计既占用大量的时间，又需要大量的财力支持。序列研究设计需要在相当长的时间里跟踪研究大批被试，同时还要招募新被试，需要进行复杂的数据分析，还要考虑到资金问题。在上面的例子中我们可以看到，研究者前后共花费21年的时间收集所有数据，之后又用5年的时间来分析处理数据，使结果可以广泛应用。因此，这种研究方法对大多数研究者来说并不容易实现。

复习巩固

1.什么是横断研究设计？
2.纵向研究的优点和缺点分别是什么？
3.序列研究设计包括哪几种类型？

第二节　老年心理学的研究方法

通过横断研究设计、纵向研究设计和序列研究设计，我们可以知道不同年龄组被试在哪些心理特征上存在差异，或者被试的哪些心理特征随着年龄的增长而发生变化。然而这些研究设计只能描述心理特征的差异或改变的现象，并不能从中找到解释引起差异或变化的原因。因此，为了进一步研究老年心理发展问题，解释心理特征差异和变化现象，我们必须引入新的变量，采用新的研究设计。在对老年心理学的研究中，通常使用的测量方法是在控制情境的条件下研究那些会对人毕生发展产生影响的变量。例如，选取不同的年龄组，其中一组为老年组，通过在不同的条件下比较不同年龄组之间在某些心理与行为特征上的差异来探讨年龄对于心理行为的影响。另外，也有一些心理学家在现实生活中对老年人进行研究，关注老化过程中的主观经验。比如自然研究，即研究者们在现实社会中观察老化过程，而不是在心理学实验室中。

在实际研究中，我们要把本章第一节中讲到的三种研究设计和这三种研究方法结合起来，这样我们就可以知道随着年龄的增长，哪些心理特征存在差异或发生了变化，同时可以解释这些现象的原因。在心理学研究中，所选用的研究方法会影响你对研究结果做出怎样的结论，尤其是在对年龄进行比较的研究结果进行推论时。本节我们将详细介绍三种基本的研究方法：实验研究、相关研究和自然研究。

一、实验研究

实验是指研究者有意安排一套程序，从而使研究者在严格控制的条件下取得能解释因果关系的经验，因而能使这种经验得到重复或验证，而不仅仅是偶然的关联。实验研究要求研究者操纵一些变量，控制另外一些变量，然后观察其他变量的相应变化。其中需要进行操纵的变量叫作自变量，研究者可以改变这些变量的性质和数量。除自变量之外，实验过程中还存在一些无关变量，它们可能会影响自变量对因变量的作用，因此需要加以控制，否则可能会混淆自变量对因变量的作用。在一个实验中，研究者加以控制的无关变量叫作控制变量，而未加以控制的无关变量叫作混淆变量，因变量又叫反应变量，是研究者通过操纵自变量，希望观察到变化的变量。

实验研究的最典型特征是在实验室里进行，在一种高度控制的情境下进行观察记录，比较符合自然科学研究的规范要求。假如我们想了解在学习汉字或英文单词中采用不同的学习方法是否会影响他们最终记住多少词条，那么我们需要做的就是对不同年龄组的被试提供不同的指导语，不同的指导语会告诉被试不同的学习方法，然后要求被试回忆学习过的词汇，看他们分别能记住多少。例如，我们可以将被试分为两组，一组青年被试和一组老年被试，选取其中某一组被试事先告诉他们要记忆实验中所呈现的词汇，每个词呈现三次，而对另外一组被试则不提供任何有关的线索。这就是实验法的一个研究案例。

实验法的根本要求是对关键变量的操纵，所谓关键变量是指，研究者认为它是某一特定行为的原因。在上述例子中，研究者所操控的关键变量是关于学习方法的指导语。一般而言，在一个实验中，研究者最乐于看到的是不同被试组之间存在差异，因为这可以说明实验所引入的自变量对因变量产生了影响。研究者需要对实验中所有重要的变量进行严格控制，包括自变量、实验条件、被试等。在一个实验研究中，所有变量都得到了系统、严格的控制，根据实验结果，研究者才可以做出自变量和因变量之间存在因果关系的推论。例如，在上面的实验中，我们可以总结出某种学习方法使人们的记忆成绩更好或更坏。如果我们想更进一步理解老年期心理的发展和老化的个体内在过程，那么这种因果关系的发现是至关重要的。

在实验研究中，无关变量的数量远远大于自变量的数量，因此研究者控制无关变量的程度，决定了自变量和因变量间因果关系的可信程度。被试间的个体差异是一个普遍存在，而且是十分重要的无关变量，所以在实验研究中往往采取随机分配被试的方法来消除个体差异的影响。实验研究中的随机化方法，使分布在各个实验条件下的各组被试基本同质，这样就可以控制由被试个体差异造成的无关变量对因变量的影响。

综上所述，我们可以总结出实验研究的几个特点：

(1)研究者必须主动对某些变量进行操纵，操纵这些变量后可能会引起因变量的变化；

(2)研究者必须控制一些自变量之外的无关变量，以消除这些变量对因变量的影响；

(3)实验研究要求随机分配被试，以消除被试间的个体差异；

(4)研究者通过实验研究可以得到自变量和因变量之间的因果关系。

另外，需要大家注意的是，年龄本身不能作为一个自变量，因为我们不能操控年龄。因此，我们不能用一个真实验设计来单纯地检验年龄本身对人们某种行为的影响。我们只可以得出类似于“在自变量对因变量的影响中，可能与年龄因素有关”这样的结论。

二、相关研究

不同于实验法可以得到因果关系的推论，相关研究是为了确定两个或两个以上变量之间的关联程度而进行的研究。研究者不对研究中的变量进行操纵，只是将自然发生的结果作为变量进行测量和分析。例如，在卡夫诺和墨菲(Cavanaugh & Murphy, 1986)的一项关于焦虑和记忆之间关系的研究中，他们测量被试的焦虑程度，并要求被试完成记忆测验，然后计算二者的相关程度。结果他们发现，记忆是否与焦虑有关取决于研究所使用的焦虑量表。

相关研究无法给出像因果关系那样的确定性结果。例如，智力和问题解决能力之间存在相关并不意味着某个因素一定会引起另一个因素。在进行老年心理学的相关研究中，研究者首先需要确定自己要进行测量的变量，然后对这些变量进行测量。在数据分析时，可以采用相应的相关计算方法，所得到的相关系数可以说明两个变量之间的关联程度。如果研究中只有两个变量，可以直接采用双变量相关计算其相关系数；如果施测对象是多个变量，可以分别计算两两相关程度，也可以使用偏相关系数，即控制其他变量，只考虑两个变量之间的相关。相关系数和偏相关系数都可以说明两个变量的关联程度，两个系数越大，说明两个变量之间的关联程度越高。当然，相关有正相关、负相关和零相关之分。相关系数的变化范围从-1.00至$+1.00$。正相关即指一个变量增加时，伴随另一个变量的增加；而负相关则是一个变量增加时，伴随另一个变量的减少；零相关则是相关系数为0时，表示两个变量之间不存在相互关联的关系。

虽然相关研究不能像实验研究那样提供因果关系的解释，但是相关研究对于探索某一变量在多大程度上与另一变量有关具有重要意义。变量之间的高相关是存在因果关系的必要条件，即高相关系数是存在因果关系的必要条件。可以想象，如果变量间的相关性足够高，那么我们理应能从一个变量的大小推断出另一个变量值。这正是相关研究提供的一项功能——预测。例如，从 20 世纪 50 年代到 60 年代初进行的一系列研究都发现，吸烟与肺癌之间存在某种程度的正相关，即一个人吸烟量越大，那么他患肺癌的可能性也就越大。这种相关研究得到的结果可以使人们做出某种预测。根据某人吸烟量的大小，我们就可以预测这个人患肺癌的可能性，反之亦然。美国公共卫生局 1964 年的年度报告总结道，吸烟危害健康。这一结论基本上是根据相关研究的成果做出的。

另外，由于发展心理学家们重视的研究问题大多是一些很难的，或者甚至无法操控的变量之间的关系，因此，相关研究在发展心理学中得到了大量的应用。在某种程度上讲，大多数发展心理学的研究都是相关研究，因为年龄本身不可操控。也就是说，我们可以描述许多个体心理发展中的现象，却无法解释它们。

三、自然研究

虽然实验研究方法可以得到因果关系，为变量间差异或变化的现象做出确切的解释，但实验情境和生活现实差距较大，这使研究结果往往缺乏概括性。为了克服实验室实验法人为的局限性，有的心理学家主张采取自然实验法，即有目的地创设一定条件，在比较自然的情境下进行实验研究。

直到 20 世纪 70 年代后期，心理学家才开始越来越多地注意到实验研究和相关研究方法过于简化了人类的行为。本节介绍的前两种研究方法依赖于一个假设前提：决定人类行为的重要变量可以被独立出来，同时可以单独研究这些变量。而自然研究则不受制于这一假设，下面我们来了解什么是自然研究。

自然研究法认为人类行为是复杂的、相互依赖的、众多因素相互作用的结果，不能对其进行孤立的研究。我们必须在自然环境下研究人类行为，而不能只在实验室里通过给予刺激来观察其某种行为。自然研究主要基于研究者和被试之间的互动。在刚开始的时候，研究者希望探索的信息可能不是很明显，但是随着研究的进展，这些信息会越来越清晰。自然研究中最常使用的研究方法是深度访谈法，通过这种方法可以得到很丰富的资料信息。

拓展阅读

深度访谈法

深度访谈法又名深层访谈法。深度访谈法是一种无结构的、直接的、个人的访问，目的在于揭示被试对某一问题的潜在动机、信念、态度和感情。

深度访谈法主要是用于获取对问题理解的探索性研究。比如，为了解老年人老化过程中的情绪情感等心理特征的变化时，可采用深度访谈法。在访谈过程中，研究者为消除受访者的防御心理，可以采用各种如字词联想、角色扮演之类的技巧来对其进行访谈。

深度访谈法适合于了解复杂、抽象的问题。这类问题往往不是三言两语可以说清楚的，只有通过自由交谈，对所关心的主题深入探讨，才能从中概括出所要了解的信息。

比较常用的深度访谈技术主要有三种：阶梯前进、隐蔽问题寻探，以及象征性分析。阶梯前进是顺着一定的问题线探索，例如从他人评价一直到老年人对自己的认识和看法；隐蔽问题寻探是将重点放在个人的想法而不是社会的共同价值观上，放在与个人密切相关的问题而不是一般的生活方式上；象征性分析是通过反面比较来分析对象的含义，比如要想知道“是什么”，先想办法知道“不是什么”。

深度访谈法的优点是可将反应与被访者直接联系起来，可以自由地交换信息。但是深度访谈也有不足之处。首先，不是每个人都能够成为深度访谈的有技巧的调查者。其次，调查的无结构使得结果十分容易受研究者自身的影响，其结果质量的完整性也十分依赖于调查技巧。此外，研究数据也常常难以分析和解释。因此，一个严格的心理学研究需要专业、熟练的调查者来进行深度访谈。

综上所述，自然研究很适合用于涉及社会相互作用的心理学问题的这类研究。因为这些问题涉及动态的交互作用，而相比于实验研究和相关研究方法，自然研究刚好可以提供一个十分接近现实社会的实验条件。自然实验法大大减少了实验室实验的人为操控，因此，如果所创设的条件适当，它会是进行老年心理学研究的理想方法。自然研究的优点是，实验者可利用实际的生活情景来研究心理活动的变化规律，被试处于自然状态，所得的结果比较切合实际，可以有效地应用于实践。自然研究在一定程度上避免了实验室实验中明显的人为因素。然而，它的不足之处是实验情景不易控制，容易受无关变量的影响。

复习巩固

1.实验研究的基本特点是什么?
2.什么是相关研究?
3.自然研究有哪些优点?

第三节　老年心理学的模型

长久以来,人们一直都很关心人类毕生发展的问题。随着心理学家们的研究和理论成果日益增多,逐渐形成了一些心理学模型来解释老年人心理特征的特点和变化。这些模型主要包括:机械模型、机体模型、情景模型和生物—心理—社会模型。其中,最有影响力且最为人们所接受的是生物—心理—社会模型。本节我们将为大家简单地介绍机械模型、机体模型和情景模型,主要介绍生物—心理—社会模型,以及与之相关的一些老年心理学研究。

一、机械模型、机体模型和情景模型

(一)机械模型

机械模型使用一种机械隐喻来解释人类的发展和老化。机械是由许多相互联系的部分共同组成的集合体,因此也可以将其分解,单独研究每一部分。简单地讲,机械模型认为整体是部分的集合。同时,机械也是被动的,它不会自己主动去做任何事情,而需要依靠一些外界的力量来推动它产生行为。因此,我们可以看到,机械模型强调的是后天教育和环境的作用。机械模型将个体视为一个被动的机体,只需要对环境做出反应。在机械模型观点的指导下,研究者们为了认识人类行为,首先会将复杂的行为(比如记忆)分解成为一些相对比较简单的行为成分(比如注意和感觉记忆),然后单独地研究这些成分。例如,在研究记忆时不需要考虑到情绪、目标或动机。机械模型的另一个重要内容是强调环境刺激和可观察行为之间的联系,而不是与关于内部加工的假设概念之间的关系。最后,机械模型关注量变,而不是质变。

(二)机体模型

机体模型认为人体是一个复杂的生物系统。不同于机械模型,机体模型认为整体大于部分之和。也就是说,在人体各部分相结合之后会产生某些功能,而这些功能是单纯关注于某一部分无法看到的。例如,氢(H)是一种极不稳定、容易爆炸的物质,而氧(O)是物质燃烧的必要条件。然而,当两个氢和一个氧相结合后却得到了一种可以将火扑灭的物质——水(H_2O)。人类的各种功能也是一样,我们不能通过研究人们的某一个组成部分来认识个体发展的整体。

另外,机体模型还假设个体是他们自身发展的积极参与者。人们可以掌控他们的生活,为自己的成长和发展负责。而且,这种发展大多朝着某一特定目标。因为机体模型强调质变,所以它是阶段发展理论的基础,比如埃里克森的心理发展八阶段理论,我们在第六章中会详细介绍。

(三)情景模型

情景模型认为个体的发展依赖于历史事件,即历史中某些特定的时间点。例如,生活在20世纪末的人们的发展方式就不同于生活在19世纪末或其他任何年代的人们。每个年代都有其独特的生活情景,这种生活情景是社会、心理、文化和生物相结合的产物,它决定着人们的发展方式。反过来,每一代人的发展又影响着当时的生活情景。

情景模型也认为,整体大于部分之和,认为人们在个体的发展中是积极主动的塑造者。然而,情景模型并不认为人们明确地知道自己的发展目标是什么。情景模型强调发展多方向性,即成功进入老年期或完成老化过程的方式不止一种,人们可以根据自己的特点和所处环境的特点实现属于自己的成功老化过程。情景模型既支持量变,也支持质变。

二、生物—心理—社会模型

关于老年期心理特征和老化的经验可以通过许多角度获得,比如人类学、社会学、生物学、医学、政治学、心理学和经济学等等。每种角度都对老年心理学的研究和理论建设做出了贡献。从心理学角度研究老年心理学的任务在于,解释在老化过程中某些行为是如何形成或如何消失的。

(一)生物—心理—社会模型中各因素的交互作用

生物—心理—社会模型强调生物、心理和社会三方面发展力量的相互作用,这就要求我们用一种整体的、多方向性的方法来研究老年心理学。整体的研究方法意义深远。例如,如果我们想了解一个女性在更年期期间发生了哪些变化,那么我们必须要考虑生理上的改变,以及这些生理改变如何与社会中关于更年期的传言相互作用,又如何与这位女性当时的心理特征相互作用。如果只关注所有这些影响因素中的某一个,而忽视其他方面,就很容易产生偏见。比如,如果我们只考虑更年期女性的荷尔蒙改变,那么我们就不会真正理解她们在更年期到底经历、体验到了什么。

要记住所有这些因素,我们必须真正做到理解行为是自然发生的。也就是说,我们不能用将复杂行为分解为若干部分的方式来理解或预言人们的行为。当把某个人行为的所有碎片拼合成一个整体时,我们会发现这个整体可以产生一些超越每一小部分单纯相加的功能。

生物一心理一社会模型是将发展和老化过程中的生物影响、心理影响和社会影响有机结合起来的有效方法。图 2-4 即是对该模型的简单描述。从图中我们可以看到，生物一心理一社会模型包含四个主要部分：人际关系、内在因素、生理因素和生命周期。箭头表明了发展和老化是这四种因素之间复杂交互作用的结果。这些交互作用表明，理解其中的任何一个问题（比如物理疾病）都需要考虑到其他因素的影响。

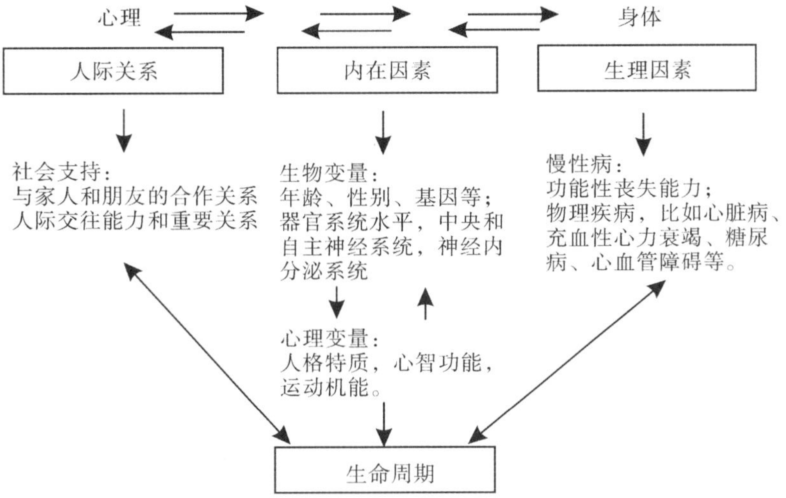

图 2-4　生物一心理一社会一模型

（二）人际关系、内在因素、生理因素和生命周期

通过图 2-4 我们已经大致了解了生物一心理一社会模型的相互作用方式，下面，我们继续学习该模型中的四个重要组成因素。

1.人际关系。人际关系因素包括一个人与其他人的关系类型和特点，特别是与家庭成员、朋友和整个社会的关系。来自这些人际关系的影响可以满足我们大多数的需要，比如归属和爱的需要，以及为个体遇到危机事件时提供支持网络。在第七章中，我们会详细介绍老年人的人际关系特点及其对老年人心理发展的重要意义。

2.内在因素。内在因素涉及两个主要的影响类型。首先是正常的、与健康相关的变化，这种生理改变是老化过程的必然产物，它会使老年人丧失某些机体的灵活性。这些变化我们会在第三章中详细介绍。其次就是心理发展，老年人的人格、记忆、智力等等都会发生改变，这些心理发展是老年人与外部社会相互作用以及获得归属感的基础。关于老年人记忆、智力和人格等改变分别在第四章、第五章、第六章中详细介绍。

3.生理因素。生理因素涉及物理疾病和功能性疾病。这些疾病并不属于老化过程中的正常部分，尽管这些疾病的产生可能是由于年龄增长。在第三章我们会介绍一些老年人常见的疾病，以及基本的应对措施。

4.生命周期。生命周期包括以下四方面的内容：

(1)过去的社会经验，包括所经历的成就和逆境、丧亲丧友经历、压力事件、经济困难等；

(2)过去的身体经验，包括急性病、易染病体质、心理障碍等；

(3)当前状态，包括行为和智力、希望和动机，以及对老化的态度；

(4)未来展望，包括焦虑、恐惧，以及关于变老的沮丧。

一个人在某一特定时间、地点做出怎样的行为与他在过去的社会、心理和生物三方面的经历密切相关，同时，它们也与人们当前的状态和对未来的态度相互影响，协同作用于个体行为。生命周期为理解人们如何看待当前情境，以及当前情境如何作用于个体提供了背景。生命周期因素强调在不同的生活状态或年龄，同样的事件可能会产生不同的结果。比如，25 岁时生小孩和 45 岁时生小孩，对个体的意义可能是不一样的。将当前的情境放到更广阔的背景中去理解它，这对人们从完整、全面的角度看待问题很有帮助，而且也有利于毕生发展心理学研究的普及和发展。

三、生物一心理一社会模型下的老年心理学研究

假如你已经对老年人的心理特征和研究方法有所了解，并决定研究记忆的年龄差异问题。但由于对这一方面的研究很少，还不确定是否存在年龄差异，因此，你决定采用横断研究设计。为了使研究数据具有更广泛的适用性，你又编制了一个问卷，从几个不同的方面(比如名字、面孔等)调查人们的记忆能力，测查他们感觉在过去几年中记忆发生了怎样的变化，他们会使用哪些记忆技巧，以及当要求他们记忆某些事情时是否会感到焦虑等等。

在开始收集数据之前，先试着回想一下生物一心理一社会模型中的那些会影响研究结果的变量，包括健康状况、物理和心理变化、生命周期等因素，在被试的选择上一定要消除上述变量的影响，这些变量本身就有可能使研究结果产生差异。已有的研究结果表明，在老年心理学研究中，经济条件好、受教育程度高的被试往往表现更好，而经济条件较差的被试则一般都低于正常水平。有了生物一心理一社会模型作为基础，我们就不会将那些经济条件好、受教育程度高的被试的研究结果推广到其他被试中。

健康状况是影响心理机能的一个关键因素。例如，我们发现慢性病会影响智力，还有类似阿茨海默症这种疾病，患者几乎丧失其心理机能(第五章)。因此，研究者在对老年心理学的研究中应该包含一些对被试健康状况的评估，以免健康因素影响研究结果。

在对老年心理学的研究中最容易被忽视的就是老年人的视力和听力。一些年轻人很容易看清楚的细小物品，对老年人而言可能就很困难。在研究中如果不考虑到这一点而做一些调整，比如放大问卷或实验中的字号，就可能得到无效或不可信的数据，或是让老年人在整个实验中为自己衰退的视力感到沮丧。同样的道理，在呈现听觉刺

激的实验中，也要考虑到老年人听力功能衰退的现象。在第三章中，我们会更详细地介绍关于老年人的视力和听力等问题。

不同于以在校学生为被试的心理学研究，老年心理学研究需要我们真正到社会上去招募老年人被试。因此，在老年心理学研究中，我们必须更多地考虑到老年人的生理和心理特点，并以此为依据来设计研究。另外，新颖、难度适中、测量方法合适的研究设计更容易吸引老年人参与我们的研究。

复习巩固

1.老年心理学的模型主要有什么？

2.生物—心理—社会模型是什么？

3.生物—心理—社会模型由哪些部分组成？

拓展阅读

生物—心理—社会模型在老年心理学研究中的应用

通过本节的介绍，我们知道生物—心理—社会模型有很多显而易见的优点，然而研究者们以这种模型作为研究基础的时间却并不长。在大约30年前，心理学研究者们才开始强调对待老年期心理发展这一问题，要采用多种观点相结合的方法的重要性。在这之前，大多数心理学家都将老化视为一种不可避免的衰退过程，而且都没有考虑自己想法之外的其他观点。

另外，采用生物—心理—社会模型是与过去研究在根本上的背离。在这种模型框架下，研究者接受了老化是一个极其复杂的过程。也就是说，老化不是一个孤立的现象，在研究心理老化现象时还必须考虑到生物老化和社会老化这两个背景。

例如，在智力差异的研究中必须考虑到大脑的不断发展和衰退，同时在分析数据结果时还要考虑到在教育或技术领域被试经历过的重大历史事件，因为这些重大事件可以影响人们的思维方式。

为了让生物—心理—社会模型更贴近我们的个人发展过程，请闭上眼睛一分钟，我们来回顾一下我们自己的成长过程。想想你所面对过的改变或成长，它们是多么的复杂，其中包含了许多来自生物、心理和社会的发展力量。这也就是为什么我们要用包含这三种发展力量的生物—心理—社会模型来解释老化现象，而不是单纯地只关注其中的某一个，并以此作为解释老化的原因。

本章要点小结

1.在对老年心理特征的研究中，年龄、群组和测量时间是三个重要变量。年龄通常指一个人从出生到现在的实际的生理年龄；群组是指在某一相近的时期内出生，具有相似经历和生活环境的一群人；测量时间是指对研究对象施测的时间。

2.横断研究设计是指在同一时间对不同年龄组的被试进行测量，从而比较各个年龄组的被试在某个心理行为特征上的差异。它的缺点是容易造成年龄因素和群组因素的混淆。横断研究设计是老年心理研究中最常用的研究设计。

3.纵向研究设计是指对同一群组的被试在不同的年龄阶段，对被试的心理特征进行多次观测和测量。纵向研究设计会混淆年龄因素与测量时间，而且容易出现练习效应、被试流失、外部效度差和费时费财等问题。

4.时间滞后研究设计是指在不同时间测量同年龄的被试。容易混淆群组因素和测量时间。

5.序列研究设计建立在横断研究、纵向研究和时间滞后研究三种研究设计的基础之上，可以区分年龄、群组、测量时间三者的影响。

6.组群序列设计结合了横向研究和纵向研究的特点，不考察、测量时间的影响，只考察心理特征在年龄和群组因素上的差异，即同时对两个或两个以上的群组进行横向研究。

7.时间序列设计是在不同的时间对两个或两个以上的横断研究进行观测和测量。时间序列设计不考察群组的影响，只考察心理特征在年龄和测量时间上的差异。

8.交叉序列设计不关注年龄的影响，只考察心理特征在群组和测量时间上的差异。

9.沙因(Schaie)提出了综合年龄、群组和测量时间的序列研究设计，这种序列研究设计是由两个或两个以上的横向研究设计和纵向研究设计构成。

10.实验是指研究者有意安排一套程序，从而使研究者在严格控制条件下能解释因果关系的经验，因而使这种经验得到重复或验证。

11.实验研究的特点：研究者必须主动对某些变量进行操纵，操纵这些变量后可能会引起因变量的变化；研究者必须控制一些自变量之外的无关变量，以消除这些变量对因变量的影响；实验研究要求随机分配被试，以消除被试间的个体差异；研究者通过实验研究可以得到自变量和因变量之间的因果关系。

12.相关研究是为了确定两个或两个以上变量之间的关联程度而进行的研究。研究者不对研究中的变量进行操纵，只将自然发生的结果作为变量进行测量和分析。

13.自然研究法认为人类行为是复杂的、相互依赖的、众多因素相互作用的结果，不能对其进行孤立的研究。自然实验的优点是实验者可利用实际的生活情景来研究心理活动的变化规律，被试处于自然状态，所得的结果比较切合实际，可以有效地应用于实践。它的不足之处是实验情景不易控制，容易受无关变量的影响。

14.老年心理学的模型主要包括：机械模型、机体模型、情景模型和生物—心理—社会模型。

15.生物—心理—社会模型强调生物、心理和社会三方面的发展力量的相互作用，这就要求我们用一种整体的、多方向性的方法来研究老年心理学。包括人际关系、内在因素、生理因素和生命周期这四个重要的组成因素。

关键术语表

群组	cohort
群组效应	cohort effect
测量时间	time of measurement
横断研究设计	cross-sectional research design
纵向研究设计	longitudinal research design
时间滞后研究设计	time-lag research design
序列研究设计	sequential research design
年龄差异	age-related difference
群组序列设计	cohort-sequential design
时间序列设计	time-sequential design
交叉序列设计	cross-sequential design
机械模型	mechanistic model
机体模型	organismic model
情景模型	contextual model
生物—心理—社会模型	biopsychosocial model

选择题

1.老年心理学研究中的重要变量是（　　）

A.年龄　　B.群组

C.测量时间　　D.受教育程度

2.下列哪种研究设计中容易混淆年龄因素和群组因素（　　）

A.横断研究设计　　B.纵向研究设计

C.时间滞后研究设计　　D.序列研究设计

3.纵向研究设计的缺点包括（　　）

A.被试流失　　B.混淆年龄因素和测量时间

C.容易出现练习效应　D.耗时过长

4.老年心理研究中最常用的研究设计是(　　)

A.横断研究设计　B.纵向研究设计

C.时间滞后研究设计　D.序列研究设计

5.在实验研究中需要进行操纵,研究者可以改变其性质和数量的变量叫作(　　)

A.关键变量　B.因变量

C.自变量　D.无关变量

6.能够得到因果关系结论的研究方法是(　　)

A.问卷法　B.实验研究

C.相关研究　D.自然研究

7.自然研究最常使用的方法是(　　)

A.问卷法　B.实验室实验法

C.深度访谈法　D.观察法

8.下列哪种老年心理学模型既关注量变又关注质变(　　)

A.机械模型　B.机体模型

C.情景模型　D.生物—心理—社会模型

9.生物—心理—社会模型的重要组成部分包括(　　)

A.人际关系　B.内在因素

C.生理因素　D.生命周期

第三章　老年人的生理变化

进入老年期后，老年人的感觉系统都发生了哪些变化？随着年龄的增长，老年人的脑部也发生了老化，这将直接影响他们的晚年生活。老年人感知觉和脑的老化也给他们带来了一些感知觉系统疾病和脑部疾病，这些典型疾病的病理是什么？怎么进行预防以及它们对心理活动会产生哪些影响？老年人又该如何应对这些变化？

随着年龄的增加，我们逐渐步入老年期，身体的各个部分都会出现不同程度的变化。老年期的典型特征就是“老”，即老化、衰老的意思，而人的老化首先就是从生理方面开始的，这种生理特征的变化不仅体现在外观形态上，还反映在人体内部的细胞、组织、器官以及身体各功能系统的变化上。我们会发现，自己的皮肤有了皱纹，头发脱落、变得灰白，身高下降，行动也没有那么敏捷了；同时，也发现自己的感官并不那么灵敏了，看物体变得模糊，听力也逐渐下降。生理功能是心理功能的基础，生理结构的变化会引起心理活动的变化，生理结构的逐渐老化将直接影响个体的感知觉、记忆、思维等各种心理活动。

第一节　感觉系统的老化

感知觉是大脑与周围外界环境连接的通道，是各种高级复杂心理活动的基础。例如，我们面前有一个苹果，我们用眼睛去看，知道它有红的或绿的颜色，圆圆的形状；用嘴咬一口，知道它是甜的还是酸的；拿在手里，知道它有一定的重量。这些红绿、酸甜、圆、重量就是苹果的一些个别属性。我们的头脑接收和加工了这些属性，进而认识了这些属性，这就是感觉。感觉是人脑对事物个别属性的认识。又如，看到一棵参天大树，听到一首钢琴曲，闻到一阵花朵的芬芳，感受微风吹过的丝丝凉意，这些都是知觉现象。知觉是客观事物直接作用于感官而在头脑中产生的对事物整体的认识。我们的感觉器官主要有眼睛、耳朵等等。

一个人到五六十岁以后，不仅听觉和视觉出现老化现象，连味觉、嗅觉和躯体皮肤感觉也都随年龄增长而逐渐发生退行性变化。老年人感知觉的退化主要是由感觉器官的老化造成的。这些变化对老年人的日常活动和心理都会产生影响。掌握各种感知觉退行性变化的规律，从而对年老过程感知觉变化尽快地适应，对老年人是十分重要的。

一、视觉

（一）视觉的生理结构

1.晶状体

晶状体又称水晶体，是眼球的主要屈光结构，也是唯一有调节能力的屈光间质。晶状体就像照相机里的镜头一样，使进入眼睛的光线发生折射，同时也能滤去一部分紫外线，保护视网膜，但它最重要的作用是通过睫状肌的收缩或松弛改变光线的折射率，使看远或看近时眼球聚光的焦点都能准确地落在视网膜上。当眼睛注视近处的物体时，睫状肌收缩，晶状体的曲度增大；当眼睛注视远处的物体时，睫状肌松弛，晶状体曲度减小。这就是晶状体对不同距离的对焦作用，称为调节。睫状肌是由动眼神经调节，其调节能力随着年龄的增长而逐渐降低，对远近物体的调节力降低，形成老视现象。晶体也会随着年龄的增长而发生老化，从而影响其弹性和透明度。年龄的增长使晶状体质量和密度增加，前囊膜增厚，晶状体上皮细胞数量减少。荧光素的逐渐沉积使晶状体透明度下降并逐渐变成黄色。在 20～45 岁之间的人，随着年龄增长，晶状体的硬度约增加了 4 倍，而到 80 岁时约增加了 14 倍。随年龄增长，没有发生白内障的晶状体散光程度俱增，65 岁时加倍，77 岁时为 3 倍。

老年人的眼睛会变得浑浊，不再像青年人那样透亮。特别是在阅读的时候，经常由于看不清而会不由自主地把报纸或书尽量放到手臂距离的位置。当需要做针线活时，她们很难把线从针眼里穿过去，需要戴上眼镜或让别人帮助，这就是我们经常说的老花眼，它使老人们看不清近距离的东西。

图 3-1　老人在阅读报纸

2.视网膜

视网膜是眼球的光敏感层，负责将光转化为神经信号。视网膜含有棒体细胞和椎体细胞两种感受细胞，感受细胞将它们感受到的光能转换成神经信号。这些信号被视网膜上的其他神经细胞处理后转化为电信号，电信号从感受器产生后，沿着视神经传至大脑。人的视网膜上有 1.2 亿个棒体细胞和 600 万个椎体细胞，棒体细胞分布在视网膜边缘，而椎体细胞主要分布在视网膜中央窝。棒体细胞是夜视器官，主要感受物体的明暗，椎体细胞是昼视器官，主要感受物体的细节和颜色。光感受器细胞和视网膜色素上皮细胞与视网膜的老化密切相关。随着年龄增长，光感受器细胞密度降低，神经节细胞和视网膜色素上皮细胞也逐渐消失。老年人要想看清楚物体，需要更亮的光照条件。他们在昏暗的环境中，看不清物体的具体细节和颜色，特别是在晚上，很容易因为看不清障碍物或路面而被绊倒摔跤。

3.角膜和巩膜

角膜是眼睛最前面的透明部分，覆盖虹膜、瞳孔及前房，并为眼睛提供大部分屈光力，再加上晶状体的屈光力，光线可准确地聚焦在视网膜上构成影像。角膜直接与空气接触，折光能力最强。角膜有十分敏感的神经末梢，如有外物接触角膜，眼睑会不由自主地合上以保护眼睛。巩膜是乳白色、不透明的纤维膜，起保护眼球内容物和维持眼球形态的作用。随年龄增长，尤其是70岁之后，角膜光散射增加，透光度下降，荧光物质增多，巩膜也越发变薄、变黄，弹性下降。覆盖在角膜表面的泪液可为角膜提供营养和润滑作用，但会随年龄增长不断减少，泪腺排出的总蛋白也逐渐下降。60岁以后，随着脂质促成素和溶菌酶浓度下降，泪液膜破裂时间几乎为0。许多老人慢慢发展成干眼症，需要使用人工泪液。

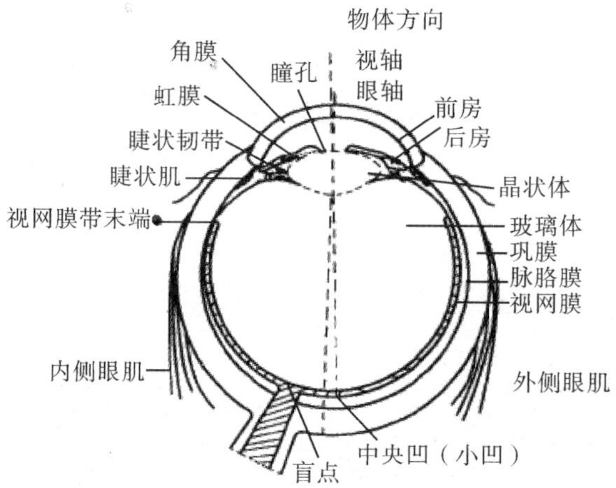

图3-2 眼睛的水平解剖图

（二）视觉的基本现象

1.视敏度

视敏度是指视觉系统分辨最小物体或物体细节的能力，医学上称之为视力。老年人晶状体的弹性和聚焦能力减弱，逐渐形成了老花眼，眼睛对不同距离物体的调节能力下降。研究证明，大约75%的老年人需要配戴眼镜，其中许多老年人即使戴上眼镜视力也没有完全恢复。老年人在脸部图片的识别和配对任务中，当亮度降低时也表现出视觉能力的退化。在观察运动物体时，视敏度明显更差。一个人在60岁的时候阅读所需要的亮度是他们在20岁时候的三倍。提高物体的照明度或改善物体与其背景之间的对比度，可能会使老年人的视敏度提高一些。但是，六七十岁以后，无论怎样改善视觉条件，老年人的视力也绝对达不到青年人的水平。由于视力的减退，老年人在日常生活中有着诸多不便，以至影响到他们的生活水平。因此，平时要注意改善老年人视觉的条件，在老年人生活或活动的地方，提供较好的照明条件。同时，也要注意老年人眼病所引起的视力减退问题，做到及时预防和治疗。

2.视觉适应

在视觉的范围内，视觉适应可分为暗适应和明适应。暗适应是指照明停止或由亮处转入暗处时视觉感受性提高的时间过程。例如，我们夜里从明亮的室内走到室外或晚上突然停电的时候，都会发生暗适应的过程。明适应与暗适应相反，是指照明开始或由暗处转入亮处时人眼感受性下降的时间过程。例如，我们晚上从室外进入室内开灯的时候，就会有明适应的过程。暗适应的时间较长，而明适应则很快。研究表明，暗适应和明适应能力随着年龄的增加都会有所降低，老年人暗适应或明适应所需要的时间都明显长于青年人。明适应和暗适应是视觉感受性发生了变化，是感受细胞的作用。老年人的感受细胞密度降低，因此视觉适应的时间变长。这使老年人在夜里的活动受到限制，甚至容易发生危险。

3.颜色知觉

颜色是光波作用于人眼所引起的视觉经验。老年人对光的感受性的降低，使他们对颜色辨别能力也比青年人低25%～40%，而且对不同颜色的辨别力降低的程度也不一样，对蓝色、绿色的鉴别能力比红色、黄色的鉴别能力下降得更明显，因此，老年人感觉世界更偏向黄色。这是由于晶状体随着年龄的增长而变黄。也有研究发现在手术切除晶状体之后，病人仍感觉世界是微黄色的，这可能是由于神经系统发生了改变。

4.视觉编码速度

老年人在加工视觉刺激信息时也比青年人要慢，而且需要更长的时间以准确识别物体。当他们所观察的物体比较暗淡时，编码速度更慢。在感知阶段和视觉信息在大脑中的加工阶段，老年人的速度都要比年轻人慢。

5.其他的视知觉现象

老年人对物体的形状、大小、深浅，以及对运动物体的视知觉和一些特殊视知觉现象，与年轻人相比也有不同程度的变化。物体形状的视知觉受该物体轮廓线与背景之间亮度和色度比的限制。人们在知觉物体的形状时，轮廓的形成是需要时间的。当明度或色度发生突然变化时，人们也能看到轮廓，这是由于明度对比或色度对比产生的。与青年人相比，老年人知觉图形形状的时间更长，他们要看清楚图形，需要图形与背景之间的对比度更大。对物体大小、空间关系和运动速度的判断能力的减弱，也会导致老年人生活上的一些过失。

(三)视觉的常见疾病

1.白内障

白内障是发生在眼球里面晶状体上的一种疾病，即眼睛的晶状体发生混浊，是首位致盲性眼病。老年性白内障是最常见的一种白内障疾病，由于长期紫外线的伤害及组织的老化，导致晶状体变硬而混浊所致，多见于50岁以上的老年人，随着年龄的增长，发病率逐渐提高。由于晶状体本身没有血液供应，仅依赖于房水及玻璃体渗透，在人类老化的过程中，人体的营养、消化吸收功能与机体的代谢机能逐渐减退，从而导致晶状体营养不佳，引起晶状体组织变性。也有人认为，白内障是由于晶状体纤维硬化和脱水造成的，当人体在老化过程中，晶状体纤维逐渐硬化，核部收缩而赤道部皮质被悬韧带牵拉，从而使周边部晶状体纤维间出现裂隙，引起晶状体混浊。也可能由于老化引起房水渗透压增加，使晶状体脱水而混浊。白内障的主要症状是视力减退、视物模糊，由于白内障部位及程度的不同，其对视力的影响也不同。若白内障长在晶状体的周边部，视力可不受影响，若混浊位于晶状体的中央，轻者视力减退，重者可能只能看见手动或光感。老年性白内障发生的相关因素主要有阳光和紫外线、高温、环境缺氧和营养等。

老年性白内障是老年人视力障碍及致盲的主要眼疾，目前多采用手术治疗。但如果能够针对病因采取防护措施，老年性白内障是有可能预防的。老年人平时多注意避免过度用眼导致疲劳，尤其是注意照明条件，光照要充足，尽量不要长时间在昏暗环境中阅读和工作。避免长期过量接触辐射线，在户外活动时，应戴有色眼镜，以防辐射线直射眼睛。注意营养的补充，平时多吃水果蔬菜，提高机体抗病能力。

2.青光眼

老年性青光眼是老年人常见的一种眼科疾病，是因眼压升高导致视乳头灌注不良而形成的，并发视功能障碍性疾病。随增龄原发性青光眼发病率增加，青光眼的共同特征是视神经萎缩和视野缺损，病理性的眼压升高是重要的危险因素之一。老年青光眼的症状表现有早晨起床后看书报较吃力，容易出现鼻梁根部酸胀和眼眶前额胀痛的症状。因为正常人的眼压有昼夜波动的规律，一般清晨偏高，夜间较低。青光眼患者24小时的眼压波动幅度较正常值更大，因此清晨的眼压会更高，因而出现症状。视力逐渐下降，验光配镜视力矫正不到1.0(对数视力表为5.0)，尤其高度近视者，戴适度的眼镜后仍常有头痛眼胀感。晚间看灯光出现五彩缤纷的晕圈，好比雨后天空出现彩虹一样，医学上称虹视。这是由于眼压上升，角膜水肿而造成角膜折光改变所致。平时饮水较多，青光眼患者在一次性喝水超过300毫升的时候就会出现头痛。出现这样的原因是因为在饮水的过程中速度快、量也多，这就导致了血液稀释引起的渗透压降低，进入眼内的眼压房水也会增多，从而引起眼压升高。另外，如一只眼已确诊为青光眼，对另一只眼必须密切观察。

现代医学认为，青光眼是不能治愈的，只能控制。因此，患青光眼的老年人在平时要多注意护理。注意保护眼睛，不要长时间在暗光线下工作或读书。睡眠时枕高些的枕头，平时要保证充足的睡眠。控制饮水量，避免短时间内大量饮水，饮食尽量清淡。

3.黄斑变性

黄斑病变是指一系列由于黄斑中细胞的死亡或者受伤而导致的中央视觉的丧失。

老年性黄斑变性又称年龄相关性黄斑变性，为黄斑区结构的衰老性改变，主要与黄斑区长期慢性光损伤，脉络膜血管硬化，视网膜色素上皮细胞老化有关。本病大多发生于45岁以上，其患病率随年龄增长而增高，是当前老年人致盲的重要疾病。黄斑变性通常是高龄退化的自然结果，随着年龄增加，视网膜组织退化、变薄，引起黄斑功能下降。在百分之十的黄斑变性病人中，负责供应营养给视网膜的微血管便会出现渗漏，甚至形成疤痕，新生的不正常血管亦很常见，血管渗漏的液体会破坏黄斑，引起视物变形，视力下降，过密的疤痕引致中心视力显著下降，影响生活质量，甚至变盲。

对于黄斑变性的治疗，到目前为止仍是比较困难的。老年人在平时要多注意用眼卫生，注意关注眼睛健康。饮食上应选择营养丰富、富含蛋白质、维生素且易于消化的食物。多食用富含维生素A、C、E及胡萝卜素的蔬菜与水果。食用维生素含量高的食物可能减弱对黄斑的光照毒性，增强视网膜对自由基的防护作用，限制或减轻对视网膜黄斑组织细胞的分子损伤。另外，要注重对光损伤的防护，白天外出尽量戴墨镜或变色镜，以减少对黄斑的光刺激。

二、听觉

(一)听觉的生理结构

1.外耳

外耳包括耳郭和外耳道，主要作用是收集声音，以及判断声源的位置。外耳的退行性变化主要表现为皮肤分泌功能的减退，耵聍腺分泌物耵聍变硬、变多，难以排除，致外耳道阻塞，影响听觉。老年人定期检查外耳道，清除耳垢，对改善老年人的听力有一定的帮助。

2.中耳

中耳由鼓膜、听小骨、卵圆窗和正圆窗组成。当声波振动鼓膜时，带动三块听小骨运动，把声音传至卵圆窗，引起内耳淋巴液振动。中耳的退行性变化主要表现为听小骨的钙化，听小骨关节的软骨变薄，关节腔逐渐为钙化沉积物所填充，关节活动范围变窄，导致声波传导效率降低。

3.内耳

内耳由前庭器官和耳蜗组成，后者是人耳的听觉器官。基底膜上的科蒂氏器包含着大量的支持细胞和毛细胞，后者是听觉感受器。内耳的主要功能是对声音接受后的分析加工，将声音转变为神经冲动，把声音信息传入大脑皮层的听觉中枢。内耳的退行性变化表现是多方面的，耳蜗基部毛细胞和支持细胞的退化或萎缩，常引起对高频声音听觉的丧失或减弱，内耳血管萎缩与代谢性老化引起内耳中淋巴液化学成分和生物特性改变，常导致听觉功能的全面降低。

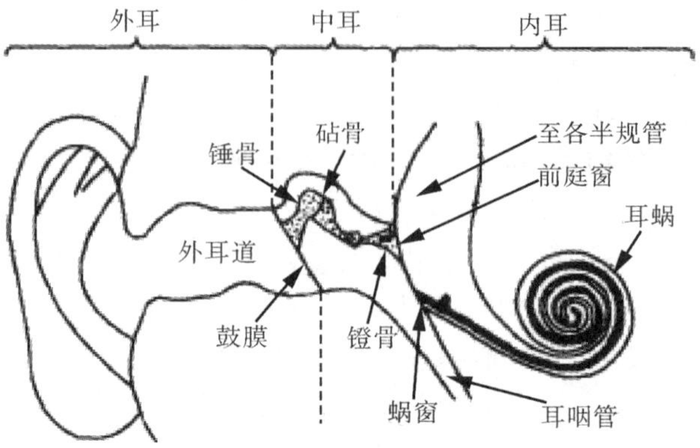

图 3-3　人耳的构造

（二）听觉的功能变化

1.音调

音调主要是由声波频率决定的听觉特性。声波频率不同，我们听到的音调高低也不同。人的听觉频率范围是16～20000赫兹，其中1000～4000赫兹是人耳最敏感的区域。从25岁开始，随着年龄的增加，人们对两个不同音调声音的辨别能力逐渐降低，这种变化在55岁以后变得更加明显。年龄增长对音调辨别能力的影响，对于不同频率的声音也有所不同。对高音调声音间差别的识别能力，随年龄增加而下降的速度，比对低音调声音的鉴别能力下降得更快。在70岁以上的老年人中，这种现象更明显。老年人对高、低音调听觉能力的差异，是由前面所提到的耳蜗基底部感知高音调的细胞明显退化所造成的。为了延缓耳蜗基底部细胞年老退化的进程，老年人可以经常听一些高音调的音乐。

2.音响

音响是由声音强度和声压水平决定的一种听觉特性。声压强度大时，听起来响度高；强度小时，听起来响度低。人所能感觉到的音响范围在0～130分贝，当音响超过130分贝，人耳就会产生痛觉。要知觉到同样的音响，老年人比年轻人需要更高的声音强度。研究者认为主要是有以下几个原因：第一，内耳中基底部毛细胞的衰亡；第二，听觉神经通道细胞的衰亡；第三，随着年龄的增加，老年人身体的整体机能下降，供给耳蜗细胞的血液和营养成分不足；第四，耳蜗里基底膜等振动机制衰退。这些生理结构的老化，影响老年人的听觉功能。

（三）听觉功能退化的影响

老年人听觉功能的变化直接影响到他们的言语知觉能力和理解能力。在和老年人讲话时，关键的部分要放慢语速，声音大些，多重复几次才能让其充分理解。老年人在言语理解的过程中，抗干扰的能力比青年人差得多。因此，讲话时周围的环境条件对老年人言语理解能力有着很大的影响。在比较空旷的大礼堂或大厅中,老年人的言语听觉能力显著下降,这是由于大礼堂或大厅中存在着回音现象,干扰着老年人的听觉系统。电话中,由于电波干扰等原因常混着一些杂音,也明显影响着老年人的言语听觉能力。在电话中对老年人说话,讲话人要大声慢讲,周围尽可能没有其他噪音或电波的干扰。

老年人听觉能力的下降,还会影响他们对声音方位的定向。声音定位一般是根据两耳刺激的时间差、强度差等。由于老年人听觉功能的下降,使他们对声音的时间差和强度差判断不准确,从而难以辨别声音的来源。这会给老年人的日常生活带来一些困难。

老年人听力下降,他们言语知觉能力和理解能力降低,使他们与他人的沟通也受到影响。当他们与他人沟通受到阻碍时,可能会慢慢减少沟通,这也不利于老年人的心理健康。这样容易引发一些负性情绪,使老人感到孤独,变得孤僻。

许多老年人听力下降后,希望佩戴助听器来改善听力。现代助听器与老花镜不同,助听器放大想听到的声音的同时,也放大了背景中的噪音或其他的声音。此外,这些音调不同的声音在助听器的电子系统中被放大时还会出现一些额外的新噪音,或是一种持久的噪音,这些反而会对老年人的听觉系统造成危害。因此,在给老年人佩戴助听器的时候一定要慎重。听力的衰退并不是从老年之后才开始,只是平时不太容易察觉,直到听觉受损十分严重时才发现。所以,老年人在平时就要注意听觉的变化,定期去医院检查,多锻炼自己的听觉能力,远离对耳朵听觉系统有危害的场所。

三、味觉和嗅觉

(一)味觉

味觉的适宜刺激是指能溶于水的化学物质,只有当唾液将糖或者盐溶化后,我们才能尝到它们的味道。人的味觉有甜、苦、酸、咸四种,负责它们的味蕾在舌面的分布是不一样的。味蕾是味觉的感受器,婴儿有 10000 个味蕾,成人有几千个,味蕾的数量随着年龄的增加而减少,同时对味道的敏感性也降低了。老年人负责味觉的脑中枢也会发生明显的退行性变化,表现为神经细胞数量减少,神经纤维萎缩。其实,这些退行性变化从青年时代就已经在缓慢地进行着。

人们日常吃到的东西,通常不是单一的味道,而是混合的。老年人对于许多复杂的混合味道的辨别能力,也明显下降了。他们对于平时食物成分的识别能力不如青年人。

(二)嗅觉

嗅觉是由有气味的气体物质引起的。这种物质作用于鼻腔上部黏膜中的嗅细胞,产生神经兴奋,经嗅束传至嗅觉的皮层部位,从而产生嗅觉。在老年退行性变化中,鼻黏膜的嗅上皮细胞数量明显减少，其余的感受细胞的灵敏度也明显降低。嗅觉的神经细胞数量减少了，脑中枢也发生了退行性变化。与味觉变化的规律相似，鼻子能够觉察出的最低物质浓度随着年龄的增加而升高了。

老年人味觉和嗅觉的变化，对他们正常生活的影响不是很大。生活中对于食物的鉴别，味觉和嗅觉是同时起作用的。虽然味、嗅觉的功能退化了，但老年人还可以根据他们的生活经验或者食物的颜色、温度、形状等其他辅助信息来进行调整，可以弥补味觉和嗅觉功能的不足。

四、躯体感觉

人体各部分的皮肤都会对触、压、痛、温度等刺激产生感觉。痛觉有些特殊，因为各种刺激无论是压、触还是温度，都要超过一定的强度才会引起痛觉。皮肤感觉属于浅感觉，是身体外表受刺激产生的感觉。与之相对应的是深感觉，是躯体深部肌肉、关节受刺激或位置变换而引起的感觉。人们即使不看也知道自己的腿是弯曲还是伸直的，这就是由于深感觉在发生作用。除浅感觉、深感觉以外，还有特殊的内脏感觉，如胃排空的饥饿或吃饱后的胀满感，肠扭转的腹痛等。在老年人中，这些感觉都发生一定的变化，呈现一些特点。

皮肤之所以能产生触、压、痛、温度等不同的感觉，是由于它有许多形态结构各异的感受小体或游离的神经末梢。皮肤感觉感受器在皮肤上呈点状分布，称为触点、冷点、温点和痛点。身体的部位不同，各种点的分布及其数目也不同。60 岁以后的老年人，皮肤上敏感的触觉点数目显著下降，皮肤对触觉刺激产生最小感觉所需要的刺激强度，在年老的过程中逐渐增大。不仅感觉的灵敏度变差，定位性也显著减弱。老年人触觉的定位能力比青年人明显要差：无论是一个触点还是两个触点，青年人都能准确报告，而老年人通常只能感觉到一处。

温度觉包括温觉和冷觉。皮肤表面的温度称为生理零度。高于生理零度的温度刺激，引起温觉；低于生理零度的温度刺激，引起冷觉。老年人的温度感知能力和青年人没有显著的差别，而老年人抵抗高温和低温的能力低于青年人。通常，老人在春秋的时候还会着装特别厚重，以保持体温。在季节交替的时候，温度经常会骤然变化，老年人要注意防寒保暖，预防感冒等季节性疾病。

当任何一种刺激对身体有损伤或破坏作用时，它都能引起痛觉。痛觉具有保护机体免受伤害的作用。痛觉的感受器是皮肤下各层中的自由神经末梢。人的痛觉受很多因素的影响，如文化环境、经验的作用，人对伤害性刺激的认识，以及暗示的作用等。对于痛觉随年龄的变化，研究者的结论并不一致。一些研究结果认为，随着年龄的增加，痛觉的感受能力下降，因为老年人痛觉感受器减少了；另一些研究则发现老年人痛觉的敏感度并没有发生变化，但是对于老年人和青年人来说，疼痛的感情含义可能是不同的。例如，当老年人面对疾病所带来的疼痛时，他们觉得自己已经到了这样的年龄，因而对自己可以做些什么或应该为之做些什么的期望感逐渐降低。老年人通常很少说疼痛，也很少认为令人厌恶的刺激是痛苦的。所以，相比年轻人而言，影响老年人痛觉敏感度的因素更具有多样性，也更难将这些因素整合起来。

在高龄的老年人中，由于感觉系统的退行性变化，肌肉、关节状态的深感觉和躯体平衡感觉显著减弱，结果产生许多功能障碍。由于肌肉、关节状态的深感觉反馈迟缓或不良，老年人步履迟缓，而且经常容易摔倒。老年人的骨骼老化，容易造成骨折。老年人视觉系统功能也逐渐退化，使他们对路面状况的视觉反馈不足，走路摇摆不稳，从而更容易摔倒、受伤，甚至有时老年人在室内做简单的家务也会摔倒。深感觉的退化给老年人的生活带来不便，也影响到了他们的口头语言和文字书写能力。由于口部和发音有关的肌肉本体感觉能力减退，常使得老年人言语声音变得嘶哑、含糊不清或断断续续。手部肌肉感觉退化，向内反馈的神经冲动减弱，造成书写文字所必需的精细运动困难。无论是口头言语还是文字书写能力的减退，都给老年人的社会交际和思想交流带来困难，影响他们的社会生活。老年人在平时加强锻炼，可延缓躯体肌肉的精细运动功能的老化。平时多进行弹琴、唱歌等活动，或进行一些锻炼手部灵活性的运动，可防止书写能力和口头语言能力的减退。

生活中的心理学

老年人心理变化的特点

人到老年，身心都趋向老化。老年人的心理老化有以下的特点。

第一，心理老化与身体老化并不同步。一般而言，老年人心理老化的速度要慢于身体老化的速度。老年人的身体老化主要表现为头发变白，老年斑和皱纹增多等。老年人的身体老化与心理老化有一定的关系，但这种关系并不密切，也不是必然的。

第二，老年人的心理老化与个体的心理特点有着密切的关系。通常情况下，懒于用脑、经常不思考问题的人，智力衰退的速度较快，而勤于用脑、喜欢思考的人，智力衰退的速度较慢。情绪不稳定、抑郁、没有进取心、意志不坚定的人，往往未老先衰；而情绪稳定、乐观开朗、意志坚定、有着积极的进取心的人，即便是到了老年，依然有旺盛的创造力。

第三，社会因素对老年人的心理老化的影响也比较大。社会不断对老年人提出新的要求，会成为老年人积极提高自身素质，不断进步的促进因素，也会对调动和发挥老年人的智力产生作用。社会重视老年人智力的发挥，就会推迟老年人心理老化的速度。但是，如果社会忽视老年人智力的发挥，就会加速老年人的心理老化。

当然，社会对老年人心理的影响还表现在老年人社会角色的转变以及对这种转变的适应情况，比如老年人的离退休综合征。

复习巩固

1.视觉适应分为哪两种，老年人的视觉适应发生了怎样的变化？
2.老年人听觉功能退化的表现有哪些，它的影响是什么？
3.简述老年人躯体感觉的变化。

第二节　脑的老化

随着年龄的增长，老年人出现了广泛的神经系统老化的现象，从而导致各种神经功能障碍。大脑皮层是整个神经系统的最高部位，是全部心理活动的最重要的器官，是各种复杂行为进行的最高指挥中心。老年人脑的功能的减退，常常表现为明显的语言障碍及记忆力减退等各方面的困难。

一、脑结构和机能的变化

人类的脑由三部分构成，即大脑、小脑和脑干（包括中脑、脑桥和延脑）。大脑由左右两个半球组成，是自然进化中最完善的产物，也是一切智慧产生的地方。小脑主要协助大脑维持身体的平衡与协调动作。脑干是许多脏器的中枢，控制呼吸、心跳、血压等生理活动，维持平衡的基本生存状态。人的各种感受器和身体各部分的活动，分别由大脑皮层的一定部位管理，称为机能区。主要有初级感觉区、初级运动区、言语区和联合区。大脑皮层是一个整体，不能割裂开来各自完成任务。

人的神经系统是由周围神经系统和中枢神经系统组成的。中枢神经系统包括脑和脊髓，周围神经系统分布于周身，由 31 对脊神经、12 对脑神经和一定数量的植物性神经三部分组成。周围神经系统是中枢，是神经和身体感受器及运动效应器之间联系的通道。它们把身体外界的刺激信息传递到中枢，再把中枢的反应决定传到运动效应器，从而完成动作，对外界进行应答。大脑皮层是最高中枢，是心理现象产生的物质基础，周围神经系统是产生心理现象不可缺少的重要组成部分。

人的大脑也会伴随着人的衰老而老化。脑的老化主要表现为脑萎缩，尤以额叶及颞叶最为明显，表现为脑沟、脑裂增宽，脑回缩窄，脑室扩大。研究者发现在正常的老化过程中，大脑重量减少大约10%～15%。脑细胞的死亡是原因之一，因为神经细胞与身体其他细胞不同，它属于非再生性细胞，一旦死亡后人体本身不能生成新的细胞进行补充、替代。神经细胞在出生时是最多的，随着年龄的增长，脑细胞数目减少，人类脑神经细胞总数约为140亿～200亿，30岁以后平均每天损失10万个左右，77岁减少到出生时的2/3，90岁仅剩20岁的1/2。老年人脑的衰老明显表现在脑的重量减轻上。人脑的平均重量为1300～1400克，而老年人平均减少90～100克，有人测定，70岁人的脑重量减少5%，80岁减少10%，而90岁减少达到20%。阿佩尔认为，人脑20岁左右的时候达到重量的最高峰，以后随年龄增长而逐渐下降。

除了脑细胞数量减少之外，脑的血流量也减少了。80岁老年人的脑血流量比青年人降低了20%。由于脑血供应的降低，脑组织所得到的能源物质——葡萄糖和氧气就减少了，脑的各种物质代谢过程也会减慢。此外，人们进入老年期后，脑电活动的频率和波幅逐年下降。老年人神经细胞内脂褐素的沉积增加，这种变化以下橄榄核、脊髓前角运动神经细胞、脊髓后根神经节细胞等比较显著。脂褐素是几种重要致衰老物质之一。轴索营养不良也是神经系统生理性老化的表现之一，老年人发生率较高，表现为轴索膨胀呈球形。随着年龄的增加，老年人会出现神经元纤维缠结现象，50～60岁为5%，70～80岁达到60%，而100岁的老年人则全部可见到脑内有神经元纤维缠结。阿尔茨海默症患者中这种改变相当于正常老年人的6～40倍。老年人的脑中常有老年斑的出现，多位于大脑皮层毛细血管周围，尤以海马更为多见。脑血管的老年化改变，除动脉硬化之外，脑的中小动脉中膜和外膜也可见淀粉样物质沉积。

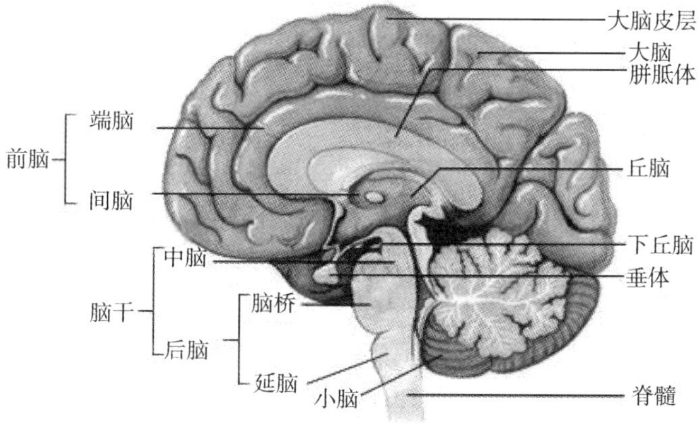

图3-4 大脑结构

二、脑老化对心理活动的影响

随着年龄的增加，脑的结构和功能都发生了衰老变化，老年人的心理活动也会出现老化性改变。人脑的老化一般是一个缓慢发展的过程，所以，老年人心理活动的变化也是逐步发生的。进入老年期后，由于脑的生理情况、各方面机能均有所下降，所以，老年人的心理活动也是普遍降低的。虽然各种心理活动的减退程度是不同的，但脑的老化对记忆、感知觉能力和情绪性格都会产生影响。

(一)记忆

老年人记忆的特点是近事记忆减退，远事记忆保持，但当近事记忆减退严重时也会慢慢影响到远事记忆，严重情况下还会出现遗忘症或记忆的丧失。所以，许多老年人对新近发生的事情经常记不住，而对那些很久以前的事情还能清楚记得。记忆可以分为三个阶段：第一阶段，感觉记忆，大约1秒左右，如果不进行重复转眼就忘了，人们有时自己都没有意识到；第二阶段，短时记忆，大约30秒左右，如果没有注意加以记忆也会很快忘记(例如，平时人们在清点物体的数量时，若有人问其其他的事情，回答后，就会忘记刚才数到多少了，这就是短时记忆的遗忘)；但是，如果个体将数量加以注意并记忆，就不会轻易忘记，这时记忆是第三阶段——长时记忆，长时记忆的信息在头脑中存储的时间长，容量没有限制，长时记忆的信息大部分是对短时记忆的内容的加工，当然，也有一些是由于印象深刻而一次获得的。

远事记忆相当于长时记忆，近事记忆大致相当于短时记忆，但它的范围更广。老年人记不住近来发生的事情，可能是短时记忆向长时记忆转化的过程中出现了问题。心理学家认为有两种可能：一是老年人心理加工的能力不足。大脑中海马区域在记忆功能中有重要作用，当海马区的神经细胞发生老化变化时，就会产生记忆力下降的现象。二是老年人中原有的记忆内容对新近内容造成影响，使其不能进入记忆网络中。这种现象与中脑中的神经细胞的大量自发活动有关。随着年龄的增长，脑内存储的信息越来越多，这些大量存储的信息经常自发活动，对某一回忆任务造成干扰，妨碍注意力的集中。

脑的老化还对记忆有其他方面的影响。心理学家研究发现，老年人对有重大意义的事件记忆没有明显变化，但对生活中琐碎事情和无情景的机械记忆的东西记忆力明显下降，而且经常发生东西就在嘴边但说不出来的现象。这可能是由于脑组织和脑神经的退行性变化，神经系统和心血管系统的疾病造成诸如脑部供血不足等，也与个体的营养状况、文化水平和职业状况有关。记忆的衰退给老年人的生活带来了很多不便，严重的记忆衰退还会影响老人的工作能力，甚至是生活能力。老年人由于自己记忆力下降，会产生不良的情绪状态和自我状态的认知失调，影响老年人的心理健康。因此，脑衰老对记忆的影响最明显也最普遍。

脑老化后，老年人的智力也发生了改变，但它并非是全面衰退的。从整体来看，老年人智力衰退是个事实，然而，并不是所有智力因素都受年龄增长的影响而衰退。老年人的智力是一个完整的结构，有的因素在衰退，有的因素却保持稳定。在信息加工和问题解决过程中，与形象性思维能力有关的物体、图形的空间关系等因素，称为液体智力；与语言、文字、观念、逻辑推理等抽象思维能力有关的因素，称为晶体智力。在年老过程中，液体智力和晶体智力的变化是不同的。一般来说，液体智力会随着年龄的增长而逐渐下降，而晶体智力在人的一生中一直在发展，只是到 25 岁以后，发展的速度逐渐平缓。这主要是因为晶体智力决定于后天的学习，与社会文化有密切的关系，而液体智力主要与神经系统的先天结构和功能特点有关。注意力、感知觉能力、短时记忆能力和运动反应能力等简单的心理功能是液体智力的基础，它较少依赖于文化和知识的内容，而决定于个人的禀赋，与年龄有密切的关系。老年人的感知觉功能下降，运动反应变慢，液体智力也会逐渐下降。晶体智力与知识、经验等关系密切，如果记忆力没有大幅度损伤，一般不会出现明显下降。

（二）感知觉

感觉是人们对事物个别属性的认识；知觉则是人们对客观事物整体的认识。我们感觉一个物体的外形、颜色、硬度、气味等各种属性，将这些信息经过头脑的加工，产生对事物整体的认识，就是知觉。知觉以感觉作基础，但它不是个别感觉信息的简单总和，而是按照一定方式来整合个别的感觉信息，形成一定结构，并根据个体的经验来解释由感觉提供的信息。感觉是各种高级心理活动的基础。

在各种心理活动中，老年人的感知觉变化最为明显。五六十岁以后，视觉、听觉、味觉、嗅觉和躯体感觉都随年龄增长而发生退行性变化。一方面，这与神经系统的外周感觉器官的老化有关；另一方面，也与大脑皮层特定功能区的脑细胞的衰老有关，尤其表现在知觉方面。老年人看到或听到后，并不能及时反映出所听所看到的内容是什么，要一段时间才能理解。老年人自言自语，或别人一句话反复说几遍才能理解话语的内容，这些都与老年人心理加工能量不足有关。老年人知觉功能的下降，还表现在对客观事物认识的缓慢上。有心理学家做过这样的实验，分别给老年人和青年人快速呈现一些日常用品的图片，要求他们报告看到的是什么东西，如果没有看清或没有说对，则延长时间再呈现一次，如果还是没有看清或说对，就再延长一些时间看一次，直到看清楚为止。结果发现，老年人辨认出一件物品的时间比青年人要长很多。这说明老年人的知觉能力下降，与脑内某些特殊功能化细胞的老化有关。在人的大脑中有些细胞是专门负责知觉特征的，它使人们在很短的时间内将物体识别出来。

（三）情绪和性格的变化

老年人大脑皮层的兴奋性降低，所以，一般老年人的情绪比青年人要低沉一些，对外界带有感情色彩的事件的反应也更轻微，不像青年人那样容易激动、好争斗。当大脑额叶老化比较严重时，往往使老年人出现情绪失控，表现出情绪不稳定，容易激动，感情脆弱，此时往往会因为琐碎的小事儿大发雷霆，或无故大笑，变化异常。这时候的老年人就像小孩子一样，情绪波动较大，但又固执己见。当额叶损伤时，还会发生人格上的变化。沉默的人可能变得活泼，积极进取的人可能变得消极低沉。

三、常见的老年人脑部疾病

(一)阿尔茨海默症

老年性痴呆学名为阿尔茨海默病,主要症状是智能的障碍,是由老年性脑萎缩所造成的进行性脑器质性痴呆,一般多见于额叶、顶叶、颞叶脑部细胞的进行性退化与萎缩。这种萎缩从某一部位开始,区域逐渐扩大,使脑细胞失去活力,丧失机能,最后变成一块块缠结状的斑块。此病多发在75岁前后,女性占多数。

该病进程比较缓慢,主要表现为进行性的精神和神经症状,由轻到重,直到完全痴呆,生活完全依赖他人照料。刚开始的症状一般多为健忘或行为改变,近事记忆的减退尤为明显。例如,忘记刚刚做过的事情;忘记自己刚吃过饭,要求再吃饭;出去后不认识回家的路等。病人一贯的行为也会出现改变。例如,原本比较勤劳的人,变得比较懒惰;原本勤俭节约的人,变得挥霍浪费;原本和蔼可亲的老人变得自私自利。随着病情的进一步发展,远事记忆也会发生障碍,忘记家人以及自己的名字,不认识家里的人,忘记自己的住址等;有时也因记忆减退而出现虚构记忆的现象,并且自己深信不疑,甚至给人以说谎甚至是胡说的感觉;抽象思维障碍出现也较早,思考问题不分主次,思维不连贯,说话颠三倒四,叙述不清楚自己的想法,也不能理解他人的话;病人很容易生气,并且坚持己见,极端自我中心,只考虑自己,有时甚至让人认为是故意与家人作对以外,还可能出现被害、贫穷等妄想。到后期时,症状日趋严重,病人变得痴呆,完全丧失与人交往的能力,甚至连洗澡、大小便等日常行为都无法自理,必须有人照料。

对去世的患者的脑解剖发现,脑老化程度严重,脑萎缩,大量的脑神经细胞坏死脱落,细胞内脂褐素沉积,大量的老年斑和神经元纤维缠结,神经胶质细胞增生等。

(二)脑血管性痴呆

脑血管性痴呆的发病年龄要比老年性痴呆早,多在60岁左右,老年初期容易发病。大约半数患者患有高血压,在发生脑出血和脑梗死后,伴随神经症状而出现智能衰退和痴呆症状。初发病时,有脑动脉硬化症的三个主要症状——头痛、眼花、记忆力衰退。此外,还有耳鸣、失眠、麻木、疲劳等神经衰弱的症状。随着症状的加剧,身体上或精神上的症状消失,以记忆力衰退为主的痴呆症状日益明显起来,并伴发情绪不稳,没有耐性,易暴躁发怒,情绪忧郁等症状,还会伴有性格改变。

本病的痴呆症状是进行性加重的。开始多数病人自述有健忘等症状。此时,病人对简单的心算已经感到困难,初级的脑力活动也会受到影响。病人理解能力降低,思维停滞,听不懂别人说什么,或理解得很慢;不能进行创造性工作和思考;谈话的内容也只限于身边的一些具体事物,而不在眼前的,或需要抽象思维理解的事物病人不会主动谈起,当被问起的时候,也不能很好理解或简单化、形式化地理解。病情再发展下去,健忘症状更明显,出现定向障碍、人物误认和自造言语等症状;有时候也会出现一些粗暴行为，容易被细小的事情惹怒。到了末期就会出现精神衰退，达到痴呆状态。

脑血管性痴呆的基本病理是脑动脉硬化。动脉硬化是伴随年龄增加产生的血管变化，它的形成有各种不同的原因。食物中所含的脂肪，能引起血中胆固醇增加，从而使老年人的血管发生变化，引起动脉粥样硬化。另外，老年人随着年龄的增加，血管壁的弹性纤维也发生变化，含钙量改变，引起弹性纤维坏死。脑动脉硬化后，造成脑动脉血管紧张，对脑部的氧气和营养供给不足，致使脑组织广泛退化而引发病症。

（三）脑中风

脑中风也是脑部血管老化所引发的一种常见的老年疾病。老年人脑动脉血管硬化，血管壁变薄变脆。在血压升高的时候，血管壁承受不住压力，就可能破裂，造成脑出血。有的老年人血液中胆固醇过高，粘连在血管壁上，使血管腔变窄，造成脑血管堵塞，脑出血，使脑组织受到血液的压迫，二者都使脑组织发生缺氧缺血症状。大脑组织细胞的生存环境比较严格，缺氧3分钟以上就会造成脑细胞的死亡。如果堵塞或者出血发生在脑的重要区域，则死亡率极高。如果发生在其他区域，经及时抢救，病情缓解后，病人这一部分脑功能将受到严重影响，甚至丧失。平时中风的后遗症常见的是瘫痪，多是半侧肢体的瘫痪。这是因为病发区在大脑主管感觉、运动的中枢区。大脑分成左右两半球来分别管理我们的肢体，左半球管理右侧躯体，右半球管理左侧躯体。一般中风只发生在一侧半球，所以躯体相对应的一侧发生瘫痪。

（四）帕金森综合征

帕金森综合征是老年人中常见的一种病症。它是由于中脑黑质的退变，使左旋多巴胺这种单胺类神经递质减少而产生的。帕金森病又称震颤麻痹，起病缓慢，逐渐加重，主要的症状有运动迟缓、震颤、肌张力增高等。典型的震颤表现为静止性震颤，即肢体在静止的时候不停地颤动，无法克制，在情绪激动时更为明显而在主动运动时较少出现颤抖。由于患者肌肉强直，可能还会引发关节痛。另外，患者有少动症状，行动不便，动作缓慢。肌肉强直也可能造成患者呼吸困难，或者导致言语障碍。这种病可以通过口服多巴胺药物缓解，但长期用药也会对病人的大脑功能造成影响。有部分病人也可能伴发痴呆状态。

生活中的心理学

老年人脑功能的变化

一是人老健忘。老年人健忘通常是老年人自然衰老的表现。老年人的健忘主要表现为近事记忆障碍，也叫近事遗忘。也就是说，老年人遗忘的主要是近期发生的事情，新接触的事物或是学习的知识，特别是人名、地名、数字等没有特殊定义或是难以引起联想的东西会忘得特别快。但是，对于一些陈年旧事却记忆犹新，说起来绘声绘色，活灵活现。而对这些远事记忆的影响只有在出现大脑器质性疾病时，才会发生，即出现远事遗忘。这是老年人健忘的一个规律。

二是睡眠不调。老年人的睡眠不调是老年人脑功能自然衰退的征兆。我们经常听到老年朋友们说："我总是夜里两点就起床看书"，"我一晚上得醒好几次，不能有一点动静"，"我晚上总是失眠，白天睡也睡不着"，"睡眠不好干什么都没精神"，"年轻的时候就没觉得困过，现在可好一天睡十几个小时，还是发困"……这些都是老年人常见的睡眠不调的状况：睡眠少，睡眠浅，易惊醒，晚上不能入睡，白天没精神，或者是黑白颠倒，晚上不睡，白天嗜睡等。老年人的睡眠不调是老年人脑功能自然衰退的征兆。当然，老年人睡眠不调与老年人的心理健康有很大的关系。

复习巩固

1.脑老化的主要表现是什么？

2.简述老年人脑老化对记忆造成的影响。

3.常见的老年性脑部疾病有哪些？

第三节　如何应对感知觉和脑的退化

一、积极面对

进入老年期后，老年人及其家人应该承认并接受感知觉老化的事实，了解并掌握老年感知觉的特点，从而为生活中感知觉变化带来的不便寻找一些适应或弥补的途径。各个感觉系统虽然都有功能的老化现象，但各个系统的老化进程常常有很大的差别。某些老人听觉变化较为突出，另一些老年人则视觉的变化更为突出。这种差异形成的原因是多方面的，有先天遗传因素，有家族性老年视力减退或听力减退，还有生活条件、职业训练等因素也对各种感觉系统的老化进程有着重要的影响。打字员、乐手和从事手部精细运动职业的人，书写能力老化现象的出现率显著少于其他老年人。从事过运动、舞蹈职业的老年人，很少发生躯体深感觉功能较早老化的现象。而纺织工人等在机器噪音中工作的人，进入老年期后，听力减退的发生率显著高于从事其他职业的老年人。对于某些感觉系统有家族老化趋势的老年人，或对从事某项职业的老年人来说，及早采取措施，加强锻炼，可以有效延缓这一感觉系统的老化。

各个感觉系统的老化进程虽然有所不同，但它们之间也会相互影响，并与脑高级中枢的老化及全身性老化进程密切相关。某一感觉系统的老化现象突出，可直接或间接影响其他感觉系统的功能。老年人平时不仅要重视某一感觉系统的功能锻炼，更要注重整个身心健康水平的提高。

随着年龄的增长，感知觉的器官逐渐老化，视觉、听觉逐渐衰弱，感受性减低，这些都影响着老年人的生活质量。但尽管如此，人的活动能力也不完全由生理机能决定。有的老年人因某种原因而失去某些生理器官的功能，但是，他们利用心理活动的主观能动性，以合理的认识、愉悦的情绪、坚强的意志、美好的愿望和执着的追求，将不利因素转化为有利因素，发挥自己的潜力，弥补自己的缺陷，也取得了惊人的成绩，使自己在老年的时候继续能够发光发热。例如，海伦·凯勒耳聋目盲还能从事创作事业；霍金患病，肌肉萎缩，却为物理科学事业做出不可磨灭的贡献。在平常的生活中，也经常有一些老年人，凭着自己的毅力和努力，积极乐观地面对生活中的困难，继续完成自己的愿望和梦想，为社会做出贡献。

这些都说明心理活动虽然受客观环境及生理的影响，但不是完全被动地受客观世界的支配。人的主观世界，对客观事物的认识、态度、意志和本身的经历，也起着重要的作用。老年人虽然感知觉因年老衰退，但还不是完全丧失。老年人不要以为年老必然会思想迟钝，感叹自己“年老力衰而无用”。只要自己精神不老，即使进入高龄，由于内在潜力的驱使，也能竭尽全力完成有意义的事情。

图 3-5　快乐幸福的老年人

老年人应该正确看待衰老。衰老是生命发展的必然规律，是不以人的意志为转移的。要达到延缓衰老的目的，最重要的还是保持心理健康，这是关键。人的各个组织和器官都可在心理的控制、支配下，协调地从事各自的特殊活动。心理状态对人的生命活动、对人的衰老有巨大的影响，所以，老年人一定要重视心理健康。正确对待“老”，就是在生理上要服老，在心理上不服老。承认人体衰老是人生不可抗拒的自然规律，但心理上不能有暮年之感，要做到人老心不老。保持坚强的意志和孜孜以求的进取心理，要有“不知老之将至”的积极乐观的态度，要有“老骥伏枥，志在千里；烈士暮年，壮心不已”的雄心壮志。老年人的各种心理功能的确普遍下降，但并不是一降到底，也不是每一种功能都迅速下降。老年人要善于运用自己现有的心理功能，延缓它的衰退速度。在心理上不要对衰老持有逆来顺受的消极态度，要增强自己的应变能力，及时地通过自我调节来纠正已出现的心理上的衰退和偏差现象，以及其他各种心理障碍，不断地保持并增进心理健康，这样才更有利于延年益寿。

二、延缓脑衰退

(一)勤于用脑

随着年龄的增长,各种心理功能都有普遍下降的趋势,但是对于不同的人来说,这些变化并不是同时发生的。例如,同样是年过花甲的老年人,有的已经是老态龙钟、弯腰驼背,而有的则仍精神焕发、红光满面;有的老年人健忘失眠,思维迟缓,而有的老年人却记忆清晰、思维敏捷。由此可见,“老糊涂”并不是年龄增长的必然结果,要想使老年人保持清醒的头脑,就需要采取抗脑衰老的措施,从饮食、睡眠、工作、学习、体育锻炼等各个方面加以注意,尽量避免各种意外伤害,改掉生活中的不良习惯,减少各种应激的伤害,特别是要注意科学用脑,这对抗衰老能起到积极的作用。

勤于用脑不仅仅能保持和发展人的智力,还能够防止脑细胞的萎缩老化,使生命充满活力。大脑接受的信息越多,相应的脑细胞就会越旺盛发达,勤于用脑、善于用脑的老年人,他们脑细胞的血流量会增加,使大脑产生活力,细胞相对稳定,从而有利于智力的开发和延缓脑细胞的衰退过程。研究发现,经常从事脑力劳动的老年人,思维能力仍可像30岁的青年人那样敏捷。而懒于动脑的人,他们的大脑在40岁左右时就开始迅速老化。脑力工作者的脑血管,经常处于舒展状态,对脑细胞供血、供氧充分,起到了很好的保养作用,减慢了脑血管的硬化过程,从而使人的感知觉和反应能力的衰退受到一定抑制。有意识地加强记忆,挖掘大脑的潜力,这样人的大脑不仅不会衰老,还会更发达,这对老年人也是适用的。老年人应经常学习一些新知识,这不仅可以开阔眼界,也起到了延缓大脑衰老的作用。

勤于用脑,更要讲究科学用脑。首先,要根据神经细胞活动的规律来进行学习和工作,保持脑力的最佳状态。其次,科学地安排用脑时间。根据生物节律来安排自己的生活和学习,大脑活动随着时间的不同而发生相应的变化,表现出节律性。我们可以根据大脑的节律,安排自己的工作和学习,这样既锻炼了大脑,又可以获得脑力劳动的最高效率。最后,要劳逸结合。只有劳逸结合,才能在用脑的同时养好脑,使脑在最佳状态下进行工作。其中,尤其要重视睡眠,不仅要保证睡眠的时间,更要保证睡眠的质量。因此,老年人的作息生活要有规律。总之,老年人应勤于用脑,更善于用脑,以使自己更加聪慧,使晚年生活幸福充实。

(二)大脑的保健

大脑逐渐退化是自然规律,但我们也并非无能为力,我们可以采取措施减缓大脑的退化。下面介绍几种简单易行的健脑方法。

1.快走

许多实践者体会到,快步行走,步速在每分钟100～200步之间,每次走30分钟,坚持数月就会收到健脑的效果。这是因为,在快步行走时消耗了体内积蓄的相当多的糖原，继而开始分解储存在体内的脂肪，释放一定的能量供给身体各部分，包括满足大脑对物质和能量方面的需要。快走可以加大、加深呼吸，增加对脑的供氧量，防止大脑老化。快走是一种很好的健脑方法，但要持之以恒，长年累月地坚持，才能收效。

2.呼吸

氧对大脑来说是十分重要的。我们平时采用的是胸式呼吸，它在人不运动时摄氧量少，导致血液循环慢，不利于大脑健康。我们可采用丹田式呼吸，呼气和吸气都产生腹压，是一种有利于脑的呼吸方法。每天做数分钟丹田式呼吸，并长期坚持，能起到健脑和强身的功效。

3.手指活动

手，特别是手指的活动，对延缓脑细胞的退化进程具有特殊的作用。因为人的大脑主管意识，可以命令手进行活动。高效率地活动手指，能直接刺激脑细胞，从而增强它的活动。为了让大脑两半球协调发展，左右手都要锻炼。有意让手指从事细微活动，如拼装小型模型、绣花、打毛衣等，这些细微动作都是大脑皮质控制的精细动作，可提升脑的功能。要注意避免手指动作单调，否则会影响手指灵活性，减少大脑和手指间的信息传递。要尽可能多做一些形式不一的手指活动。

4.饮食

人脑每天要消耗人体全部能量的20%～25%。有意识地加强脑营养有益于健脑。老年人应少食或不食动物性油脂，因为动物油中含有大量饱和脂肪酸，对大脑十分不好，易形成脑栓塞。老年人平时应食用一些容易消化吸收的清淡食物，适当吃一些肉类，尤其是鱼、鸡、蛋、奶等高蛋白、低脂肪的食物，多吃一些富含纤维的食品，如粗粮、蔬菜和水果等。坚持良好的饮食习惯，一天三餐合理搭配。老年人应尽量少饮酒，因为酒精对大脑皮层有毒害和麻痹作用，长期饮酒可能会出现酒精中毒现象，导致记忆力下降、肢体震颤等。

复习巩固

1.老年人感知觉的衰退的影响因素有哪些？

2.老年人怎样科学用脑？

3.老年人延缓脑衰老的方法有哪些？

生活中的心理学

做健康快乐的老人

一、把快乐掌控在自己手中

老年人要培养“五乐”精神：即助人为乐、知足常乐、自得其乐、与众同乐、劳动中乐。总之，要培养和寻找“愉快”的精神。老年人要保持思想开阔、情绪稳定、乐观温存、无忧无虑，这样就具备了通向长寿的条件。

但是，快乐的心情需要自己去培养和寻找。愉快的心情，特别是乐观情绪，被誉为长寿的精神营养，它胜过一切灵丹妙药。乐观愉快的情绪能够协调大脑皮层、神经、体液、内分泌及心血管功能，保持整个身心的稳定平和。

二、勇当“银发顽童”

在我们生活中可以见到不少充满活力的“老顽童”，他们虽已进入老年，银须白发，却童心未泯。他们诙谐幽默、乐观自在、嬉戏玩耍，和青年及幼儿打闹逗趣，广交朋友，优哉游哉，参与各项社会活动，保持青春活力，享受着黄金般的年华。

人总是要老的，这是不可违背的自然规律，但人可以延缓自己衰老的速度，可以健康愉快地度过晚年。老年期确是人生的最后一站，在这一站到来之际，老年人应该继续迎接新的生活挑战，而不是用等待的态度对待这最后一站。

把思想从沉默等待、孤独乏味中解放出来，充实自己的生活，丰富生活的兴趣，积极地去寻找幸福快乐，勇敢地到社会中去，到朋友中去，以自己独特的方式去生活，使自己青春永葆。

本章要点小结

1.感知觉是大脑与周围外界环境连接的通道，是各种高级复杂心理活动的基础。步入老年期以后，人的听觉、视觉、味觉、嗅觉和躯体皮肤感觉都随年龄增长而逐渐发生退行性变化。

2.睫状肌是由动眼神经调节的，其调节能力随着年龄的增长而逐渐降低，导致对远近物体的调节力降低，形成老视现象。晶体也会随着年龄的增长发生老化，从而影响其弹性和透明度。

3.随着年龄增长，棒体细胞和椎体细胞密度降低，神经节细胞和视网膜色素上皮细胞也逐渐消失。

4.老年人角膜光散射增加，透光度下降，荧光物质增多，巩膜也越来越变薄、变黄，弹性下降。

5.老年人晶状体的弹性和聚焦能力减弱，逐渐形成了老花眼，眼睛对不同距离物体的调节能力下降，老年人视敏度退化。

6.暗适应和明适应能力随着年龄的增加都降低了，老年人暗适应或明适应所需要的时间都明显长于青年人。

7.老年人对光感受性的降低，对不同颜色辨别力降低的程度也不一样，对蓝色、绿色的鉴别能力比红色、黄色的鉴别能力下降得更明显，因此，老年人感觉世界更偏向黄色。

8.老年人视觉编码速度比青年人要慢。知觉图形形状的时间更长，他们要看清楚图形，需要图形与背景之间的对比度更大。他们对物体大小、空间关系和运动速度的判断能力减弱。

9.外耳的退行性变化主要表现皮肤分泌功能的减退，中耳的退行性变化主要表现为听小骨的钙化，这导致声波传导效率降低，内耳的退行性变化常引起对高频声音听觉的丧失或减弱。

10.老年人对高音调声音间差别的识别能力，随年龄增加而下降的速度，比对低音调声音的鉴别能力下降得更快。知觉到同样的音响，老年人比青年人需要更高的声音强度。

11.老年人听觉功能的变化直接影响到他们的言语知觉能力和理解能力，也影响着他们对声音方位的定向。

12.味蕾和嗅上皮细胞的数量随着年龄的增加而减少，同时其灵敏度也降低了，脑中枢也发生明显的退行性变化，神经细胞数量减少，神经纤维萎缩。

13.老年人皮肤上触点数量减少，触觉定位能力下降。温度感知能力没有显著变化，但抗高温和低温的能力低于年轻人。痛觉的感受能力下降。躯体感觉系统的老化，使老年人行动迟缓，容易摔跤骨折，同时也影响到了他们的口头语言和文字书写能力。

14.脑的老化主要表现为神经细胞的减少和脑血流量的减少。

15.脑老化影响记忆、感知觉和情绪性格等心理活动。老年人的近事记忆能力下降，液体智力逐渐下降。老年人由于脑细胞的老化，对物体的识别时间变长。额叶受损时，老年人的情绪和性格容易发生改变。

16.老年人常见的脑部疾病有阿尔茨海默症、脑血管性痴呆、脑中风和帕金森综合征等。

17.老年人要增强自己的应变能力，及时地通过自我调节来纠正已出现的心理上的衰退和偏差现象，以及其他各种心理障碍，不断地保持并增进心理健康，争取延年益寿。

18.老年人要勤于用脑，科学用脑，增强脑的功能。

19.老年人平时可以通过快步行走、丹田式呼吸、手指活动和食疗等方法健脑。

关键术语表

感觉敏感度	perceptual sensitivity
退行性变化	anaplasia
暗适应	dark adaptation
明适应	light adaptation
视觉编码	visual coding
年龄相关性黄斑变性	age-related macular degeneration
阿尔茨海默症	AD (Alzheimer's Disease)
脑血管性痴呆	cerebral vascular senile dementia
脑中风	cerebral apoplexy
帕金森综合征	parkinson's syndrome

选择题

1.老年人感觉到的世界颜色更偏向于(　　)。

A.黄色　　B.蓝色

C.绿色　　D.红色

2.老年人内耳退化主要引起对(　　)听觉的丧失或减弱。

A.中频声音　　B.低频声音

C.高频声音　　D.中低频声音

3.脑老化的疾病主要有(　　)。

A.阿尔茨海默症　　B.脑血管性痴呆

C.脑中风　　D.帕金森综合征

4.身体(　　)部位的活动可有效延缓脑细胞的退化进程。

A.手　　B.腿

C.手指　　D.头

5.大脑中(　　)区域对记忆有重要的作用。

A.下丘脑　　B.额叶

C.海马　　D.延脑

6.老年人(　　)减退,(　　)是保持的。

A.近事记忆　　B.远事记忆

C.液体智力　　D.晶体智力

7.感知觉能力的退化对老年人的(　　)也造成了影响,影响他们与他人的沟通。

A.言语能力　　B.书写能力

C.记忆能力　　D.理解能力

8.老年人脑老化的主要表现为(　　)。

A.细胞数量减少　　B.血流量减少

C.重量减少　　D.神经细胞活动减少

9.老年人视觉现象中,(　　)的时间要长于年轻人。

A.明适应　　B.暗适应

C.视觉成像　　D.形状知觉

第四章　老年人的记忆

记忆是过去经历过的事物在大脑这块特殊物质上留下的痕迹，它在人们的日常生活、学习和工作中至关重要。记忆力减退是老化过程中最明显的行为特征之一，它直接影响着老年人生活的各个方面。而在生活中经常出现这样的情景：我们身边的老年人，他们总是忘记钥匙或者眼镜放在哪里；不记得是不是已经吃过药等等。本章主要来介绍有关记忆系统的概念、老年人记忆的特点、记忆系统老化对老年人的影响、如何来改善老年人的记忆等方面的内容。

第一节　记忆系统概述

试想，如果没有记忆，生活会变成什么样子？我们记不住亲人朋友的样貌，想不起昨天发生了什么、今天要做什么，甚至会为每天怎么回家而头疼。所以记忆对每个人的生活和学习都是极其重要的。那么，记忆是什么？记忆又是怎样执行功能的？

一、记忆的概念

（一）记忆

心理学家认为，记忆是指先前的刺激不复存在时所保持的有关刺激、事件、意象、观念等信息的心理机能，是个体对其经验的识记、保持、回忆或再认的过程。从信息加工的观点来看，记忆就是对信息进行的编码、储存和提取，这一定义与计算机的存储系统（cpu、内存、硬盘等存储物质）近似。不过，与计算机不同的是，人的记忆是一个认知系统。认知（cognitive）这个词的拉丁语词根“cognoscere”，是“知道”或“理解”的意思。也就是说，人类的记忆与感知系统密切相关，感知系统感知到信息，并将其转化为能够存储和读取的有意义的信息。这些记忆信息便形成了思维和行为的基础。

（二）艾宾浩斯对记忆的研究

“如果课堂上学习的知识不经过进一步的学习巩固，并在随后进行充分复习，那是会很快忘记的。”换句话说，你在考试前仓促学习而获得的知识，几天后是不可能再记起很多的。这一敏锐的观察结论是由德国心理学家艾宾浩斯（H.Ebbinghaus，1885）提出的，他概括了一系列这样的现象来推动他关于记忆的新科学的发展，艾宾浩斯的观察结论构成了令人信服的论据，支持着关于记忆的经验性调查。

艾宾浩斯使用无意义音节——由两个辅音夹着一个元音构成的无意义的三字母单元，例如CEG或DAX，它使用无意义音节，而不是像DOG那样的有意义的字词，因为他希望获得一种对记忆的纯粹的测量——没有由被试带入实验记忆任务中的先前学习或联想所污染的测量。艾宾浩斯不仅是研究者，也是自己的被试。他自己完成研究任务，并测量自己的行为，他给自己的任务是背诵长度不等的音节序列。艾宾浩斯选择使用死记硬背的学习方法，通过机械复述来记忆，来完成任务。

艾宾浩斯学习首先从头到尾通读一个音节序列，一次一个，直到读完整个序列。然后按照相同的顺序再通读这个序列，不断重复，直到他能按正确的顺序背诵所有序列。然后他强迫自己学习许多其他音节序列来分心让自己不去复述最初的音节序列。一段时间后，艾宾浩斯通过考察重学最初的音节需要的学习遍数来测量他的记忆。如果他重学需要的遍数比最初学习需要的遍数要少，那么就可以知道他最初学习的信息得到了保存。

生活中的心理学

艾宾浩斯遗忘曲线

举例说明，如果艾宾浩斯学会一个序列用了12遍，而几天后重学这一序列用了9遍，那么他在这段流逝的时间里的保存成绩为25％（12－9＝3；3/12＝0.25或25％）。使用节省成绩作为测量指标，艾宾浩斯记录了不同时间间隔后的记忆保持程度。他获得的曲线即遗忘曲线，如图4-1所示。艾宾浩斯遗忘曲线揭示了遗忘的规律：遗忘的进程是不均衡的，迅速遗忘发生在记忆的最初阶段，随着时间的推移，知识的遗忘速度逐渐减慢。

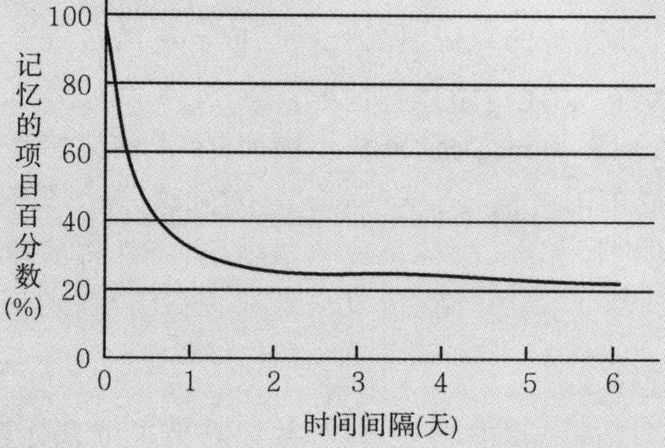

时间间隔	记忆量
刚记记完毕	100%
20分钟后	58.20%
1小时后	44.20%
8小时后	35.80%
1天后	33.70%
2天后	27.80%
6天后	21.10%

图4-1　艾宾浩斯遗忘曲线

这对我们的学习带来以下启示。

1.在学习需要记忆的材料之后，要第一时间安排复习，并及时安排以后的复习。

2.艾宾浩斯记忆实验中还发现了这样的现象：记住12个无意义音节，平均需要重复16.5次；记住36个无意义音节，需要重复54次；而记忆六首诗中的480个音节，平均只需要重复8次！这个实验结果告诉我们几个结论：第一，一次记忆的材料太多会直接增加记忆的难度，根据后来的研究，一组记忆材料安排在7个左右最合适；第二，凡是理解了的知识，就能记得迅速、全面而且牢固，所以要积极寻找材料之间的联系，通过理解，高效率地完成记忆任务；第三，如果采用死记硬背的办法，要保持较高的记忆量就必须花大量的时间反复记忆，这样的记忆效果无法令人满意。

3.对那些看似独立的记忆材料可以通过编排故事等办法，通过联想帮助记忆。

4.遗忘的进程不仅受时间因素的制约，也受其他因素的制约。人们在记忆过程中，最先遗忘的是没有重要意义的、不感兴趣、不需要的材料；不熟悉的材料比熟悉的材料发生遗忘的时间更早。所以利用一些方法使记忆材料成为学习者需要的、感兴趣的材料，也可以提高记忆效率。

另外，每个人的记忆都有自己的特点，我们要根据每个人的不同特点，寻找到属于自己的艾宾浩斯记忆曲线，不断提高学习的效率。

二、记忆的分类

现在，我想让你举一个有关记忆的例子，你首先想到的是什么？可能你想到了昨天下雨了或者前几天一个好友刚过了生日，也有可能你想起了几个电话号码，这些都是存在于脑海中记忆的信息和事件。事实上，记忆的一项重要的功能就是可以使你有意识地通达个人和集体的过去。但记忆的功能远不止于此，人们在骑自行车、游泳、在电脑上打字时，它也参与其中。以上所举的例子都属于记忆，但是又不尽相同。心理学家根据不同的角度将记忆分成不同的类型，下面我们就来学习不同的记忆的特点和功能。

（一）感觉记忆、短时记忆和长时记忆

心理学家根据信息保持时间的长短，将记忆分为感觉记忆（即瞬时记忆）、短时记忆和长时记忆。

1.感觉记忆

当客观刺激停止作用后，感觉信息在一个极短的时间内被保存下来，这种记忆就叫感觉记忆。美国心理学家斯珀林（Sperling，1960）首先提供了感觉记忆存在的证据。他给被试呈现一张有12个字母的卡片（如图4-2所示）：

X	G	O	K
J	M	R	I
C	U	T	S

图4-2 Sperling（1960）**实验材料**

要求被试完成两种不同的任务。在全部报告程序中，他们要努力回忆尽可能多的

项目，通常他们能报告的大约只有4个项目。另外的被试接受部分报告程序，要求他们只报告一行而不是整个矩阵的内容。在矩阵呈现后立即发出一个高音、中音或低音信号以提示被试报告哪一行。斯珀林发现，不管要求被试报告哪一行，他们的回忆成绩都相当好。

由于被试能够根据声音信号准确地回忆三行中的任意一行，因此，斯珀林推断呈现的所有信息都进入了感觉记忆。这证明了感觉记忆的容量很大。同时，全部和部分报告程序的差异表明信息会迅速衰退：接受全部报告程序的被试不能回忆图像中呈现的所有信息。图4-3表明，当延迟时间从最初增加到1s时，准确报告的项目数平稳下降，最终和全部报告的回忆水平一致。

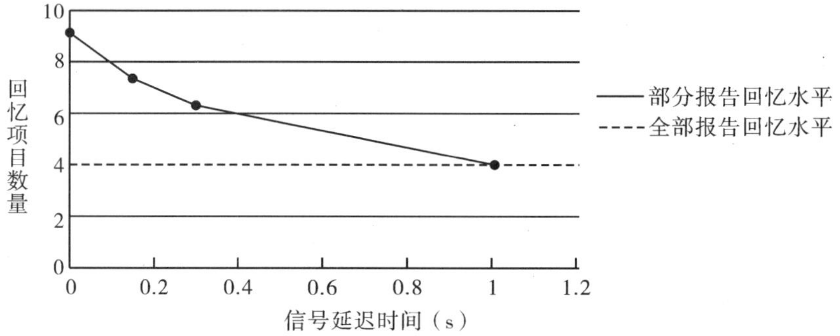

图4-3 通过部分报告法回忆成绩 （**资料来源**：Sperling，1960）

感觉记忆是记忆系统的开始阶段。感觉记忆的存储时间大约为0.25～2秒。感觉记忆在人们生活中颇有用处。电影就是利用了视觉后像这种感觉记忆使一系列断续的图像被看成是不断连续的画面。电影胶片原是由一幅一幅间断的照片(画面)构成的，放映出来的实际上是一连串断断续续的光刺激。但由于相隔时间很短，前一画面的瞬时记忆尚未消失，后一个画面又传来了。结果观众获得的视觉形象便是由连续不断的画面所构成的某一动作或情节。

2.短时记忆

短时记忆是感觉记忆和长时记忆的中间阶段，保持时间大约为5秒～2分钟。比如，我们从电话号码簿上查到一个陌生的电话号码，根据记忆立刻去拨这个号码，打过电话后，就忘了这个号码，这就是日常生活中常见的一种短时记忆。

彼得森夫妇(Peterson，L.R. & Peterson，M.J.，1959)研究了短时记忆的保持时间。他们要求被试先花几秒的时间记忆一个有三个辅音字母组成的字符串，然后对给出的某个数字做减3的运算。6秒钟后，有68%的被试不能回忆，间隔18秒，则有将近90%的被试不能回忆起三辅音连串，这说明在不能复述的情况下信息从短时记忆中消退的很快(见图4-4)。

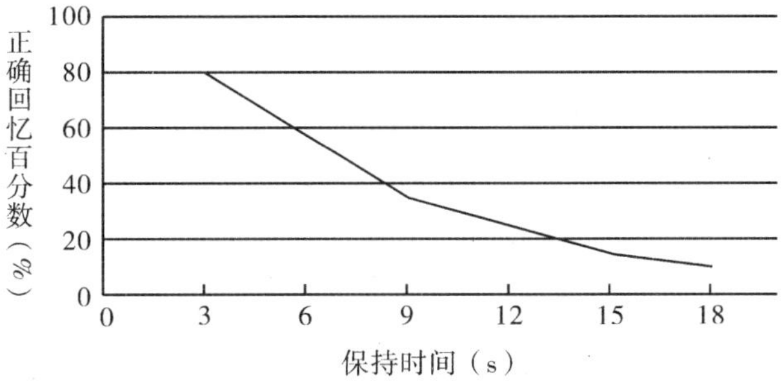

图 4-4　短时记忆随时间发生遗忘　（资料来源：Peterson et al.，1959）

短时记忆一般包括两个成分。一个是直接记忆，即输入的信息没有经过进一步加工。它的容量相当有限，大约为 7±2 个单位。编码方式以言语听觉形式为主，也存在视觉和语义的编码。另一个是工作记忆，即输入信息经过再编码，使其容量扩大。由于与长时记忆中已经储存的信息发生了意义上的联系，编码后的信息进入了长时记忆。必要时还能将存储在长时记忆中的信息提取出来解决面临的问题。

3.长时记忆

记忆能保持多长时间？很多老年人都能很清楚地回忆起青少年时经历的种种事情，比如他们第一次在电影院看电影时的情景和心情，时隔多年，依然历历在目。

长时记忆通常指的是那些在记忆中保留一生的知识，是从感觉记忆和短时记忆中获得的所有体验、事件、技能、规则等，长时记忆构成了每个人对世界和自我的全部知识。从信息加工的观点来说，长时记忆是指信息经过充分的、有一定深度的加工后，在头脑中长时间保留下来，是一种永久性的存储。它的保存时间长，从 1 分钟以上到许多年甚至终身；容量没有限度；信息的来源大部分是对短时记忆内容的加工，也有由于印象深刻而一次获得的。

图尔文（Tulving，1972）将长时记忆分为两类：情景记忆和语义记忆。情景记忆是指人们根据时空关系对某个事件的记忆。这种记忆与个人的亲身经历分不开，如想起自己参加过的一次聚会或曾去过的地方。由于情景记忆受一定时间和空间的限制，信息的存储容易受到各种因素的干扰，因此记忆不够稳固，也不够确定。

语义记忆是指人们对一般知识和规律的记忆，与特殊的地点、时间无关。它表现在单词、符号、公式、规则、概念这样的形式中，如记住化学公式、乘法规则、一年有四季等。对“猫”的词义的记忆，对哥伦布发现美洲这个事实的记忆也都是语义记忆。语义记忆受一般规则、知识、概念和词的制约，很少受到外界因素的干扰，因而比较稳定。

感觉记忆、短时记忆和长时记忆的区分只是相对的。它们之间是相互联系、相互影响的。任何信息都必须经过感觉记忆和短时记忆才可能转入长时记忆，没有感觉记忆的登记和短时记忆的加工，信息就不可能长时间存储在头脑中。

（二）内隐记忆和外显记忆

内隐记忆是指在个体无意识的情况下，由过去经验对当前行为产生的无意识的影响,有时又叫自动的无意识记忆。与此相对,外显记忆是指在意识的控制下,过去经验对当前行为产生的有意识的影响。它对行为的影响是个体能够意识到的,因此又叫受意识控制的记忆。例如,很久以前,你学习过一些不常见的英语单词,现在要你写出这些单词,你却一个也写不出来了,换句话说,你不能有意识地回忆它们。但是用别的方法(比如说简单的补笔任务)却可以证明,你现在对那些单词仍然是有记忆的。

(三)陈述性记忆和程序性记忆

还有研究者将记忆划分为陈述性记忆和程序性记忆。陈述性记忆是指对有关事实和事件的记忆。它可以通过语言传授而一次性获得。它的提取往往需要意识的参与,如我们在课堂上学习的各种课本知识和日常的生活常识都属于这类记忆。程序性记忆是指关于如何做事情的记忆,包括对知觉技能、认知技能和运动技能的记忆。这类记忆往往需要通过多次尝试才能逐渐获得,在利用这类记忆时往往不需要意识的参与。例如,在学习游泳之前,我们可能读过一些有关的书籍,记住了某些动作要领,这种记忆就是陈述性记忆;以后我们经过不断练习,把知识变成了游泳技能,即使过了一段时间也不会遗忘这项技能,这时的记忆就是程序性记忆了。

三、记忆系统及其加工过程

按照现代信息加工的观点,记忆是一个结构性的信息加工系统。所谓结构性是指记忆在内容、特征和组织上有明显的差异。记忆结构由三个不同的子系统构成:感觉记忆、短时记忆和长时记忆。这些子系统虽然在信息的保持时间和容量方面存在差别,但它们处在记忆系统的不同加工阶段,因此,相互之间有着十分密切的联系。如图 4-5所示,信息首先进入感觉记忆,那些引起个体注意的感觉信息才会进入短时记忆。在短时记忆中存储的信息经过加工再存储到长时记忆中,而这些保存在长时记忆中的信息在需要时又会被提取到短时记忆中。

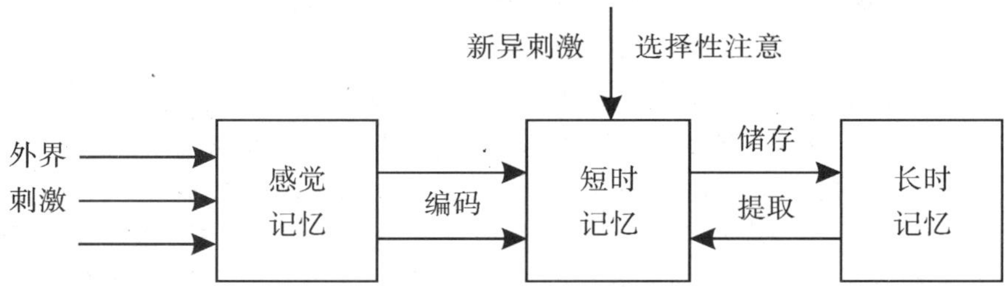

图 4-5 人类记忆三级加工模型 (资料来源:Klatzky,1980)

另外,记忆又是一个过程,它是在一定的时间内展开的,可以区分为前后联系的一些阶段。编码、存储和提取是记忆的三个基本过程,任何外界信息只有经过这些过程,才能成为个体可以保持和利用的经验。

编码是人们获得个体经验的过程，或者说是对外界信息进行形式转换、形成心理表征的过程。我们用现实中的表征做一个类比，你就可以比较容易地理解心理表征的概念了。设想有人问你最近一次生日时吃到的蛋糕是什么样子的，你会怎么向他说明呢？你可能会描述蛋糕的形状颜色，或者画一幅图，这些都是蛋糕的表征。尽管没有什么表征会像真实物体当面呈现那么细致，但它们可以让我们了解蛋糕最重要的方面。心理表征也有相同的作用，它保存了过去经验最重要的特征，从而使你能够把这些经验再现出来。

存储是把感知过的事物、体验过的情感、做过的动作等，以一定的形式保持在人们的头脑中。知识的存储可以是事物的图像，也可以是一系列的概念或命题。存储是信息编码和提取的中间环节，它在记忆过程中有着重要的作用，可想而知，没有信息的存储就没有记忆。

提取指从记忆中查找已有信息的过程，是记忆过程的最后一个阶段。这是你之前所做努力的回报。你能记起存储之前发生的事情吗？现在你可以在不到一秒钟的时间里回答这个问题：不是编码吗？但是当几天或者几星期后再问你相同的问题，你可能就不能如此迅速而又充满自信地提取“编码”的概念了。你是如何能从记忆的大量信息中提取特定的信息，这是所有想了解记忆是如何工作以及如何改善记忆的心理学家面临的挑战。

尽管把编码、存储和提取作为记忆过程的不同部分来定义并不困难，但是这三个过程之间的关系是相当复杂的。例如，为了对某种植物进行编码，你必须首先从记忆中提取植物的概念。同样，为了记住某句话的意思，你必须提取每一个字词的意思，提取汉语的语法规则和一些特定的背景信息。

复习巩固

1.什么是记忆？
2.记忆可以如何分类？
3.记忆的三个基本过程是什么？

第二节　老年人的记忆

进入老年期，人的身体机能和认知功能不可避免地会产生一些变化，其中大多数都是衰退或者减弱，也有少部分处于一种稳定状态，甚至有所发展。我们已经了解了不同种类的记忆，那么老年人在不同种类的记忆中的表现是怎样的？与青年人有无区别？

一、老年人生活中的记忆

（一）前瞻记忆

前瞻记忆是指在未来的某个时间点我们需要执行行为的相关记忆。例如，我们需要记住什么时候要付账单、寄信、给某人打电话等等。一些前瞻记忆失败会导致严重的后果。比如，我们做晚饭忘记关天然气或者忘记吃药。前瞻记忆在所有人尤其是老年人的日常生活中都扮演着重要的角色，它决定了老年人生活是否可以独立自主。

关于年龄和前瞻记忆关系的研究很多，但是结果并不一致。一些研究显示老年人的前瞻记忆水平与青年人保持一致，甚至更好。而另一些证据表明，前瞻记忆水平会随着年龄的增长而衰退。也有研究显示，老年人前瞻记忆的水平和受教育水平相关(Cherry & LeComte，1999)，受教育良好的老年人在许多前瞻记忆的测试中和青年人的表现一样好；相对应的，受教育水平较低的老年人在测试中的表现比青年人差。

有很多种前瞻记忆的测验可以用于研究前瞻记忆与年龄之间的关系。而这些前瞻记忆的测验任务一般分为两种：基于事件的任务(event-based)和基于时间的任务(time-based)(Einstein & Mcdaniel，1990)。

1.基于事件的任务

在基于事件的前瞻记忆任务中，要求被试监控某一外部的线索，并在线索出现时做出特定的反应。在实验室环境中的前瞻记忆任务中，被试需要记住在显示屏上出现的一个特定信号的时候，按某个键做反应。在自然环境中的前瞻记忆任务中，参与者需要记住在未来的某一天，他要安排一些活动或者约会，比如在妻子生日的时候为她准备生日礼物。研究结果表明，如果前瞻记忆任务没有因为一些其他的行为受到干扰，那么最后的成绩并不会受到年龄因素的影响，并且老年人的成绩通常都比青年人要好。

2.基于时间的任务

在基于时间的前瞻记忆任务中，参与者需要在一个特点的时间执行一个行为，但是没有任何外在的物理线索提示。在一项实验中研究者要求被试进行工作记忆任务的首要任务操作的同时，每2分钟做一次按键反应(Park,1997)。结果表明，不同年龄的被试以时间为基础的前瞻性记忆任务的完成存在年龄差异，即前瞻记忆能力随年龄增长而衰退。事实上，这种前瞻记忆能力的差异不仅存在于20岁的青年人与60岁的中老年人之间，在60岁与80岁的老年人之间也可以观察到(Rendell & Thomson, 1999)。不同于基于事件的任务，基于时间的任务缺少线索提示，需要更多自我启动的加工资源，这对老年人来说更为困难，这可能是老年人成绩更差的原因。

但是在自然环境中进行的研究，基于时间的前瞻记忆任务的成绩并没有表现出明显的年龄差异。在一项研究中，要求被试在规定的时间将电话号码发到研究者的邮箱或者在某一天寄出明信片，结果发现老年人比青年人表现得更好，这可能是因为在自然环境中任务表现会受到动机的影响，由于要达到任务的要求，老年人会感到更多压力。同时，相比青年人，老年人的生活更加循规蹈矩，他们更容易将前瞻记忆任务整合到日常生活中(Rendell & Thomson, 1999)。

前瞻记忆中还有一个因素是记忆与真正执行之间的延迟时间有多长，例如：前一天晚上你记住第二天早上早饭前需要服药与前一天晚上你记住第二天晚上晚饭之前需要服药，这两者的延迟时间是不同的。在实验室研究中，即使延迟时间很短，随年龄增长前瞻记忆功能也表现出衰退(Einstein, McDaniel, Manzi, Cochran & Baker, 2000)。但事实上，在现实生活中人们在各个年龄阶段上都保持了较好的前瞻记忆，而且前瞻记忆任务的要求比较困难时，可利用外部线索有效地改善人们的任务表现。

(二)内隐记忆

迄今为止，我们都将注意力放在外显记忆，即有意识地回想过去的信息和事件，但是对内隐记忆的研究相对较少。内隐记忆是一种不需要意识参与的记忆(Howard, 2006;Zacks,Hasher,& Li,2000)。具体来讲，内隐记忆是指个体遇到了一些刺激或事件，虽然个体并没有有意去记忆这些刺激或事件，但是它们影响了后来的行为或反应，而且个体并没有意识到这些影响。例如，在现实生活中你见到一个人的时候你觉得似曾相识，但是却想不起什么时候见过他，也回忆不起他的名字(Kausler et al., 2007)。

内隐记忆不需要意识的参与，那么怎样测量内隐记忆呢？单词填充实验就是一种内隐记忆的测验。在测验中，呈现给被试一系列单词片段，但是每个单词片段都缺少一个字母，被试需要填充一个字母使之成为一个完整的单词。例如一个片段“s ap”，被试可以填充l,n,o使之成为一个完整的单词。我们假设一个被试填充o得到单词“soap”，在随后的任务中，呈现给同一个被试一系列四个字母组成的字符串，如果字符串是一个有意义的单词则要求被试按一个键进行反应，如果字符串不是一个有意义的单词则按另一个键。如果被试对“soap”的反应时比对“slap”和“snap”更短，那么无疑就是单词填充实验中对“soap”进行的内隐记忆的影响。

有趣的是，外显记忆有明显衰退的一些老年人在内隐记忆测验中表现得很好，这就意味着老年人的行为会受到一些他们没有意识到的刺激和事件的影响。即使内隐记忆随着年龄的增长有所衰退，衰退的程度也比外显记忆小得多(Howard,2006)。这种分离现象在很多普通的老年人身上都可以观察到，即使患有阿尔茨海默症的老年人其内隐记忆也比外显记忆保持得好。这可能表示，内隐记忆和外显记忆涉及不同的脑区，而涉及内隐记忆的脑区功能要比其他的脑区保持得更好。

有关两种形式记忆分离的另一个发现是，不管是年轻人还是老年人，在昼夜觉醒周期的峰值时，外显记忆保持得更好；相对地，在非峰值时，内隐记忆保持得更好，因此峰值时刻对有意识的加工信息很重要，但是对无意识的加工并不重要。

(三)言语记忆

在阅读一篇文章或者聆听一场演讲后，你能记住多少内容？心理学家称这种对语言材料的记忆行为称为言语记忆，并且它在日常生活中极为重要。有研究显示一些老年人的听觉敏感度和中枢听觉加工系统功能会随着年龄的增长而衰退，最终导致口头语言的记忆功能受到损害(Wingfield et al.,2005)。而一些老年人患有痴呆或者其他神经障碍，这些疾病会对他们的言语和书面材料的记忆功能产生消极影响。但是健康的老年人的言语记忆有什么特点呢？

1.语言特点

在一项研究中，要求青年人和老年人听一系列相同长度的录音，并在听完后对录音的内容进行回忆。录音分为两种，在一种录音中朗读者会在自然的语法边界(完整的一句话结束)中断，在另一种录音中朗读，会在朗读中随机中断，而不是在文章中自然的中断点中断。在第一种录音中，老年人和青年人的成绩并没有明显差异，但是在第二种录音中老年人的表现差于青年人。这可能是因为老年人需要依赖语言结构的知识来补偿口头语言记忆能力的衰退。同时有研究证明，由语言的结构特点可以消除老年人言语加工能力的不足(Stine-Morrow,Noh & Shake,2006)。相对地，如果没有自然语言中的线索，那么老年人对口头语言(spoken discourse)内容的回忆成绩将会下降。

2.即时和延迟的测量

大部分对书面语言记忆的研究都采用一种延迟测量(off-line measure)的方式，即被试需要先阅读一些文字材料，然后针对材料的内容进行记忆测试(Stine, Soederberg,& Morrow,1996)。通常老年人回忆的信息数量要少于青年人，不过受教育水平较高的老年人与青年人之间的差异并不大(Stine-Morrow et al.,2006)。

采用即时测量的方法来考察青年人和老年人在加工语言材料所使用策略的差异的研究较少。在一项利用眼动技术来研究书面材料加工的实验中发现，延迟回忆成绩相似的青年人和老年人，他们在阅读过程中对时间分配并不一致，青年人倾向于在陌生的词语和文章中出现的新概念上停留更长的时间，而老年人通常将时间平均分配到阅读文章的整个过程中(Stine-Morrow et al.,2006)。

在现在的研究中，有更多的研究者使用神经成像技术(fMRI和PET扫描)来研究个体加工语言材料时大脑的活动(Kemper & Mitzner,2001)，这些方法可以让我们更清楚地了解青年人和老年人在加工书面和口头语言的时候使用和分配认知资源的情况。

3.对要点和细节的记忆

通常情况下，个体可以清楚地回忆故事和一段记叙内容的要点，但是在回忆细节的时候表现会相对较差。事实上，各年龄段的被试对故事主旨的记忆水平相当，但是相比青年人，老年人只能回忆较少的故事细节，当材料比较陌生，语法比较复杂或者呈现速度较快的时候，这种差异更为明显(Stine et al.,1996)。不过有趣的是，当要求老年人描述与自身相关的一些事件的时候，他们会比青年人报告出更多的细节，所以言语记忆功能并不是随着年龄增长全面衰退，相反，其中一些方面还在持续发展中。

综上所述，言语记忆随年龄增长而衰退通常出现在延迟测量的研究中，在受教育和智力水平较低的老年人中，这种现象尤为明显。如果老年人不能使用自然语言的特点来帮助他们记忆，他们的言语记忆功能会受到很大影响。在未来的研究中，研究者应该使用即时测量的方法来研究言语记忆老化的原因。另一方面，虽然老年人在描述自身经历的事情的时候，他们可以回忆起更多的片段，但是在回忆故事细节的研究中，通常会出现言语记忆衰退的现象。

二、老年人对记忆的认知

记忆是自我评价中重要的一环。如果可以顺利地回忆一些我们想记起的事情，我们会感觉愉悦，如果回忆不出来我们则会感到尴尬。老年人的记忆衰退是普遍的现象，而且老年人对自己记忆能力的认知自信程度会影响他们记忆的表现。通常人们都会认为老年人的记忆不如青年人好，这种刻板印象究竟如何影响人们对老年人能力的判断呢？

1.元记忆

元记忆涉及人们对自己记忆过程的认知和控制。例如，一般人们会认为记忆相关的词(上、下)对比记忆无关的词(汽车、花朵)更容易；人们也会认为在去超市买东西之前，列一张清单，对记忆会有帮助。

现今一些研究者已经开始研究青年人和老年人对记忆系统工作原理的理解是否存在差异。如果老年人不能准确认识记忆系统的工作过程，那么他们可能不能采用合适的记忆方法来帮助他们记忆。同时，如果他们不能有效地对自己的记忆进程进行监控，那么当记忆任务需要一些专门的认知资源的时候，他们就不能很好地提取出来。

莫菲等人(1981)的研究发现，即使事先知道呈现实验材料后需要进行记忆测验，老年人也没有将所有的时间用来研究实验材料，所以，最终他们测验的得分低于青年人。之后，研究者给老年组增加一段时间，并要求他们在这段时间内研究材料，此时，老年组的成绩变得和青年组一样好。但是,如果不规定老年人在这段时间内的任务,而让他们自行安排,他们并不能很好地判断需要多长时间才可以获得好的成绩(Kausler, 1994)。虽然老年人在任务准备过程中有这样的不足,但是实际上,他们和青年人一样了解记忆系统的工作机制并且可以清楚区分出哪些记忆任务简单,哪些相对困难(Light, 1991)。

2.记忆的自我效能感

班杜拉(1977)将自我效能感定义为一个人对自己可以成功执行一种行为并得到理想结果的信念。记忆的自我效能感是一个人对自己记忆能力好坏以及信心的一个自我评估系统(Berry,1999)。Berry 等人在 1989 年编制了记忆自我效能感问卷(Memory Self-Efficacy Questionnaire,简称 MSEQ)来评估这个系统的功能,例如,在问卷中会让被试评估这样的问题,如果需要记忆 12 个项目,那么他有多少信心(10%～100%)可以回忆出特定数量(4 个、6 个或 8 个)的项目。

韦斯特等人(2001)在一项研究中考察了设置任务目标是否可以影响记忆的自我效能感。实验中,青年组和老年组需要阅读一张包含 24 个项目的购物清单,然后回忆尽可能多的项目。设置目标组被试需要在第二次阅读清单之前设置一个相对困难但是可以达到的目标(比如我相信我可以回忆出 70%的项目),而非设置目标组则不设置目标,结果发现,设置目标可以对自我效能感产生积极影响,而且这种积极影响在青年组表现更为明显。在随后的研究中(West,Bagwell & Dark-Freudeman,2005),研究者不仅要求老年组被试设置任务目标而且给予积极的反馈(例如,你完成得更好了,我相信你可以做到),结果发现他们的任务表现得到了很大改善而且比青年人产生了更大的积极性。所以设置任务目标并给予适当鼓励可以帮助老年人更好地记忆。

不同的老年人的自我控制能力并不相同,这种差异可以影响到他们在记忆任务中的表现吗?在一项研究(Riggs,Lachman & Wingfield,1997)中,研究者将老年被试分为两组,高自控组通过问卷测试表明他们对控制自己在任务中的表现有较强的信心,相对的低自控组信心较弱。研究中,两组被试需要听一段有声散文录音,并告知被试可以在任意时间点停止录音,要求被试在可以保证 100%正确回忆的情况下听更多的录音。结果发现,高自控组可以很好地在合适的位置停止录音来保证他们回忆的准确率,这表明,他们可以准确地评估自己的能力,并在适当的时候控制自己的行为以得到更好的结果,相对地,低自控组选择的录音长度超过了他们可以准确回忆的能力。在另一项研究中(Lachman,Andreoletti,2006)发现,老年人的自我控制感与是否可以有效地使用策略存在正相关,研究中老年人需要回忆 30 个不同类别(水果或花)的单词,自我控制感高的老年人更倾向于将单词分类以便于更好地记忆。因此,通过记忆训练提高自我控制感和自我效能感能让老年人更好地发挥记忆功能。

3.记忆的自我评估

很多研究者使用自评问卷(Cordoni,1981;Erber, Szuchman & Rothberg,1992)

或者记日志的方法(Cavanaugh,Grady & Perlmutter,1983),考察青年人和老年人如何评估自己的记忆能力。结果发现,记忆的自我评估存在年龄差异。不管是通过自评问卷还是日志,老年人都会表示自己在生活中会比年轻人遗忘更多的东西,就像老年人经常抱怨自己的记性不如以前好了。

然而,老年人对自身记忆的消极看法有时却与他们在真实记忆测验中的成绩相反。有些老年人报告自己记忆有困难,但是在一项客体记忆测验中,他们的表现却很好。一项纵向研究表明,各个年龄段的老年人的客体记忆测试成绩与他们报告的记忆衰退并没有太多关系。老年人感觉自我记忆衰退可能是因为他们达不到早期的记忆水平,也可能是由抑郁、悲伤或其他的情绪问题引起。

有研究者曾经对老年人记忆衰退抱怨(memory complaint)、应对行为(coping behavior)和幸福感(feel of well-being)之间的关系进行研究(Verhaeghen,Geraerts & Marcoen,2000),结果发现,那些对自己记忆能力有较强内部控制感的老年人可以更好地应对记忆困难的问题。比如,他们使用列清单或在脑中形成视觉表象等方法来帮助记忆,同时,他们也会采用社会比较(social comparison)的方式来进行心理调整(比如,"到我这个年龄,谁的记性都会变差"),这些应对方式可以让老年人体验到更多的幸福感。所以,威尔哈根等人认为,促进内部控制感应该是老年人记忆训练中重要的一部分。

然而有些研究发现,虽然记忆减退伴随着绝大多数老年人,但是他们并没有感觉到太多的困扰。埃尔贝等人(1992)让青年人和老年人评估在现实生活中各种形式的记忆减退现象出现的频率和出现记忆失败情况时的困扰程度,结果显示,相比青年人,老年人更为频繁地出现遗忘现象,但是他们却更少地感受到困扰和不舒适。这也许是因为老年人承认并可以接受自己的记忆能力减退,而且他们和他们的伴侣都不认为这会对他们的日常生活产生很大的干扰(Sunderland,Watts,Baddeley & Harris,1986)。

4.记忆老化的刻板印象

大多数人都认为记忆是随着年龄增长而衰退的,老年人都容易健忘(Bieman & Ryan,1998;Heckhausen,Dixon & Baltes,1989;Ryan,1992;Ryan & Kwong, 1993),而且人们认为记忆问题会一直伴随老年人并且很难通过自身努力来改善(Erber & Danker,1995)。

伍德等人(2001)假定了一个现实世界中庭审的场景,法官需要听取目击证人的证言来进行审判,那么,老年证人的证词会因为有关年龄的刻板印象而受到质疑吗?参与测试的大学生认为82岁的证人比28岁的证人更诚实,但是却认为年轻证人更应该出现在证人席上,因为他们觉得年轻证人提供的证词可信度更高。

5.内隐启动效应与老年人的记忆

关于年龄的刻板效应对老年人本身会产生积极影响还是消极影响?利维(1996)使用内隐启动范式来研究刻板印象对老年人记忆的影响,在实验中并不告知被试真实的实验目的，而是告知他们是在做一个考察他们注意功能的实验。实验中，老年被试如果看到屏幕上出现光斑，那么他们要按指定的按键做反应，屏幕上呈现的光斑实际上是由单词组成的，只是由于呈现时间很短，因此被试无法察觉，实验选取的单词包括可以激发老年人积极的刻板印象（聪明的、有创造性的、有洞察力的等）和消极的刻板印象（衰退、衰老、遗忘）两类。在启动效应实验的前后分别进行记忆测试，结果发现，积极单词组的记忆成绩得到了提高，相对的消极单词组记忆成绩变得更差。这可能是因为启动过程激活了老年人的自我刻板印象，自我刻板印象反过来影响了他们记忆测验的成绩。

复习巩固

1.老年人记忆总的趋势是怎样的？
2.老年人的记忆有什么特点？
3.记忆老化有哪些原因？

第三节　老年人记忆能力的改善

我们已经了解了老年人在不同记忆中的表现，有些老年人的记忆会随着年龄渐增而逐渐衰退，但是这种衰退并不是绝对的，它受到生理、心理、社会等各方面因素的影响，而且具有很大的个体差异。如果相应采取一些合适的方法，那么改善老年人的记忆能力是可能的事。下面，我们来谈谈老年人记忆的可塑性，以及有关改善记忆的方法。

一、老年人记忆的可塑性

过去认为成人的记忆随增龄而全面减退，并且逐渐加重，是不可改变的。20 世纪 60 年代，在国外发展心理学领域中兴起了一种新观点——毕生发展观（Bakes，1987，1999），这一观点改变了年老意味着全面衰退的传统看法，对发展心理学研究的影响极大。毕生发展观将人的一生看作一个整体，认为从胚胎至老死，心理发展并非单一和均匀的，它始终包含生长（获得）和衰退（丧失）两个复杂而相互联结的动力学过程，其中有较大的变异性和可塑性。老年记忆也不例外，它依然具有一定的可塑性，表现在采取适当的干预措施（如认知训练），可延缓记忆减退，并在一定程度上得以改善。所提高的这部分能量即储备能量，是可以挖掘的潜能。国外在这方面已有大量研究，取得了有意义的结果（Kliegl et al.，1989）。

有研究者采用策略训练(如归类复述法、联系组合法和制造联系法),研究了它对老年人词语记忆的改善作用(孙长华等,1989)。采用“位置法”研究从儿童至老年时期记忆的改善作用(吴振云等,1992,1993)。“位置法”是一种利用熟悉的地点为基础,形成“心理地图”,然后充分运用想象和联想,把要识记的内容与地点相结合,形成一幅幅画面。回忆时将这些地点作为线索,帮助回忆,从而提高记忆成绩。

很多研究表明:训练可改善老年记忆,成绩可提高 3～5 倍。训练后,老年人的成绩可达到甚至超过未训练的青年人。这不但从理论上拓宽了对老年认知功能的认识,证实了记忆具有一定的可塑性,而且可从实践方面指导老年人运用策略,挖掘潜能,改善自己的记忆功能。

以往的研究主要着重于探讨记忆的年龄差异,但研究者也看到记忆的个体差异很明显,而且有随增龄而加大的趋势,成人记忆的变化有的甚至向相反方向发展,这充分表明记忆老化过程中的变异性。由于非认知因素直接影响认知功能,它可能是造成这种个体差异的重要因素之一。因此,非认知因素对认知功能年老化的作用研究,越来越受到认知心理学、老年心理学和医学心理学研究者的重视,它具有很好的理论和实践意义。

(一)老化态度对老年记忆的作用

老化态度指的是对老年群体所持有的一般反应倾向,包括对老年人的信念和评价。态度分为正性(积极)和负性(消极)两类。本研究采用自编“老化态度问卷”评定老化态度;采用“临床记忆量表”中两项分测验(联想学习和无意义图形再认)测查记忆成绩,并评估记忆自我效能;采用“抑郁量表”自评情绪状态。然后,采用直接思维任务,激活正性或负性的刻板印象,观察在改变老化态度的动态条件下,老化态度、记忆成绩及其自我效能的变化,并试图探讨老化态度的改变对记忆产生影响的机制。

结果表明:正性思维条件下,被试的老化态度变为正性,得分高于负性思维,它可以提高老年被试的记忆成绩和自我效能,而在负性思维条件下,结果相反。其作用机制通过三条途径:老化态度的改变、自我效能和情绪状态。

(二)焦虑对老年情节记忆的作用

情节记忆是对特定的时间和地点所经历的特定事件的记忆,不仅包括其内容,而且包括其来源。它与人们的日常生活关系密切,对于老年人更为重要,因为它对年老化最为敏感,减退较明显。焦虑是人们常见的一种不愉快的情绪状态,老年人也不例外。以往的多数研究集中在焦虑对认知的作用研究,结果表明:焦虑影响认知操作水平,高焦虑者成绩较差,但有时也有相反结果。至于焦虑对认知年老化的作用研究尚不多见。

有研究为了探讨焦虑对老年情节记忆的作用,以及它是否与情节记忆年老化的变异性有联系,采用“状态—特质焦虑问卷”的方法,筛选高、低特质焦虑的青年和老年被试,以 20 个动宾词组为记忆的内容,以听或做动作为记忆的来源。结果表明:老年组情节记忆成绩明显低于青年组,焦虑可降低老年人的记忆成绩。可以认为,焦虑是记忆年老化过程中产生变异性的原因之一,也表明采取情绪干预可能会改善老年记忆功能。

从以上记忆年老化的特点和发展变化的规律可以看出,老年记忆的潜力很大。

二、老年人记忆的改善方法

(一)进行记忆训练

有研究表明,经过记忆训练可使老年人的记忆水平显著提高,甚至可以达到未经训练的年轻人的水平。老年人可以学习并利用某些适合于自己特点的科学的记忆方法,从而提高自己的记忆效果。

老年人经常会说,他们的记忆不像原来一样好了,但是他们可以学习一些策略来帮助他们改善记忆功能,同时,也可以提高他们的自我价值感。记忆术是一些帮助个人改善记忆的方法,它可以分为不同的类别(Camp et al., 1993;Sugar, 2007),我们着重介绍一些需要个人有意识的努力来使用的一些记忆术。

外部记忆术(external mnemonics)通常指依赖外部线索或帮助的一些记忆术,比如书签、日历、备忘签纸或者将物品放到明显的地方(比如将伞挂到门把手上以备不时之需)。许多老年人都使用外部记忆术来帮助他们安排每天的生活,例如,购买物品或者按时服药。这些记忆方法可以有效地改善前瞻记忆(Lovelace & Twohig,1990;Sugar,2007)。有些老人经常使用事先记录的方法提醒自己每天的生活安排和一些重要的约会。

内部记忆术(internal mnemonics)经常会在一些记忆训练课上提到,人们需要采用想象和言语联想的方法来帮助他们记忆。比如,记忆名字的时候,可以编一些押韵的短句将名字与个人特征联系起来(李白长得很白,王勇很勇敢)。去超市买东西的时候,可以编一个故事将所有要买的物品包括进去,或者将物品进行分类(水果、蔬菜、日常用品等)。

内部记忆术也可以利用一些看到的物品作为线索使用,比如轨迹记忆法。轨迹记忆法最开始是由一个古希腊人使用的,他通过使用这个记忆术在一次聚会的时候,轻轻松松地记住了几十个人名。所谓轨迹记忆术就是通过记住所经过路线的路标(必须是按照路标出现的顺序),然后把所有记忆的东西和路标联系起来,从而在回忆起路标的时候可以帮助回忆起来所要记忆的东西。比如说记住家里的一些路标:1.床;2.桌子;3.衣柜;4.浴池;5.洗脸池。在可以非常熟练地记住这些东西以后(按照顺序)就可以用它帮助记忆其他的东西了。比如说需要记忆5个东西。在记忆新事物的时候,需要根据已经记住或已经熟知的东西的共同点(任何共同点)去记忆:1.温度计—病人躺在床上用温度计量体温;2.钱—我每天把钱包放在桌子上,钱包里面有钱;3.相机—我的相机放在我的衣柜里;4.青蛙—在浴缸里养青蛙(小时候经常干这样的事情);5.牙医—在洗脸池前刷牙,刷牙和牙医有联系。

老年人对内部记忆术并不像对外部记忆术那么有兴趣(Lovelace & Twohig,1990)。在缺少外部线索的时候,内部记忆术可以发挥很大的作用,但是需要一定的认知努力。例如,当给你介绍一个人的时候,你可能没办法将对方的名字写下来,这时就可以使用内部记忆法来记忆,直到有机会将对方的信息记录下来。像前面所说,老年人因为身心的原因很少自发地使用内部记忆术,但是如果他们受到鼓励和充分的指导,也可以慢慢地学会并熟练使用。

经过对老年人进行内部记忆法训练产生的积极效果可以持续多长时间,很多研究得到了不一致的结论(Cherry & Smith,1998)。一些报告显示,正式的记忆训练产生的效果可以持续6个月或者更长时间;但是另一些研究并没有得到相似的结果。这可能是因为,不同的研究选用的老年人的记忆、动机和认知功能水平不同,而且使用的记忆训练方法对长期记忆效果也不同,所以记忆训练的效果是否有长期的效果还存在争议。不过彻里和史密斯认为,在记忆训练后,还应该考察老年人是否一直在使用他们学到的记忆技巧,并定期召开一些培训的课程鼓励老年人使用这些技巧。

综上所述,老年人可以有效地使用外部记忆术,而且教授老年人内部记忆术的技巧看起来也对改善记忆有所帮助,但是长期的效果仍需要进一步研究。

(二)增强身体素质

1.适量运动

"生命在于运动。"研究资料和实践经验反复证明,延缓身体(包括大脑)早衰的最好方法就是运动。对老年问题和记忆的研究表明,体育锻炼有益于记忆力的保持。常参加体育锻炼的人与有惯于久坐的生活方式的同龄健康人相比较,在思考和记忆技能两方面,前者都大大强于后者。体育锻炼还能降低血压,记忆问题时常伴随着高血压患者,中年出现高血压的人已经被证实:他们在今后几十年里的记忆力和思维能力可以预见会出现衰退。

老年人不适合高强度的体育锻炼,其实散步、骑自行车和游泳这些简单活动也能调节心跳和呼吸的节律,降低血压,调整胆固醇的水平和体重,从而为防止老年人记忆衰退打下良好的生理基础。

2.合理营养

营养不良或缺乏必要的营养是导致记忆衰退的一个重要因素。因此,必须及时而适量地补充蛋白质、微量元素、维生素等营养物质,以保证大脑进行记忆及其他心理活动的需要。营养合理,不偏食、不忌食十分重要。老年人不可以只随自己的喜好选择食物,而是应该多食用有利于增强身心功能的水果、蔬菜等各种食物。

增强记忆力的食品

1.牛奶。牛奶是一种近乎完美的营养品。它富含蛋白质、钙及大脑所必需的氨基酸。牛奶中的钙最易被人吸收，是脑代谢不可缺少的重要物质。此外，它还含有对神经细胞十分有益的维生素 B_1 等元素。如果用脑过度而失眠时，睡前一杯热牛奶有助入睡。

2.鸡蛋。大脑活动功能，记忆力强弱与大脑中乙酰胆碱含量密切相关。实验证明，吃鸡的妙处在于：当蛋黄中所含丰富的卵磷脂被酶分解后，能产生出丰富的乙酰胆碱，进入血液又会很快到达脑组织中，可增强记忆力。国外研究证实，每天吃一两个鸡蛋就可以向机体供给足够的胆碱，对保护大脑，提高记忆力大有好处。

3.鱼类。它们可以向大脑提供优质蛋白质和钙，淡水鱼所含的脂肪酸多为不饱和脂肪酸，不会引起血管硬化，对脑动脉血管无危害，相反，还能保护脑血管、对大脑细胞活动有促进作用。

4.味精。味精的主要成分是谷氨酸钠，它在胃酸的作用下可转化为谷氨酸。谷氨酸是参加人体脑代谢的唯一氨基酸，能促进智力发育，维持和改进大脑机能。常摄入些味精，对改善智力不足及记忆力障碍有帮助。由于味精会使脑内乙酰胆碱增加，因而对神经衰弱症也有一定疗效。

5.花生。花生富含卵磷脂和脑磷脂，它是神经系统所需要的重要物质，能延缓脑功能衰退，抑制血小板凝集，防止脑血栓形成。实验证实，常食花生可改善血液循环、增强记忆、延缓衰老，是名副其实的“长生果”。

6.小米。小米中所含的维生素 B_1 和 B_2 分别高于大米 1.5 倍和 1 倍，其蛋白质中含较多的色氨酸和蛋氨酸。临床观察发现，吃小米有防止衰老的作用。如果平时常吃点小米粥、小米饭，将有益于脑的保健。

7.玉米。玉米胚中富含亚油酸等多种不饱和脂肪酸，有保护脑血管和降血脂作用。常吃些玉米尤其是鲜玉米，具有健脑作用。

8.黄花菜。人们常说，黄花菜是“忘忧草”，能“安神解郁”。注意：黄花菜不宜生吃或单炒，以免中毒，以干品和煮熟吃为好。

9.辣椒。辣椒的维生素 C 含量居各蔬菜之首，胡萝卜素含量也很丰富。辣椒所含的辣椒碱能刺激味觉、增加食欲、促进大脑血液循环。近年有人发现，辣椒的“辣”味还是刺激人体内追求事业成功的激素，使人精力充沛，思维活跃。辣椒以生吃效果更好。

10.菠菜。菠菜虽廉价而不起眼，但它属健脑蔬菜。由于菠菜中含有丰富的维生素 A，C，B_1 和 B_2，是脑细胞代谢的“最佳供给者”之一。此外，它还含有大量叶绿素，也具有健脑益智作用。

11.橘子。橘子含有大量的维生素 A，B_1 和 C，属典型的碱性食物，可以消除大量酸性食物对神经系统造成的危害。考试期间适量吃些橘子，能使人精力充沛。此外，柠檬、广柑、柚子等也有类似功效，可代替橘子。

12.菠萝。菠萝含有很多维生素 C 和微量元素锰，而且热量少，常吃有生津、提神的作用，也有人称它是能够提高人记忆力的水果。菠萝常是一些音乐家、歌星和演员最喜欢的水果，因为他们要背诵大量的乐谱、歌词和台词。

复习巩固

1.结合身边实际事例谈谈如何改善老年人的记忆力？

2.哪些记忆方法有助于提高老年人的记忆力？

拓展阅读

改善记忆的小方法

在前文我们学习了一些改善记忆的方法，其实，在生活中的一些方法也可以帮助老年人改善记忆力，比如以下的几种方法。

1.多咀嚼增强记忆力

日本研究人员发现，咀嚼能有效防止上年纪的人的记忆衰退。研究者对正在咀嚼的人的大脑活动的磁共振成像分析表明，咀嚼确实提高了海马组织的信号活跃性。

有人认为咀嚼能使人放松，因为人在紧张时常通过咀嚼东西缓解自己，海马组织能控制血液中的激素水平。如果老人咀嚼得少，他们体内激素水平就相当高，足以造成其短期记忆力衰退。

2.唠叨助长记性

不少中老年女性爱唠叨，某种程度上帮助女性延长了记忆力和寿命。美国心理学研究显示，老年人心理健康指标，男女有别，在平均值之上，女性竟占了 90%。

专家认为，女性比男性更善于适应老年生活，更乐于与人言语交流，男性进入老年期后，沉默寡言居多。而言语是不可或缺的心理宣泄方式，可防止记忆衰退。

3.多玩耍改善记忆

美国开展了一项75岁以上老年人失忆状况的研究。结果显示，躯体活动能改善健康情况，而精神活动则能显著降低记忆力衰退的风险。跳舞、演奏乐器、读书、玩纸牌、填字游戏、学外语，都能增强神经细胞间的信号传导，巩固记忆。

4.白头偕老愉悦身心

瑞典科研人员对989名50～60岁的中老年人追踪观察9年，发现离婚者或鳏夫中患阿尔茨海默症率为22%，而夫妻白头偕老者中这个概率只有14%。因此，科学家认为老年人不应跟爱情绝缘，两情相悦的幸福感受会使双方体内分泌一些激素和乙酰胆碱等物质，有利于增强机体免疫功能，延缓大脑衰老，并使老年人的思维处于活跃状态。

本章要点小结

1.记忆是指先前的刺激不复存在时所保持的有关刺激、事件、意象、观念等信息的心理机能，是个体对其经验的识记、保持、回忆或再认的过程。

2.根据不同的分类方法，记忆可以分成不同的种类。根据信息保持时间的长短，记忆可以分为感觉记忆(即瞬时记忆)、短时记忆和长时记忆；长时记忆可以分为情景记忆和语义记忆。根据记忆过程中意识的参与程度的不同，记忆可以分为内隐记忆和外显记忆。根据记忆内容的性质，记忆可以分为陈述性记忆和程序性记忆。

3.记忆是一个结构性的信息加工系统。记忆结构由三个不同的子系统构成：感觉记忆、短时记忆和长时记忆。编码、存储和提取是记忆的三个基本过程，任何外界信息只有经过这些过程，才能成为个体可以保持和利用的经验。

4.传统的观点认为，人的心理机能(包括记忆)从成年期开始衰退，随着年龄的增长，衰退的趋势越来越明显。就大多数老年人来说，其记忆的总的趋势是随年龄增长而衰退的。老年人的记忆并非是全面衰退的，而是和作业的性质和内容有关，有些种类的记忆甚至比青年人还要好。同时老年人记忆衰退存在着很大的个体差异。

5.老年人的短时记忆较长时记忆要好。短时记忆随年老而减退较缓慢，老年人一般保持较好，与青年人差异不显著。长时记忆是对于已经看过或听过了一段时间的事物，经过复述或其他方式的加工编码，由短时储存转入长时储存，进入记忆仓库，需要时加以提取。长时记忆随年老而减退明显多于短时记忆，年龄差异较大。

6.老年人再认能力明显比回忆能力好，意义记忆比机械记忆减退缓慢，对日常生活记忆的保持较实验室记忆好，老年人以时间为基础的前瞻记忆不如青年人好。而在以事件为基础的前瞻记忆的研究中，前瞻记忆的线索有助于减少年龄差异；随着年龄的增长，人们的外显记忆会随着个体发育逐渐提高，暂时稳定，最终又会随着自然老化的过程而逐渐衰退，但是内隐记忆始终保持稳定。

7.脑组织和脑神经的退行性变化、神经系统和心血管系统疾病、营养不良或营养缺乏、睡眠质量下降是记忆年老化的生理原因。

8.老年人的信息加工速度减慢和工作记忆衰退是记忆老化的心理原因。

9.文化与职业的不同,缺乏记忆训练和消极的"自我暗示"也会影响老年人的记忆。

10.利用一些方法可以改善老年人的记忆力:加强体育锻炼,合理营养,利用并发挥老年期的记忆的特点,学习并利用科学的记忆方法,提高老年人社会支持程度。

关键术语表

记忆老化	memory aging
记忆系统	memory system
感觉记忆	sensory memory
短时记忆	short-term memory
长时记忆	long-term memory
内隐记忆	implicit memory
编码	encoding
存储	storage
提取	retrieval
前瞻记忆	prospective memory
工作记忆	working memory
记忆训练	memory training
社会支持	social support

选择题

1.根据信息保持时间的长短,记忆可以分为(　　)。

A.感觉记忆　　B.短时记忆

C.长时记忆　　D.情景记忆

2.根据记忆过程中意识的参与程度的不同,记忆可以分为(　　)。

A.内隐记忆　　B.外显记忆

C.陈述性记忆　　D.程序性记忆

3.记忆的三个基本过程是(　　)。

A.编码　　B.存储

C.搜索　　D.提取

4.下面有关老年人记忆趋势的说法正确的是(　　)。

A.就大多数老年人来说,其记忆的总的趋势随年龄增长而衰退

B.老年人的记忆并非是全面衰退的,而是和作业的性质和内容有关,有些种类的记忆甚至比年轻人还要好

C.老年人记忆衰退存在着很大的个体差异

D.心理的随年龄发展或衰退是单向的,不可逆转的

5.下面有关老年人的记忆特点说法错误的是(　　)。

A.老年人短时记忆较长时记忆好

B.老年人再认能力明显比回忆能力好

C.老年人意义记忆比机械记忆减退缓慢

D.老年人的前瞻性记忆不如年轻人好

6.记忆老化的生理原因有(　　)。

A.脑组织和脑神经的退行性变化

B.神经系统和心血管系统疾病

C.营养不良或营养缺乏

D.睡眠质量下降

7.记忆老化的心理原因有(　　)。

A.加工速度减慢

B.工作记忆衰退

C.文化和职业不同

D.缺乏记忆训练

8.下列属于改善老年人记忆力的方法的是(　　)。

A.加强体育锻炼,增强营养,合理营养

B.利用并发挥老年期记忆的特点或优势

C.学习并利用科学的记忆方法

D.通过各方面努力提高老年人社会支持程度

9.有助于提高老年人的记忆力的记忆方法有(　　)。

A.多通道记忆法

B.过度学习法

C.备忘录记忆法

D .精细回忆法

第五章　老年人的智力

对于老年人来说，最让自己和他人苦恼的就是身体健康问题的产生和智力的衰退。一般而言，智力主要是指一个人的思维能力，随着年龄的增长，智力会不可避免地发生衰退。多年来，无论是心理学界还是普通大众，对智力的认识都愈加全面。本章将权威的科学研究结果同日常生活中的实例相结合，对智力的构成、老年人智力发展的模式、老年人常见的智力衰退疾病及预防、如何在日常生活当中认识老年人的智力这些问题做生动而又专业的介绍，使读者对老年人智力有一个更全面、科学的认识。

第一节 概述

“智力”这一名词已被人们广泛使用,但要清楚地定义它却并不容易,心理学界对此众说纷纭。19 世纪,英国人高尔顿(Galton)首先提出“智力”一词,他作为使用智力测验的第一人特别强调个体差异对智力的重要作用,并通过自己的研究得出了“智力完全通过遗传所得”这一结论。随着心理学家对智力研究的不断深入,高尔顿的“遗传决定论”已被证实为片面的,关于智力争论的焦点也逐渐成为:智力究竟是一种单一的能力还是几种能力的组合?对于这一问题,有几个流派的代表观点被广为熟知。因素理论者认为,智力应该被看作为“一般因素”,它是我们每个人所具有的一些更为特殊的能力的基础,这一观点最初由高尔顿主张,后来被斯皮尔曼所发展。而在更为现代的结构理论派看来,智力应该包括多种成分,其中加德纳的多元智力理论可以说是这一流派观点的代表。现如今,随着认知心理学的大门逐渐打开,一些心理学家认为,“必须把智力看作认知过程来重新构造智力的概念”(J. P. Das & J. A. Naglieri)。本节将通过三种理论流派来对智力的构成做介绍。

生活中的心理学

从“司马光砸缸”说起

“司马光七岁,凛然如成人,闻讲《左氏春秋》,爱之,退为家人讲,即了其大旨。自是手不释书,至不知饥渴寒暑。群儿戏于庭,一儿登瓮,足跌没水中,众皆弃,光持石击瓮,破之,水迸,儿得活。”司马光砸缸的故事已流传千年之久,司马光临危不乱、足智多谋的行为为人称颂。如果让你举一个反映儿童聪明品质的例子,“司马光砸缸”会是你首先想到的吗?

对于大多数人来说,和智力最贴近的词语就是聪明、智慧。当举例时,从 7 岁砸缸的司马光到 139 岁寿终的姜子牙,都可以作为聪明以及智慧的代表。但当我们稍加留意就会发现,在生活中,形容一个老人和一个孩子的智力时,我们往往采用不同的词语。可以说,智力在不同的人身上有不同的特点,其中最为明显的就是“智力的年龄差异”。当我们形容一个孩子具有较好的智力时,我们可以用“机智勇敢”“聪明伶俐”“心灵手巧”,甚至“眼疾手快”等成语来形容;而当我们形容一个老人有智慧时,用的是“足智多谋”“博古通今”“满腹经纶”等。通过这种对比我们可以看出,孩子的聪明更多体现在天性方面,透露出活泼好动的本性。而对于老年人来说,智力的高低体现在对人或物的认识与理解上,这种能力并非发自本性,而是经由后天积累所得。这种差异从心理学的角度来看反映了对智力构成的不同看法。

一、因素理论流派

（一）单因素论

单因素论的代表人物主要有高尔顿、比奈、推孟等。在单因素者看来，智力只由一种成分构成，因此他们认为，编制只测量一种智力成分的量表就足以区分人们智力的高下。尽管这种观点现在看来十分片面，但值得反思的是，在实际生活当中，这种衡量标准却广泛存在。

（二）斯皮尔曼二因素论

英国心理学家斯皮尔曼（C. E. Spearman）通过因素分析法提出了智力二因素论，即智力可被划分为G因素（一般因素）和S因素（特殊因素），智力是由一种唯一的G因素和一系列S因素构成，个体完成任何活动都必须依靠这两种因素。人的所有智力活动，如掌握知识、制订计划、完成作业等，都依赖于G因素，因此可以将其看作是智力结构的关键和基础。一个人蕴含越多的G因素，就越聪明。另一种S因素包括五类，分别是：(1)口头能力；(2)算数能力；(3)机械能力；(4)注意力；(5)想象力。斯皮尔曼认为可能还有第六种因素，即智力速度。S因素以一定的形式和程度参与不同的智力活动，G因素和S因素之间是相互联系的。斯皮尔曼认为，G因素的存在使得人们的智力水平存在一定程度的相关，又因为S因素使得人与人之间的智力存在差异，没有达到完全相关。如图5-1所示，位于中间的大椭圆是G因素，其他6种S因素与G因素相互交织，另外一些S因素之间也存在相关。

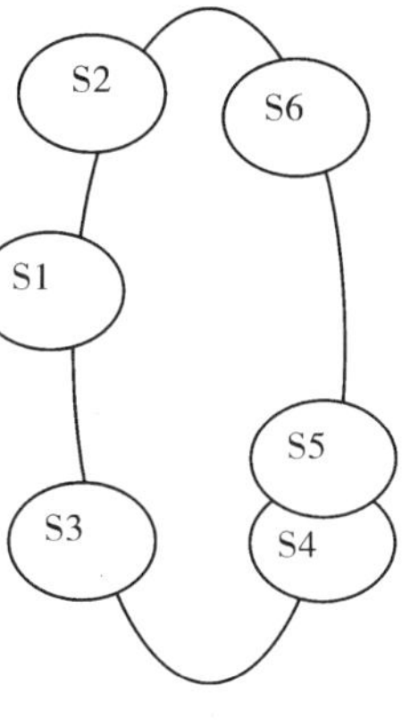

图5-1　智力的G因素和S因素

虽然距离智力二因素论的提出已有很长时间，但是它并未被时代所抛弃。对G因素的最新研究支持来自邓肯等人（Duncan et al.，2000）。研究者通过实验发现，当被试完成与智力G因素具有高度相关的一系列任务后使用PET扫描来确定被试最活跃的脑区，结果显示：在几乎所有的任务作业中，前额皮层都会出现一个非常活跃的特定区域。因此邓肯等人认为，“G因素来自特定的前额系统，该系统在控制行为的多样性方面尤为重要”。

二、结构理论流派

（一）阜南的智力层次结构模型

智力的结构理论是在因素理论的基础上发展而来的。英国心理学家阜南

(P. E. Vernon)首先于1960年提出智力层次结构模型。他将智力划分为四个层次：最高层次即智力的普遍因素(G因素)；第二层次分为两个大因素群，即言语和教育因素、机械和操作因素；第三层次分为若干小因素群，如言语理解、数量、机械信息、空间能力和手工操作等；第四层次由特殊因素构成，相当于斯皮尔曼的S因素(图5-2)。

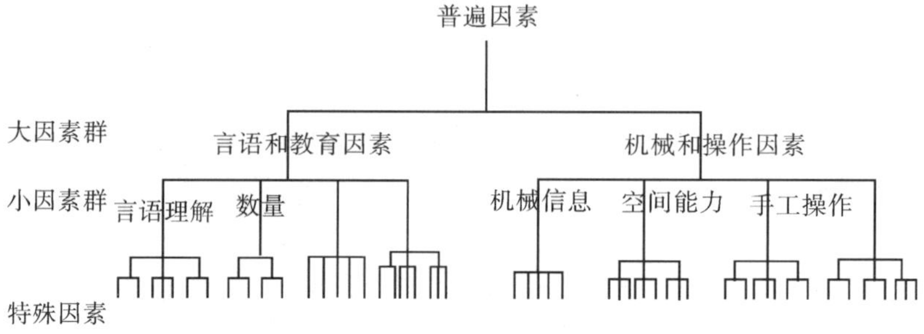

图5-2　阜南的智力层次结构模型

阜南的智力层次结构模型是智力层次结构理论的先导。由言语和教育因素、机械和操作因素构成的大因素群在一定程度上得到了脑科学研究成果的支持，即大脑左半球以语言机能为主，右半球以空间图像感知机能为主。

(二)吉尔福特的三维智力结构

吉尔福特提出了智力三维结构模型理论。他否认G因素的存在，认为智力结构应由操作、内容、产物三个维度构成。所谓智力活动就是人在头脑里加工(操作)客观对象(内容)，产生知识(产物)的过程。

智力的操作过程包括认知、记忆、发散思维、聚合思维、评价5个因素；智力加工的内容包括图形(具体事物的形象)、符号(由字母、数字和其他记号组成的事物)、语义(词、句的意义及概念)、行为(社会能力)，共四个因素；智力加工的产物包括6个因素，即单元、类别、关系、系统、转换、蕴含。这样，智力便由4×6×5＝120种基本能力构成(图5-3)。举例来说，当我们识记英语单词时，单词是语义，对单词进行记忆是操作过程，对单词的最终掌握则是智力加工的产物——单元。又如，当我们对马、玫瑰花、电视机进行归类时，这几类事物的含义成为认知分析加工(操作)过程中的内容，最终的归类类别即产物。

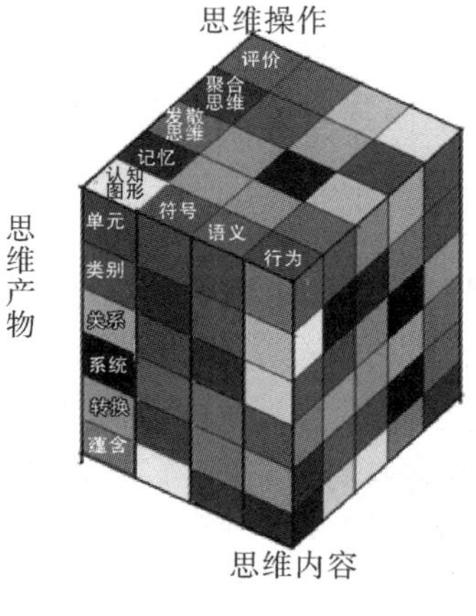

图5-3　智力的120种基本能力

吉尔福特的智力结构中最引人瞩目的内容当属对创造性思维的分析，他将以前被智力概念所忽略的创造性与发散性思维联系起来，将发散性思维与聚合性思维相对应，认为创造性思维就是发散性思维的核心。在此基础上，吉尔福特和他的助手提出了创造性思维的四个特征：

流畅性（fluency）：在短时间内能够连续地表达出的观念和设想的数量；

灵活性（flexibility）：能从不同角度、不同方向灵活地思考问题；

独创性（originality）：具有与众不同的想法和别出心裁的解决问题的思路；

精致性（elaboration）：能想象与描述事物或事件的具体细节。

三、认知加工理论流派

众所周知，一个人的智力在不同的生命阶段会有不同的表现。那么这种改变是如何发生的？改变的过程又是怎样的？

传统的智力理论总是从智力的组成入手去界定智力，虽然从诸多方面给出了智力的外在表现，但传统流派给出的答案在解释以上问题时难免显得生涩，因为对智力成分进行探讨无法反映出智力的内部发生机制。20 世纪 50 年代开始，信息技术的突破式发展也使得心理学家受到启发：对智力的研究可以参照计算机处理信息的过程，即将智力的过程看作一种信息的获得、存储、加工与使用的过程。斯滕伯格的智力三元理论、加德纳的多重智力理论以及流体智力、晶体智力观都属于这一理论流派。

（一）智力的三元结构理论

斯滕伯格（Sternberg）提出的智力三元结构理论是智力认知流派的代表。他认为，一个完整的智力理论应该考虑智力和人所处的外在世界、人的内心世界以及与人的个人经验之间的关系，即成分、经验、情境。这三个角度代表了智力操作过程中的不同层面，从而形成了智力的三元论。

成分智力（componential intelligence）。成分智力是指个体在问题情境中能够运用所储备的知识分析资料，通过思维、判断、推理以解决问题的能力。成分智力又包含三种机能成分：一是元成分（meta components），指人们决定智力问题性质，选择解决问题的策略，以及分配资源的过程。例如，一个好的司机能够在行车的途中将资源合理分配在手、眼、脚各方面，准确地判断路况，快速找到解决问题的方法。二是执行成分（performance components），是指人实际执行任务的过程。例如演员在跳舞的时候需要不断回忆肢体动作。三是知识习得成分（knowledge acquisition components），是指个体筛选相关信息并对已有知识加以整合从而获得新知识的过程。如学生在学会一元一次方程之后才能够掌握二元一次方程。

经验智力（experiential intelligence）。俗语中有“不听老人言，吃亏在眼前”的说法，或许斯滕伯格的经验智力是对这句话最有力的支持。经验智力是指个体能够运用已有经验解决新问题，同时又能够将其与其他不同的观念行为相整合使之成为新的经验。经验智力丰富的个体能够较好地分析情况，准确地运用已有经验去处理当下的问题，即便是面临新异环境时也具备良好的适应能力。在多次解决某个问题之后，具有经验智力就可以使个体不假思索、自动地启动程序来解决该问题，从而把节省下来的时间精力用在别的问题上。由此可知，经验智力也包括两方面：(1)应对新异性的能力；(2)自动化加工的能力。

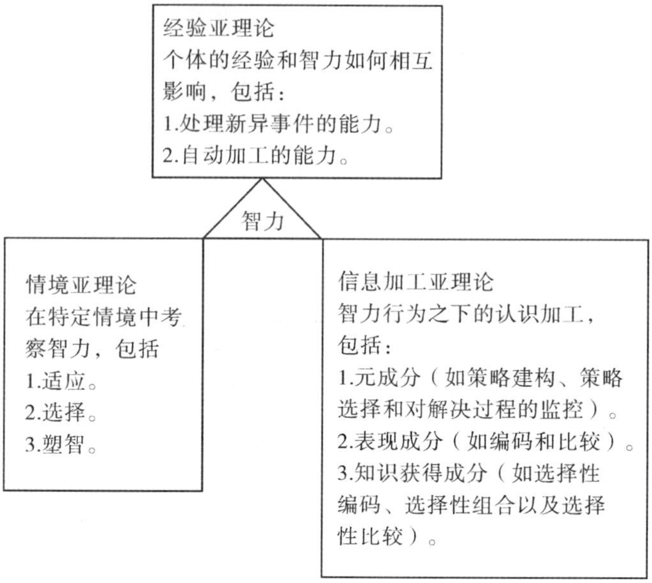

图 5-4　斯滕伯格三元智力理论

情境智力（contextual intelligence）。情境智力是指个体在日常生活中能够应用所学的知识去解决实际问题的能力。斯滕伯格认为，如何定义智力取决于它所处的社会文化背景，不同文化背景下的人们具有不同的情景智力。例如，对于需要野外生存的人来说，区分有毒和无毒植物、采集和狩猎是重要的能力。而对于都市的人来说，则需要具备在工业化社会中生存的能力。

（二）加德纳的多重智力理论

如果用两门学科去评价一个人的智力，你会选哪两门？对于大部分人来说，答案是数学和语文，似乎这两门学科能够更准确地反映出一个人的逻辑思维能力与读写能力，能够较好地掌握这两种能力的个体可以作为智力水平高的代表。但是，加德纳在对智力的研究中注意到了三个不同寻常的现象：第一，大多数有天赋的个体并不是在所有能力上都表现出色，智障、孤独症患者以及学习障碍者都会表现出参差不齐的认知能力，这就很难用以上只强调逻辑思维与读写能力的一元化的智力观点去解释。第二，加纳德在对患有脑损伤病人的研究中发现，一些中风恢复后的病人的智力发生了变化。因而他认为，脑部某些特定部位的受损也会导致智力受损，而损伤后病人的变化则可以说明损伤部位的功能。从脑损伤病人那里得到的证据有力地说明了人类的神经系统经过一百多万年的演变，已经形成了多种智力的机能定位。第三，加德纳注意到，不同文化背景所看重的角色和机能不同，各个民族都有其特有的代表高智力的行为，可以说每一种智力都具有其文化价值。于是，加德纳提出了“多重智力理论”，这一理论使人们认识到，衡量智力的标准并不唯一。

多重智力理论认为，人类至少有七种不同形式的智力，每种都相互独立，分别与单独的大脑结构相关联。加德纳后来又补充到：“智力的形式还不止这些，像思考人类存在本质的能力也应该被看作为‘存在智力’。”

这七种智力分别是：

1.空间智力：此种智力主要用于辨别方向以及在空间中的移动，这种智力在看地图和绘画中也有运用；

2.音乐智力：这种智力主要用在乐器演奏、歌唱以及对音乐的欣赏方面；

3.言语智力：这种智力主要指对语言和文字的鉴赏、理解及表达；

4.逻辑数学智力：这种智力在解决数学问题以及抽象逻辑推理问题时是非常关键的；

5.人际智力：这种智力用于人际交往，表现为对他人情绪和想法的理解与共情；

6.内省智力：这种智力指向主体自身，表现为对自己内部世界的认识与反思；

7.身体运动智力：这种智力涉及控制精细的身体运动。

尽管这七种智力成分被单独地呈现出来，但它们并不是毫无关联地发生作用，不仅每一个人在不同程度上都具有这七种智力，而且任何活动都会包含几种智力成分的共同作用。加纳德同时也指出每种智力都有自己独特的发展轨迹。例如，许多伟大的作曲家和运动员，在儿童期就展现出天赋，而卓越的逻辑数学智力则出现较晚，一般是在个体具备了抽象思维能力之后出现。

（三）流体智力和晶体智力

美国心理学家雷蒙德·卡特尔（Raymond Bernard Cattell）将智力划分为流体智力（fluid intelligence）和晶体智力（crystallized intelligence），这种划分对智力研究的观点产生了巨大影响。

流体智力是一种以生理为基础，与基本认知过程有关的能力，如知觉、记忆、运算速度、推理能力等。它是与生俱来的，很大程度上受到先天遗传因素的影响，反映了中枢神经系统的能力，随着神经系统的成熟而提高，又随着神经系统的衰老而减退，与社会和文化影响的学习经验无关。流体智力的发展与年龄有密切关系，一般人在 20 岁之后，流体智力的发展达到顶峰，30 岁以后随年龄的增长而降低。

晶体智力是人们在后天学习当中逐渐积累起来的、用于解决问题的信息、技巧、策略等。它受到教育、经验以及个体所处文化背景的影响，如一般性信息（中国的首都是哪里？）、词的理解（危机是什么意思？）以及数字能力等都是晶体智力的测验形式。晶体智力与年龄的关系较小，可以在一生中得到不断发展。

流体智力和晶体智力在个体身上的发展差异在老年时期开始明显体现。如下图所示，在老年时期，通常流体智力有一定程度下降而晶体智力则可以稳中有升（图 5-5）。

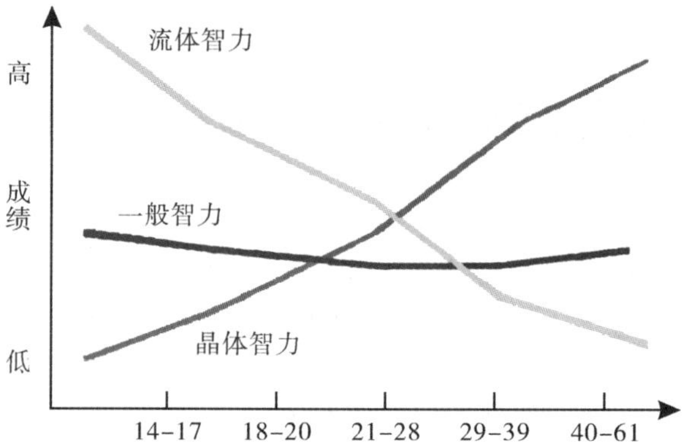

图 5-5　流体智力和晶体智力随年龄的变化模式

复习巩固

1.简述斯皮尔曼的二因素论。

2.联系实际,说说斯滕伯格智力三元论在生活中的体现。

3.简述流体智力和晶体智力。

4.智力理论大致可分为哪几个流派,简述每个流派的主要观点。

第二节　老年人智力的测量方法

在了解了智力的概念后,还需要通过科学的方法来反映出一个人的智力水平,因而智力测验应运而生。智力心理测验开始于 20 世纪早期,其初衷就是对智力进行量化。经过一个世纪的发展,智力测验的范围不断扩大,测验的对象由儿童扩展到老年人,所测特质也愈加全面。对老年人来说,由于其生理心理机能发生了不同程度的退化,因此,针对老年人的心理测验不仅需要满足一般智力测验的基本要求,还需要根据老年人的独特性做出改进,使之能够客观真实地反映出老年人的智力水平。

一、测验的基本特点

一项测验能否测出想要测量的某种特质主要取决于三个方面:信度、效度、标准化。如果这三个方面中有一方未达到要求,测量的结果就很可能无效。

信度(reliability),即可靠性,是指某一测量工具反复使用后得出结果的一致程度。用同一把尺子量身高,三次的测量结果均不相同,那么这把尺子便缺乏信度。测量工具的信度高低与测量对象也有较大关系。例如,如果在饭前和饭后分别测量老年人的血糖,结果可能会有较大不同,但我们并不能由此推论血糖测试仪缺乏信度。

效度(validity),即有效性,指测量工具或手段能够准确测出所需要测量的事物的程度。效度越高,说明测量结果与所测特质吻合程度越高。例如,推理能力测验应该准确反映出个体的逻辑推理水平,而不是反映个体的绘画水平或语言表达能力。

标准化(standardization)即常模(norm),是指心理学通过测验来测量个体的智力水平,根据被试完成问题以及任务的程度来进行评分。智力测验在设计时必须先从首测目标群体中选取大量具有代表性的个体组成标准化样本,在对样本施测后以样本得分构建出常模。这样,当测试正式使用时,个体在测验上所得的分数就可以参照常模分数以做比较,通过参照一个更大、更具代表性、更标准的样本得分来比较个体受测者的得分高低。如果没有常模做比较,我们虽能得知受测老人的智力分数,但是却无法将其分数和其他条件相似的老年人做比较,也就无法更加全面地了解其智力的真实水平。

需要注意的是,只有当标准化样本中的群体能够代表个体受测者时,常模才能用于比较得分。例如,测验常模中的得分如果均来自男性老年群体,那么这一常模就不可以作为女性老年受测者的标准化常模进行参考。

二、个体智力测验

(一)比奈—西蒙量表

要追溯心理测验的诞生,法国心理学家比奈(Binet)功不可没。20 世纪初,法国政府要求比奈开发一种测试以便将学校里的发育滞迟的儿童和缺乏学习动机的儿童区分开来。1905 年,比奈和西蒙(Simon)推出了智力测验的第一种版本,测验项目为 59 个,包括记忆、言语、理解和手工操作等,以通过项目的多少作为区分智力的标准。但是,因为简陋和非标准化的测验编制及施测过程,该量表早已停止使用。

1916 年,斯坦福大学教授刘易斯·特尔曼(Lewis Terman)教授将比奈一西蒙智力量表加以修改后引进美国,形成了后来广为流传的“斯坦福—比奈量表”。斯坦福一比奈量表适用于 2～18 岁的个体。量表中的题目主要用于测量个体在学业的各个阶段所需要具备的智力及能力。

(二)韦克斯勒成人智力量表

国外的智力测验多以儿童智力测验为主,韦克斯勒成人智力量表(Wechsler Adult Intelligence Scale,简称 WAIS)是最主要的成人智力测验。

韦克斯勒将智力定义为:“使个体行动有目的,思维合理,有效应付环境的一种聚集或全面的才能。全面即人类行为是以整体为特征的;聚集指智力由诸要素或诸能力构成,这些要素或能力之间虽非完全独立,但也存在质的区别。”韦克斯勒将这一思想反映在他对智力测验的设计上,测验的主要特点就是在一个总测验量表中分出若干个分测验量表,用每种分测验测量一种智力功能。这些分测验分为两大类:一类属于言语分测验,组成言语总量表,根据这个量表结果计算出来的智商称为言语智商;另一类测验属于操作测验,组成操作总量表,根据它的结果计算出操作智商。两个量表合称全量表,其智商称为全智商,代表受测者的总智力水平。

韦克斯勒成人智力量表出版于1955年。1981年,WAIS—R量表问世,使用这一量表的受测者年龄在70岁以上。WAIS—R量表由11个分测验组成,其中6个分测验测量个体的言语使用能力,另5个分测验测量个体的实践操作能力。WAIS—Ⅲ出版于1997年,可以用于测量80岁以上老年人的智力水平。韦氏成人智力量表在全世界范围内得到广泛使用。我国心理学工作者结合本国的实际情况,对韦克斯勒成人智力量表的部分题目进行了修改(表5-1)。

表5-1 我国修订的韦氏智力量表简介

测验简介:	
测验一 知识测验	了解受测者的知识广度,共有29题。题目举例:第17题,人体的三种血管的名称是什么?
测验二 领悟力测验	考察受测者对实际知识的理解和判断能力的分测验,共14题。题目举例:第7题,成语“趁热打铁”是什么意思?
测验三 算数测验	考察受测者的计算与推理能力、计算速度和准确性,共14题,均有时限规定。题目举例:第13题,8个人在6天干完的工作,如果半天完成需要多少人?
测验四 相似性	考察受测者的抽象概括能力,共13题。题目举例:第1题,说出和斧子类似的物品。
测验五 数字广度测验	考察受测者的注意力和机械记忆能力,分为顺背和倒背两种测验,方法是施测者按照每秒一个的速度读出一组数字,要求被试重复或倒背。
测验六 词汇测验	考察受测者的词汇知识广度、学习和理解能力,共40个词汇,要求被试说出每个词汇的意义。如“美丽”。
测验七 数字符号测验	考察受测者的一般学习能力、知觉辨别能力和书写速度,题目中的每一个数字都有一相应的符号,要求受测者在90秒内在90个数字下面填上代表该数字的符号,每正确填写一个符号记一分,倒转符号记半分,最高为80分。
测验八 填图测验	考察受测者的知觉组织和推理能力,共有图片21张,每张图片缺乏一个重要部分,需要被试指出。

测验九 木块图案测验	考察受测者的抽象推理能力和结构分析能力，题目中有9块正方形积木，每块两面为白色，两面为红色，另外两块以对角线为分界线分成红白两色。要求被试用积木摆出图案中的造型。
测验十 图片测验	考察受测者对社会情境的理解能力。测验中有8套图片，每套有3～6张。如果将每套的顺序正确排列，可以说明一个故事，每套图片按规定打乱后交给被试，让被试将图片重新排列。排列正确则得分。
测验十一 图形拼凑	考察受测者概念思维和处理部分与整体关系的能力，测验共有4套图像组合板，每个图像被分割为若干部分，打乱后按规定交给受测者，让受测者重新拼凑以恢复原形。
智力水平的等级划分：	
极优秀	130分以上
优　秀	120分～129分，123分～130分
中　上	110分～119分，111分～122分
中　等（平常）	90分～109分，90分～110分
中　下	80分～89分，79分～89分
边　缘（临界）	70分～79分，68分～78分
轻度智力低下	55分～69分，52分～67分
中度智力低下	40分～54分，36分～51分
重度智力低下	25分～39分，20分～35分
极重度智力低下	<25分，<20分

（三）基本认知能力测验

韦氏成人智力量表被证实有较高的信度和效度，在全世界范围内得到了广泛的运用。虽然我国心理学家按照本国国情对其做了一定修改，但毕竟中美文化差异较大，单一的修改无法满足本土心理测验发展的需要。在这一背景下，由中科院李明德、刘昌、李贵云编制的“基本认知能力测验”弥补了这一缺憾。

基本认知能力测验适用于小学4年级以上的儿童、成年人以及中老年人，适用的年龄范围为10岁～99岁。测验包括数字鉴别、心算、汉字旋转、数字工作记忆、双字词再认、三位数再认、无意义图形再认7项分测验。

数字鉴别分测验旨在考查受测者的知觉速度能力。测验中受测者所面对的电脑屏幕中央随机显示单个数字，要求受测者尽快选择小键盘上的相应数字键回答，共十次。实验者记录下受测者每一次的反应时后，统计平均反应时和标准差。

心算分测验旨在考查受测者的思维效率。测验中受测者要完成随机出现的2个一位数加法算术题、2个两位数减法算术题和3个两位数的加减运算题。上述三类题目各为1,2,3分,满分15分。用测验总成绩除以测验总时间得出心算效率来反映受测者的此项能力。

汉字旋转分测验旨在考查受测者的空间表象加工能力。测验中受测者随机呈现一个旋转为不同角度的正写或反写的简单汉字,要求受测者判断所呈现的刺激是正写还是反写。记录测验成绩和完成时间,并以测验成绩除以完成总时间计算出汉字旋转的效率。

数字记忆分测验旨在考查受测者的工作记忆能力。测验要求受测者完成若干一位数加减法运算,在完成所有题目之后将答案按照题目的先后顺序排列出来。

双字词再认分测验旨在考查受测者的语文记忆能力。测试中按照预定的随机序列为受测者呈现20个双字词(如月亮、太阳、房间),要求受测者记住,再随机逐个呈现包括20个未识记过的双字词在内的共40个双字词,要求受测者对识记过的双字词进行再认。

三位数再认分测验旨在考查受测者的数字记忆能力。测试按照随机顺序向受测者呈现10个随机组成的3位数,要求受测者进行记忆,再向受测者随机呈现包括10个之前未识记的三位数在内的20个三位数,要求受测者对识记过的数字进行再认。

无意义图形再认分测验旨在考查受测者的图形记忆能力。测试按照随机顺序向被试呈现10个无意义图形,要求受测者识记后再向受测者随机呈现包括10个未识记的测验图形在内的20个无意义图形,要求受测者对识记过的图形进行再认。

多项研究结果显示,基本认知能力测验具有良好的信度和效度,能够较好地反映出认知能力的年龄差异和老化程度,可以用作老年智力障碍诊断的临床测评工具。

三、团体智力测验

(一)基本心理能力测验

基本心理能力测验以瑟斯顿(Therstone)提出的七种智力成分为理论基础,即言语理解(verbal comprehension)、词语流畅(word fluency)、数字运算(number)、空间定位(space)、联想记忆(associative memory)、知觉速度(perceptual speed)、归纳推理(general reasoning)。每一种智力都作为一个独立的成分加以测量。

言语能力即个体识别并理解词汇意义的能力。在测试中,受测者需要从多个选项中找出同问题词汇意义最相近的选项。言语能力通过学习和经验获得,因此被认为能够反映个体的晶体智力。

数字能力即个体进行加减乘除等基本运算的能力,同样被认为能够反应个体的晶体智力。

语言流畅性即个体从长时记忆中提取词汇的能力。受测者需要回忆在测验开始时读到的一篇文章并写出想到的词语，所用的时间越短、写下的词语越多则说明受测者此种能力水平越高。语言流畅性测试同时考察了受测者的晶体智力和流体智力。

归纳推理能力即个体识别及运用抽象关系的能力。受测者需要识别出哪一组字母的排列不属于 ABCD、WXYZ、BFLK、JKLM 类型的序列。归纳推理能力涉及个体对新异问题的解决，属于流体智力范畴。

空间定位能力即个体对客体在二维空间内进行心理旋转的能力。在测试中，首先为受测者呈现一幅几何图形，要求受测者按照提示对图形进行心理旋转，然后要求受测者从选项中选出旋转后的图形。由于涉及对新异问题的处理，故空间定位能力也属于流体智力。

（二）瑞文标准推理测验

瑞文标准推理测验（Raven's Standard Progressive Matrices 简称 SPM）是英国心理学家瑞文（J. C. Raven）在 1938 年设计的非文字智力测验。适用的年龄下限为 5.5 岁，上限年龄不定，因此可以用于老年人智力的测量。

瑞文标准推理测验的编制，理论上根源于斯皮尔曼的智力二元论。瑞文把 G 因素进一步划分为两种相互独立的能力，一种是再生性能力，表示一个人回忆已有信息并进行语言交流的能力，它能够反映出一个人接受教育后达到的水平。瑞文认为，用词汇测验测量这种能力最有效。另一种是推断性能力，指一个人做出理性判断的能力，它与一个人知识水平或受教育程度关系并不密切，但对于适应社会生活却有重要意义。为了测量推断性能力，瑞文编制了全部采用几何图形的非语言测验，即著名的瑞文推理测验。

瑞文推理测验由易到难分为三个不同水平的测验：一是"瑞文彩图推理测验"，适用于幼儿和智力水平较低的人；二是"瑞文标准推理测验"，即本部分所介绍的，适用于 5.5 岁以上且智力发展正常的人；三是瑞文高级推理测验，适用于在瑞文标准推理测验上得高分或者智力水平较高的个体。

瑞文测验的优点在于测验对象不受文化、语言和种族的限制，并且可以用于一些生理缺陷者。测验既可个别进行，也可团体施测，结果呈现直观、简单。1985 年在张厚粲教授等人的主持下，对瑞文标准推理测验、瑞文彩图推理测验、瑞文高级推理测验进行了中国版的修订，并制定出城市和农村两种版本，进一步提高了测验的信度和效度。图 5-6 为瑞文测验的一道题目。

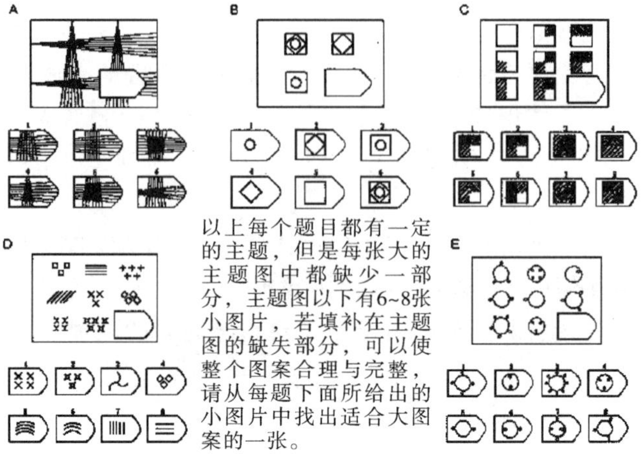

图 5-6　瑞文标准推理测验

四、智力测验的不足

多年来，经过心理学家的不懈努力，心理测验的科学性、可靠性及有效性均不断提高，心理测验得到了充分发展。但是，测验本身的一些不足使我们仍不能将心理测验的结果作为衡量受测者能力的唯一指标。

首先，受测者和建立测验常模的标准化样本很难完全同属一个群体。

其次，当受测者的答案符合测验评分标准时，得分较高。但同样的答案在不同的文化背景下得到的认可程度也会不同，来自其他文化背景下的智力测验在效度上无疑会受到影响。

再次，“智力测验的得分是否能够准确预测个体在现实生活当中的能力”这一问题也受到了诸多研究者的质疑。

生活中的心理学

生活中的智力考查

如果没有条件地接受专业的心理测试，在生活中我们也可以创造条件来对自己的智力进行大致评估。以下几道题目虽然通俗，但是如果你认真学习了以上的内容，是不是也可以从里面品味出心理学的原理呢？

考查你的晶体智力：

1.烧一根不均匀的绳，从头到尾总共需要 1 个小时，现有若干条材质相同的绳子，问如何用烧绳的方法来计一个小时十五分钟呢？

2.你有一桶果冻，有黄、绿、红三种颜色，闭上眼睛抓取同种颜色的两种，需要抓取多少个就可以确定你肯定有两个同一种颜色的果冻。

3.一个岔路口分别通往诚实国和说谎国，来了两个人，已知一个是诚实国的，另一个是说谎国的。诚实国的永远说实话，说谎国的永远说谎话。现在你要去说谎国，但不知道该走哪条路，需要问这二人。请问应该如何问？

考查你的思维灵活性：

这类题目没有正确答案，聪明的人能够将已存储的知识进行灵活迁移，从而给出别致而又恰当的答案。

1.为什么下水道是圆的？

2.为什么狗的寿命比人类短？

3.你怎样将Excel解释给你的奶奶听？

4.多少个加油站才能满足中国的汽车所需？

考查你的流体智力：

数独：数独是一种运用纸和笔进行演算的逻辑推理游戏。玩家需要根据9×9盘面上的已知数字，推理出剩余的空格数字，并满足每一行、每一列、每一个粗线宫内的数字均含1—9，且不重复。每一道合格的数独谜题都有且仅有唯一的答案，难度越大的数独题目提供在宫格内的数字越少。

复习巩固

1.什么是测验的信度和效度？

2.什么是测验常模？

3.假如你要为家里的老人测量智力，你会选用哪种智力量表，为什么？

第三节　老年人智力发展的相关研究

一、智力的研究范式

横断法和纵向法是研究老年人智力的两种主要方法。美国学者琼斯(Jones)和康拉德(Conrad)等人最早采用横断法研究智力的年龄差异。他们发现，采用横断法得出的研究成果往往会夸大智力下降的趋势。沙因(K.W. Schaie)和斯特罗瑟(C. R.

Strother)等人采用纵向研究法从18000人中随机分层抽样选出500人作为被试，将20岁到70岁的被试划分为10组(每组50人，其中男女各25人)，1956年研究者首先对这些被试进行了测验。1963年，研究者尽可能地找到了原先的那些被试并对他们再次进行测试。此后，研究者分别在1970年、1977年、1984年、1991年和1998年进行了共7次这样的测验，搜集到42年的纵向数据。测试表明纵向研究的结果同横向研究的结果相去甚远。以对"言语意义"的测量为例，图5-7生动地表示出横断法和纵向法对于在同一种能力上的研究结果的差异。横断数据显示，39岁是能力发展的一个峰值，在此之后出现快速下降，而纵向研究数据则显示该能力的提高趋势会保持到53岁至60岁，之后才出现轻微下降，甚至对75岁的水平估计值都要高于25岁(Schaie & Strother, 1968; Schaie & Willis, 1993)。

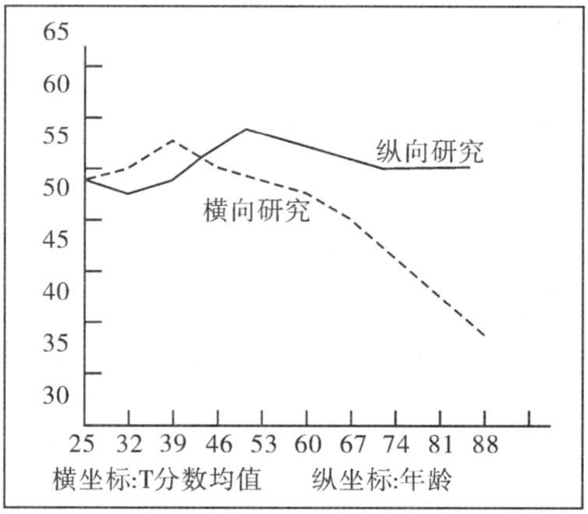

图5-7　言语意义测验中横断法和纵向法的年龄梯度比较

通过分析两种测量方法我们发现，在研究与年龄有关的问题时，横断研究中的个体差异很可能与跟年龄有关的变化混淆起来，研究者难以确定导致问题的原因究竟来自年龄变化还是被试间的个体差异，并且个体差异很容易夸大变量的变化程度。在纵向研究中，个体间差异得到了控制，研究者可以详细、系统地了解变量的发展变化趋势，但纵向研究法的不足之处在于需要耗费较大的时间与精力，研究过程中被试的流失、被试身体机能的变化、环境变化等因素都会对实验结果的客观性产生消极影响。

拓展阅读

西雅图纵向研究

K.瓦纳・沙因(K.Warner.Schaie)是美国心理学界和老年学界最有影响力的大师级人物。沙因长期致力于成年人能力发展的研究，并以他从事多年的"西雅图纵向研究"(The Seattle Longitudinal Study，缩写SLS)在101届美国心理学学会的年度大会上获得“杰出科学贡献奖”。

西雅图纵向研究(Seattle Longitudinal Study,SLS)的结果显示:社区中的长寿老人在 65 岁之后才出现流体智力的下降;晶体智力出现下降的时间更晚,通常是在 75 岁左右才出现。大多数参与调查研究的被试在 67 岁时出现了至少一种基本心理能力下降的情况,但是当这些成员年龄达到 88 岁时,也没有一位出现五种心理能力全面下降的情况。

沙因用近 50 年的时间研究成年人能力的变化过程及其原因。他选择了成人的五种基本认知能力——言语定义、归纳推理、空间定位、数字和词语流畅性,运用横向和纵向的方法收集数据。经过 35 年的纵向研究,他收集的数据表明,60 岁以前并无确定的认知衰退平均年龄,然而在 67 岁之前确实发现了有智力衰退的现象,这种衰退很缓慢,延续至 80 岁,且大多数个体的智力衰退曲线并非线性,而是呈阶梯状。根据横断研究所收集的数据表明,男女之间智力的性别差异主要体现在妇女流体智力的衰退早于男性,而男性则在晶体智力上早于女性出现衰退。尽管流体智力会早一些出现衰退,而晶体智力则一旦到 75 岁就会出现剧烈衰退的迹象。

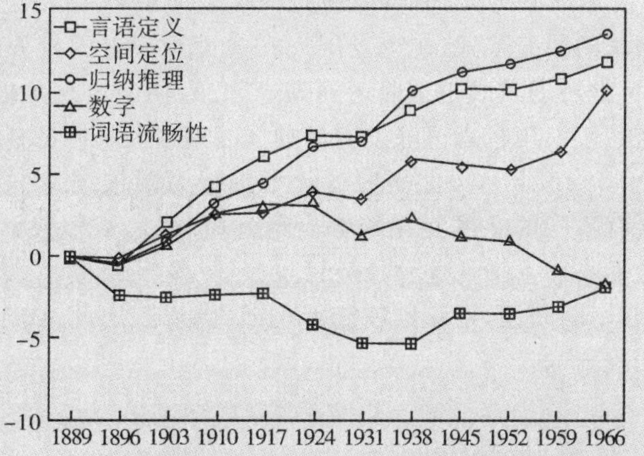

图 5-8　西雅图纵向研究中年龄对五种智力能力的影响

(横坐标为年龄,纵坐标为 T 分数均值)

二、老年人智力发展的四阶段

“智力是否会随着年龄的增长而下降”这个问题一直是老年心理学关注的焦点。伍德罗夫·帕克(Woodruff-Pak)曾说:“每过数十年,老年人智力发展问题的相关研究成果就会发生一次变革。”总的来说，老年人智力发展模式的理论历经了四种阶段，下一个阶段的到来并不意味着将之前的理论全盘否定。

表 5-2　老年人智力发展理论四阶段

阶段Ⅰ	关注焦点在于如何描绘出个体进入 20 岁之后智力显著下降的趋势。这一阶段大多采用横断面研究范式。
阶段Ⅱ	关注的焦点在于鉴别智力中哪些成分会随着年龄变化降低，哪些成分能保持稳固。这一阶段的理论使人们认识到，智力发展变化的趋势会受到研究范式的影响。
阶段Ⅲ	关注的焦点在于研究个体的差异如何影响智力功能。个体的经验、实践和训练方面的因素如何影响智力成为研究者兴趣所在。
阶段Ⅳ	关注的焦点在于发展一种新的方式来定义和测量智力。对智力的定义扩展到包括智力功能的质量和数量两方面。

20 世纪 50 年代（阶段Ⅰ），陆军甲种测验和韦克斯勒智力量表得到了广泛运用，由于大量使用横断法的研究范式，使得老年人在智力测验上的得分明显低于青年人。研究者因此推论：智力功能在成年早期达到高峰，之后便不可避免地出现下降。这一阶段中研究的重点在于发现智力下降发生的具体时间以及下降的速度。

20 世纪 60 年代（阶段Ⅱ），一些研究者认识到智力的构成并不单一，而且构成智力的若干成分也会有不同的发展变化趋势。鲍特斯（Baltes）以及沙因等研究者因此认为：“智力随年龄增长而下降的这种趋势只是一种‘暮年传说’。”实际上，随着年龄增长，知识和经验都在不断积累，理解推理能力也随之提高，因此，成年期至老年的智力实际上是能够有所提高的。

三、典型智力老化模型

典型智力老化模型反映出不同智力成分随年龄增长的变化趋势。WAIS 分测验上的得分趋势可以很好地说明典型智力老化模型，即言语能力分测验上的得分在各个老年阶段都能够相对保持稳定，因此，可以把言语能力看作一种年龄无关型能力（age-insensitive abilities）。反之，实践操作能力分测验上的得分就显示出随年龄增长而下降的显著趋势，因此这种能力被称为年龄敏感型能力（age-sensitive abilities）。

之所以称其“典型”是因为这种趋势具有跨文化的一致性。吴振云、许淑莲、孙长华的研究表明（1985），中国老年人被试在韦克斯勒智力测验上体现出的言语能力和实践操作能力差异基本上重复了国外模式：成年后的智力在不同方面随着年龄增长而有不同变化，有的能力先提高然后稳定，最后缓慢衰退。有的能力则在30岁达到高峰后便明显下降。

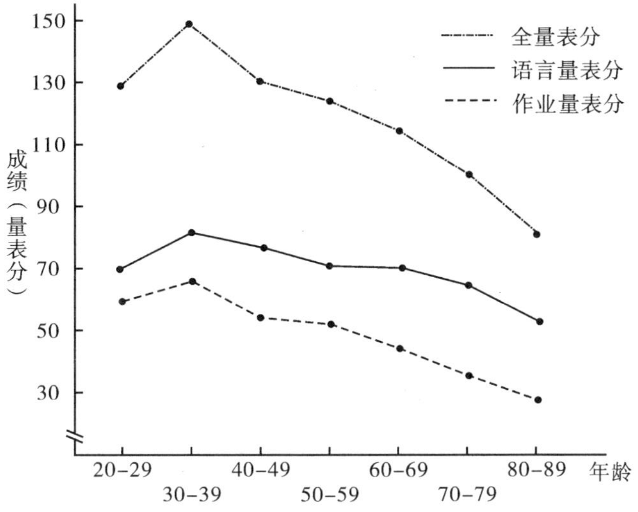

图5-9　各年龄组智力成绩的比较

四、智力的终生发展观

并不是所有的研究都对智力和年龄的关系持消极态度，智力终生发展观用五个理由证明了个体的智力可以在一生当中得到不断的发展与提高。

1.智力的发展贯穿于人的一生，和晶体智力有关能力的发展持续一生，弥补了流体智力衰退带来的不足。

2.测量工具和测量方法的不断改进有助于更加准确、全面地测量出个体智力。

3.智力发展受到多种因素影响，并且在人生的不同阶段具有不同的发展模式，用一种模式概括个体一生的智力发展是片面的。

4.跨学科的研究方法促进了智力发展的研究：科学技术的进步使得心理学家能够利用功能磁共振成像(FMRI)、正电子发射断层扫描(PET)、脑电图(EEG)、脑磁图(MEG)等生物医学研究技术来客观、确凿地追寻大脑的真相。

5.智力发展具有弹性，可以通过训练和实践进行塑造和改变。环境决定论的早期代表人物约翰·华生(John B. Watson)曾说："请给我十几个健康没有缺陷的婴儿，让我在我的特殊世界中教养，那么我可以担保，在这十几个婴儿当中，随便拿出来一个，都可以训练他成为任何一种专家——无论他的能力、嗜好、趋向、才能、职业及种族是怎样，我都可以训练他成为一个医生，或一个律师，或一个艺术家，或一个商界领袖，甚至可以训练他成为一个乞丐或窃贼。"

五、影响智力发展趋势变化的因素

(一)生物学原因

脑细胞衰退是老年人出现智力衰退的主要原因。随着年龄增长,个体脑细胞及大脑褶皱减少,脑重量也随之减轻,最终导致大脑活动减弱。并且,即便没有出现大脑机能的全面衰退,大脑某一部分的损害也可能导致智力的严重损伤。一般来说,出现在老年人身上的智力衰退,是由多种生物学原因引起的,并非由某一单一因素或者单一脑区的受损引起。

(二)同辈效应

根据纵向研究的结果,个体的智力不仅在一生中保持上升趋势,并且在许多能力上,每一代人都比前一代人更为聪明。出现这一结果的原因主要在于“同辈效应(cohort trend)”,即由于所受的教育以及所处时代背景不同,每一代群体都有其独有的特质。这样,同辈效应还可以用来解释为什么在横断研究中,智力发展总体呈下降趋势。原因可能在于:在横断研究中,同辈效应与和年龄有关的差异因素发生交互作用,使得结果更加复杂化。也就是说,不同年龄被试之间差异的加大,并不只是由于年龄增长导致的,代际差异混合于其中,使得差异更为明显。

图 5-10 描述了同辈效应对五种不同基本智力能力的显著影响。图中呈现了 10 个相继出生的同辈团体(1889—1952)的测验成绩,归纳推理、言语定义和空间定位能力曲线的总体趋势是稳步升高。数字能力似乎在 1924 年同辈团体中达到顶峰便开始下降。1938 年是词语流畅性的一个拐点,在 1938 年之前的同辈团体稳定下降,而从 1938 年以后的同期群团体中则出现了一个轻微上扬趋势。

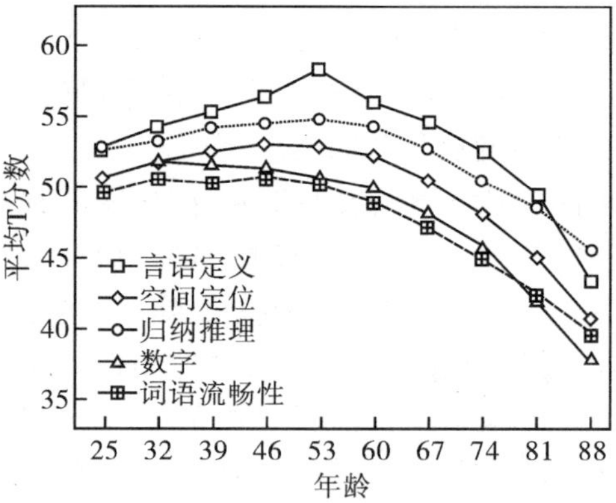

图 5-10　年龄最大一代人到最小一代人在 5 种心理能力上的累积代际变化

有研究者认为同期群效应产生的原因有二。一是生物学因素,比如人类摄取的营养更佳,头颅发育更大,近亲婚姻减少,生命质量提高等。二是社会因素,主要指人类得到的教育水平愈佳，来自环境的刺激日益丰富，进一步促进了人类智力的发展。因此即便老一代同龄团体成员的能力并没有出现下降趋势，但是和年轻一代相比，可能仍显不足。这种积极的同期群团体效应无疑使得随年龄增长而下降的某些能力更为明显。

（三）选择性样本流失

在有关智力发展的纵向研究过程中，如果样本流失的问题严重，则会使智力的发展趋势出现过于乐观的结果。

在纵向研究收集信息的过程中，对原始样本的保留会随着研究的深入进行而愈加困难。一些身体不好、动机不强或对测验结果不满意的参与者一旦退出，就很难再重新回到研究中来。这样一来，所留下的参与者自然具有较高的身体和心理素质，从而影响实验结果的准确性。

（四）健康

健康的体魄对于智力有着积极影响，身体健康的个体较之其他人拥有更快的反应速度，更合理的逻辑推理，以及更加准确牢固的记忆能力。

赫尔茨克、哈默和斯莫尔（Hultsch，Hammer & Small）等人发现，个体的身体健康状况和智力能力上的成绩存在明显相关，这种趋势在流体智力上表现得更加明显。也就是说，随着年龄增长，个体的健康状况成为影响智力的一个决定因素。因而，要反应老年人智力的真实水平，就需要研究者能够将年龄效应从疾病影响中分离出来。

沙因研究了血压和智力衰退之间的关系后发现，血压不仅可以作为判断个体健康状况的一个指标，也是一个很好的智力成绩预测指标。在一项对中年人的纵向研究中，伊莱亚斯、罗宾斯、埃伯斯和特瑞斯坦（Elias，Robbins Ebers，& Streeten）报告称，血压正常的被试的 WAIS－R 成绩表现优于患有高血压的被试。

除了血压，健康的生活方式对于智力也能产生积极影响。希尔、斯特然特和马利（Hill，Storandt & Malley）记录了一项针对一组包括 87 名缺乏运动的老年人在进行长达一年的身体锻炼后认知能力的变化状况。结果显示：长期锻炼促进了心脑血管的健康和活力，对于防止言语记忆能力随年龄而衰退有积极效果。除体育锻炼之外，沙因和威利斯的研究显示，无论是哪个年龄段或教育程度的个体，在多种智商测验中得到高分的成人往往更倾向于吃不含钠和脂肪的食物。

（五）信息处理速度

在发展心理学中有个不争的事实是个体的信息处理速度会随着年龄的增长而衰退。那么成年晚期出现的智力衰退是否是信息处理速度下降导致的？为了验证这一假设，梅尔和克利格尔（Mayr & Kliegl）对 146 名年龄在 70～103 岁的个体进行了测量，测量目标针对个体的信息处理速度（例如，数字符号作业）、流体智力（推理和联想记忆）与晶体智力（知识与语言流畅性）。测量结果显示：由处理速度造成的成绩差异以及由速度和年龄共同造成的差异都非常大。通俗地说，在相同年龄的实验被试之间，信息处理速度快的个体的成绩要显著优于信息处理速度慢的个体；在不同年龄的被试之间，年龄高的个体的测试平均成绩要显著低于年龄较低的个体的平均成绩。尽管测试在非限时条件下进行，个体无须刻意强调速度，但结果仍然显示了速度对于智力影响的重要性。

（六）临终衰退

临终衰退是指个体的心理和生理能力在其临终前的几年出现急剧下滑的趋势。一般来说，当个体身患消耗他们体能、精力和动机的晚期慢性疾病时，临终衰退就会发生。慢性疾病损害到老年人的思考能力、注意力以及智力或者机体运动能力，进而导致健康状况恶化。博斯沃思和沙因的报告（Bosworth & Schaie）指出，临终衰退在75 岁以上的老年人身上发生的概率要远高于 65～74 岁这一群体的老年人。这一发现进一步支持了我们对老年人智力的乐观态度。

（七）智力锻炼

适宜的锻炼能够改善体质。我们的大脑组织是否能像肌肉一样，可以通过训练、练习，或某种经历来提高其运作能力？多年来，心理学家一直对这个问题抱有浓厚兴趣。近年来的研究表明，老年人的认知功能可以通过训练得以提高，甚至在一定程度上发生逆转（Bares & Lindenberger ; Tompson & Foth ; Willis et al.），这一现象被称为“认知可塑性”。鲍尔蒂斯和克利格尔对这一现象进行了深入研究，他们二人对60～80 岁之间的被试进行认知训练后发现，高龄组在流体智力上的测验成绩水平能够与低龄组的成绩水平持平。二人的研究成果无疑是对认知可塑性理论的有力支持。

（八）智力的性别差异

纵观智力测验的整个历史，不断有实验证实，在认知水平上存在着系统的性别差异。多数研究者认为，这些性别差异产生于男孩和女孩不同的社会化模式，而这种性别差异往往持续到整个成年期和老年期（Feingold，1993；Schaie，1996b）。在 WAIS 上，男性在算数、信息、积木和数字符号等分测验中占绝对优势，而女性仅在数字广度分测验上和男性平分秋色（Kaufman et al.，1991）。在基本智力上，男性更擅长空间定位和数字，女性则在归纳推理、言语记忆和知觉速度上表现突出（Schaie，1996）。在对25 项研究的元分析中也发现了相似的差异，同时还发现女性在知觉速度和推理能力上存在较少的下降（Meinz & Salthouse，1998）。不过值得一提的是，两性也存在着相当多的重合，例如，许多女性在空间定位测验上就超过了男性的平均分数。

在一个由中国人组成的样本中体现出了性别差异的文化特殊性：在该样本中没有发现男性更擅长空间定位这样的性别差异（Schaie，Nguyen，Willis－Dutta & Yue，2001）。在一个超过 65 岁且经过认知训练的样本中，空间定位的性别差异也完全消失（Willis & Schaie，1988，1994）。

复习巩固

1.简述智力的两种研究范式。

2.简述典型智力老化模型。

3.结合影响智力发展变化的因素，谈谈我们在生活中可以如何锻炼智力？

第四节　智力衰退及其预防措施

成年后由于脑病变引起的智力全面衰退，称为痴呆症或失智症。该病病程发作缓慢，且大多不能逆转，多发于65岁以上的老年人，较严重的伴有失语症（语言表达和理解有困难）、失用症（如无法执行吃饭、穿衣等活动）、失认症（不能辨认亲友或日常物品）。患有严重痴呆症的老年人生活无法自理，甚至出现情绪失控、人格改变的症状。本节主要介绍几种主要的失智症及预防智力衰退的措施。

一、几种主要的失智症

（一）阿尔茨海默病

1.简介

阿尔茨海默症（Alzheimer's disease，简称AD），或称脑退化症，俗称老年痴呆症，但随着社会发展，这一带有歧视味道的称呼已不再被使用。AD最早由德国精神科医师、神经病理学家爱罗斯·阿尔茨海默在1906年描述记录，之后并以他的名字命名。阿尔茨海默症多发于65岁以上的老人，然而也有少数早发性阿尔茨海默症使病情提前数年。在2006年的调查中显示，全世界约有两千六百万名阿尔茨海默症患者，到2050年时，预估全球每85人中就有一人罹患此病。

阿尔茨海默症是一组病因未明的原发退行性脑变性疾病，多起于老年期，潜隐起病，病程缓慢且不可逆，临床上以智能损害为主。病理改变主要为皮质弥漫性萎缩，沟回增宽，脑室扩大，神经元大量减少，并可见老年斑、神经元纤维缠结等病变，胆碱乙酰转移酶及乙酰胆碱含量显著减少。患有阿尔茨海默症的老人多有同病家族史，病情发展较快，颞叶及顶叶病变较显著，常有失语或失用表现。虽然每个阿尔茨海默症患者的症状都各有不同，但有一些共同症状可以作为诊断阿尔茨海默症的标准，比如，在疾病初期，最常见的症状是病人难以记住最近发生的事情。当病人被怀疑是阿尔茨海默症时，通常要借助认知评估以及认知测试来确定。

2.诊断

阿尔茨海默症的诊断要先询问病史，然后进行神经系统检查及简短的智能测验。是否有近记忆力减退症状，必须经过医师的智能测验及脑部 MRI 或者 PET 扫描才能确定。

表 5-3 简易神经状态检查(MMSE)的智力量表

阶段	智能测验说明	症状说明	平均期间	成人
一	MMSE:29～30	正常		成人
二	MMSE:29	正常年龄的健忘，与年龄有关的记忆障碍。如忘记物品放置位置或某些字，注意量减少		成人
三	轻度神经认知功能障碍(MMSE:25)	计算能力下降(100－7,40＋4)，无法从事复杂活动		年轻之成人
四	轻度阿尔茨海默症(MMSE:20)	计算能力下降(100－7,40－4)，无法从事复杂活动(个人理财、料理三餐、去商店)，注意力、计算及记忆障碍(近期为主)	2 年	8 岁～青少年
五	中度阿尔茨海默症(MMSE:14)	计算能力明显下降(20－2)，失去选择适当衣服及日常活动能力，走路缓慢、退缩、容易流泪、妄想、躁动不安	1.5 年	5～7 岁
六	中重度阿尔茨海默症(MMSE:5)	无法念 10,9,8…，需要他人协助穿衣、洗澡及上厕所。大小便失禁，躁动不安，语言能力降低	2.5 年	5～7 岁
七	重度阿尔茨海默症(MMSE:0)	需要依赖他人的持续照顾，除叫喊外无语言能力，无法行走、行为问题减少，增加褥疮、肺炎及四肢挛缩的可能性	MMSE 从轻度(23)到 0 大约 6 年，每年约降 3～4 分，MMSE 到 0 后可平均再活 2～3 年	4 周～15 个月

3.症状

阿尔茨海默症主要分为以下两种。

家族性阿尔茨海默病：阿尔茨海默病中比较罕见的类型，多发于 30～60 岁之间。

阿尔茨海默老年痴呆症：占阿尔茨海默病中的绝大多数，通常在老年期60岁以上发病。

阿尔茨海默症的病程根据认知能力和身体机能的恶化程度分为四个时期。

(1)前期：最初的症状常被误认为老化或者压力过大，若进行详细的神经心理学检查可以发现轻微认知困难，甚至在确认为阿尔茨海默症的8年前就可以发现。这些前期症状可以影响大部分复杂的日常生活活动，最明显的缺陷是患者出现失忆，难以记住最近发生的事以及无法吸收新资讯；其他症状包括出现注意力的管控、事情计划困难，或是语义障碍。冷漠也是此时会出现的症状之一，并且是整个病程中一直持续的神经精神病学症状。

(2)早期：阿尔茨海默症患者身上的学习和记忆障碍会愈加明显从而使得医生能确认诊断。在某些病患者中，语言障碍、管控功能障碍、知觉障碍或是行动障碍会比记忆障碍更明显。值得注意的是，阿尔茨海默症并非对病患的所有记忆能力都有相同影响，相对于新近发生的事情或记忆，患者人生的长期记忆、语义记忆和内隐记忆受到的影响较小。

(3)中期：随着病程逐渐恶化，患者将失去独立性而无法正常进行大部分日常生活活动。由于无法想起词汇使得语言表达困难，同时渐渐失去读写能力；复杂的动作变得不协调，因此增加了跌倒的风险。在此时期，患者的记忆问题会恶化，变得无法识别亲友，之前完整保持的记忆也会受到影响。

处于阿尔茨海默症中期的患者的行为和神经精神病学变化更为显著，常见的表现是游荡、易怒和情感不稳。这些变化会导致患者突然哭泣，出现突发的非故意攻击行为或是拒绝接受照顾；此时也会出现日落综合征，即患者一到日落或者傍晚时刻，便开始出现躁动、焦虑、幻觉甚至产生攻击倾向。大约30%阿尔茨海默症患者会产生妄想误认综合征及其他妄想症状，病患也失去对自己疾病的觉察，可能出现尿失禁。这些症状对家属和看护者造成了压力，只能通过将患者转移至专业的看护机构来减轻压力。

(4)晚期：在阿尔茨海默症的最终时期，语言能力退化至简单的词语甚至仅有单字，最后完全失去谈话能力，除了失去口语能力之外，病患通常能理解及回应情感刺激，虽然攻击行为依然存在，但极度冷漠和疲倦成为常态，患者最终无法进行任何事务。肌肉力量和行动能力退化直至卧床不起，亦无法正常进食。阿尔茨海默症是一种绝症，但死因通常是外部因素，如褥疮和肺炎，而非疾病本身。

生活中的心理学

莫把痴呆当健忘

张老太今年63岁，身板一直很硬朗，但最近两年像变了一个人：做事常常丢三落四，不能根据冷暖及时更换衣物，有时在家中却吵着要回家，甚至老朋友来访也不认识。家人以为是老年人健忘，开始时并不当回事，病情加重了才到心理咨询中心治疗。

张老太是个典型的阿尔茨海默症患者，只因为老年人的家人没有把症状往痴呆上想，故病情也未被及时发现。那么，如何区分老年健忘和老年痴呆呢？其实，生理性健忘的老人对过去的事情只是部分遗忘，而痴呆的老人则是完全遗忘，根本不记得发生过的事情，即使经过提醒也不能回忆。其次，生理性健忘的老人虽然记忆力下降，却可以清楚地分辨时间、地点及人与人之间的关系。而痴呆老人则对周围环境丧失辨别能力，如不知道年月日、不知季节变化、不认识亲人和熟人等。再者，健忘的老人情绪不稳定，而痴呆老人的情感则变得冷漠，甚至对关系到切身利益的事情也无动于衷。最后，健忘老人对记忆力下降不仅了解，还要求治疗，希望可以得到改善。而痴呆老人从一开始就不认为自己有病，并无求医愿望。总之，健忘是老年人的正常生理反应，而痴呆则是一种疾病的表现，只要稍加注意，就能区分开来。

（二）皮克氏症

皮克氏症和阿尔茨海默病一样同属原发性脑部退化疾病，1892年由捷克教授皮克（Arnold Pick）提出。皮克氏症是较罕见的中年人失智症，通常开始于中年，形成于老年早期，以女性患者居多。它由额颞叶的局部萎缩造成，患者缺乏自制，行为粗鲁无礼，情绪冲动易怒或迟钝冷漠，只能以支持性治疗加强代偿能力，遏制病情迅速恶化。

（三）亨廷顿舞蹈症

亨廷顿舞蹈症（Huntington’s disease，缩写HD），是一种遗传性神经退行性疾病，起因于第四对染色体异常，病发时无法控制四肢，就像手舞足蹈一样，并伴随智能减退，最后因吞咽、呼吸困难等原因死亡。

亨廷顿舞蹈症是欧美白人比较常见的脑部疾病，亚洲人罹患的概率只有百万分之一。在发病初期，患者常会用一些刻意的动作来掩饰手脚的摆动，伴随这些抽动的是认知和思考能力的逐渐退化，短期记忆衰退，以及情绪与人格上的变化。疾病发展到晚期，病人的生活将无法自理，失去行动能力，无法说话，吞咽困难。所以在病情管理上，患者的营养需求和预防患者可能出现的自残行为是非常重要的事项。

从目前对亨廷顿舞蹈症病因的研究来看，主要是亨廷顿舞蹈症患者制造的

huntingtun 蛋白(简称 Htt 蛋白)中有更多的谷氨酰胺,导致这种异常的 Htt 蛋白容易粘连、聚集,最终导致神经死亡,而首当其冲的就是患者的基底核,使得其无法修饰或抑制大脑的指令,因而全身肌肉出现无法控制的抽动。到达疾病晚期,甚至连负责下载指令的大脑也逐渐死亡,届时病人可能失去所有的行动能力。亨廷顿舞蹈症目前无法治愈,只能靠药物减轻或控制病情。然而,现有的医疗技术或药物却无法延缓或者阻绝 HD 患者脑神经的持续死亡,所以病情只会持续恶化,对于患者本身以及患者的亲属都是非常煎熬的过程。此外,负责制造 Htt 的基因是以显性的方式遗传。所以只要父母一方患有亨廷顿舞蹈症,子女便有 50%的概率得此病。可怕的是,亨廷顿舞蹈症一般在 40 岁以后才出现明显症状,所以常常当患者发现疾病时,早已将疾病基因遗传给下一代。

(四)血管性失智症

血管性失智症(vascular dementia)是指由心血管疾病导致脑部区域的血液循环不良以致脑细胞坏死造成的失智症。多发性脑中风是血管性失智症的主要原因,血压、血糖、血脂三项指标上的控制不良(俗称三高)也会加剧患有此症的风险。由于脑中风与血管性失智症的关联较大,因此,中风每发作一次,患者的智力就会进一步受损一次。血管性失智症患者的症状表现并不一致,这大概是因为每个患者大脑中风的位置不同,因而对不同患者的认知、智力与行为造成不同的影响。唯一共同之处是,因中风合并的肢体障碍,患者的行为能力比一般失智症患者更糟糕。

(五)帕金森病

帕金森病(Parkinson's Disease),是一种慢性的神经系统退化性疾病,表现为运动迟缓、肌张力增高、静止性震颤和姿势步态异常。它的病因目前仍不清楚,一般认为,大致有三种原因导致老年人患有此病:一是脑部组织退化,如大脑底部的基底核以及黑质多巴胺细胞快速退化,无法制作出足够的多巴胺来协调肌肉活动,多巴胺缺乏会使人体产生各种运动协调障碍;二是长期服用大剂量的镇静类药物;三是多发脑梗死。

表 5-4　帕金森病包括动作障碍和非动作障碍两类症状

动作障碍	非动作障碍
·静止时颤抖:单边或双边的手臂会不由自主地抖动。双腿、双脚或下巴也会有抖动的现象。手部经常伴有类似"搓药丸"的动作。 ·僵直:中枢性的持续性肌肉紧张,导致肌肉疼痛或身体无法伸直。	·人格退缩,即回避性人格表现,其最大特点是行为退缩、自卑心理、面对挑战多采取回避态度或无能为力。 ·情绪忧虑、焦虑。 ·认知出现偏差:患者常根据表象甚至虚假的信息做出反应和对人或事进行判断。

续表

动作障碍	非动作障碍
·运动不能和运动迟缓，面部表情呆滞，足部蜷缩，动作起始困难等症状。 ·姿势保持反射障碍，呈现前倾姿势、步伐细碎、加速步行的状态。 ·平衡感差，病人常因为缺乏平衡感而跌倒。 ·写字越来越小。 ·不由自主的情绪反应或肢体动作。 ·个体的行动或反应会毫无征兆地停止，个体甚至陷于半沉睡状态。 ·音调呆板。	·感觉异常。 ·疲倦。 ·自律神经失调，即自律神经系统内部失去平衡，自律神经并不为我们本身的意志所控制，它自动的调节消化与血液循环、呼吸、排泄等全身功能的神经。 ·睡眠障碍。 ·便秘。

帕金森病可能伴有脑部皮质退化，阿尔茨海默症患者罹患此病的概率比健康的同龄人高出六倍，冲动易怒、猜疑、以自我为中心是帕金森病人格障碍的三大特征。

二、智力衰退的预防措施

沙因通过西雅图纵向研究得出的结果表明，老年人若具备如下因素就可以帮助个体减少智力衰退的风险，更大程度上保持智力的良好水平。这些因素分别是：

1.没有心脑血管或其他慢性疾病；

2.没有出现知觉感受性的衰退；

3.高于平均值的教育水平和收入水平；

4.经常从事复杂程度较高的活动而非长期只从事一种单调的活动；

5.健康的心态；

6.对于早年或中年生活的满意程度；

7.家庭成员完整以及拥有一位教育水平、智力水平较高的配偶。

从沙因的研究结果可以看出，预防智力衰退不是一时之事，甚至需要我们从年轻时期就开始积淀。如果老年人不具备沙因所说的以上条件，也不意味着一定会出现较大的智力衰退。日常生活中的许多动作和习惯都可以起到锻炼大脑的效果。

1.常用脑。经常为大脑提供新异的刺激和训练，如阅读，学习一门新知识或从事健康的活动，如下棋、绘画等。这些活动能使大脑对信息进行积极主动的加工，从而保持头脑的灵活性。

2.适当的体育锻炼。在自己身体条件允许的范围内进行适度的体育锻炼可以为神经细胞提供充足的氧气和能量，从而提高神经活动的均衡性、灵活性和耐受性。

3.摄取均衡的营养。研究表明，以摄取大量水果、蔬菜、橄榄油、豆类和鱼以及适度饮用葡萄酒为饮食结构的老年人拥有更加健康的心脑血管，其增龄性的智力衰退也更不明显。此外，缺乏维生素 B_{12} 可能会加速老年人的智力衰退。美国科学家对 1000 多名 65 岁以上的老年人进行了为期 10 年的跟踪调查，结果显示，血液中维生素 B_{12} 含量较高的老人，认知能力要好于缺乏这种维生素的同龄人。

4.保持充足睡眠。保持充足的睡眠时间，对于缓解大脑疲劳有重要作用。与年轻时相比，大部分老年人的睡眠时间都会减少，睡眠深度也变浅，其实这些都是正常的。一天 6 小时的睡眠时间对老年人来说最佳，超过 6 小时，反而会使老年人的心脏跳动降到基本率，新陈代谢、血液循环等都开始降低，整个身体也会丧失强健性。

5.拥有良好的心态。大量研究表明，拥有健康人格、良好心态的老年人会更少地遭受身体机能衰退带来的困扰。

6.积极参加社交活动。陈艳玲、陈志玲（2004）对河南省驻马店市的 50 名智力正常的老年人进行了 5 年的跟踪调查研究后发现：能根据自己的具体情况把生活安排得充实，能依据自己的兴趣爱好、智力安排活动，坚持社交，积极广泛地与外界沟通的老年人，其心理年龄都比实际年龄小，并且智力、记忆以及反应速度都得到了较好的保持甚至改善。

三、提高认知储备，预防智力衰退

随着年龄的增长，老年人身体各部分机能出现衰退老化的趋势是必然的。虽然衰退意味着功能的受损，但脑部受损并不就一定意味着会出现智力衰退的情况。Katzman 等研究者发现，也有部分脑组织受损害的患者并未出现失智症状。原因在于，这部分患者的脑重量和神经元的数量都超越常人，虽然脑组织受过损伤，但依然保留了大部分活跃的神经元。那些在平日生活中建立了丰富认知储备的个体，能够更好地抗拒认知衰退和由脑部病变引发的失智症。因此，勤于用脑，养成良好的用脑习惯对于在老年阶段保持良好的智力水平具有重要意义。

而所谓储备分为脑储备和认知储备两种。前者好比计算机的硬件，后者如软件。脑储备高指个体的脑体积较大，神经网络较密集，因此能够抗衡病变的侵害，使脑功能得以发挥正常的作用。但抗衡力有一定的范围，如果超过这一范围就会出现智力衰退。认知储备是指认知历程能有效地运作，脑损伤发生后依然能够运用有限的神经网络来发挥最佳效率，以此来抗拒神经病理的侵害。认知功能、教育成就、职业成就、双语的掌握等，都是认知储备的资源，其中以童年期的高智力为最佳的认知储备。脑储备从脑的解剖结构（体积、神经网络密度）来说明抗拒衰退的机制，认知储备则从信息加工效能的方面加以解释。二者的关系是相互影响的。

智力、教育和工作职位等方面较高的以及积极参与休闲活动的人，可延缓失智症的发病时间。多运用思维去解决问题,多做体能运动也可以提高认知储备量。大脑活跃程度与神经网络效能的提高能够更好地防止个体认知受到损害,同时也可以更有效地补偿受损脑组织的功能,延缓认知衰退。因而,提高认知储备有助于降低失智症的发病率。

还有一个现象值得我们注意,即智力较高的老年人,阿茨海默症病发后其认知衰退较为缓慢,但教育程度较高的老人,病后的衰退却较快。这可能是因为教育程度高的老人会暂缓病发,在这个过程中已经消耗了大量认知储备,而个体的认知储备毕竟有限,因此一旦发作,个体便无力抵抗疾病的侵袭。因而我们可以说,认知储备延缓症状的出现不一定能免除失智症,认知储备丰富的个体患有失智症后,也未必会有明显症状。对认知储备有更深刻的认识有助于避免漏诊,从而让患者和家人有更好的准备。

复习巩固

1.说说老年人可能患有哪些失智症。
2.简述阿茨海默症病程发展的四个时期。
3.简述如何预防智力衰退。

第五节　智力和日常问题的解决

最早的心理测验是以评估儿童学业成就为目的的。这类测验在实践中也被证明可以有效恰当地判断出某个孩子或年轻人是否应该进入某类学校学习或从事某种职业。尽管预测效度有时不够完美准确,但总体上差强人意。无论是孩子还是年轻人,他们将生活中的大部分时间、精力投入在校园、课堂当中,也就是说他们运用于日常生活当中的智力也正是心理测验所要测量的智力,从而可以将测验结果作为一个客观的评判指标推论到实践中去。但对于年纪较大的个体来说,心理测验是否能反映他们在日常生活中的智力水平呢?

因此有心理学家认为,成人智力的研究应该着重探寻身心机能正常的个体如何解决其所面临的日常问题(Berg,1990;Berg & Sternberg,1985－1992),但这样很容易将智力与社会期望行为相混淆。并且,按照这种方式测量得到的智力特征可能仅能代表某一人群,无法做大范围的推论。由于时代的变化,每一代际下的人群可能有其特有的智力代表行为,因此测量受到时空的限制。在本小节中,作者将所搜集的资料进行整理汇编,详述那些重要的智力成分是如何与日常任务相关联的。

一、心理测验及其生态效度

对于成年人来说，心理测验主要有两个重要作用：一是可以成功预测出具备某种知识或技能的个体在工作上的成就，雇主也可以运用心理测验来评估员工是否具备胜任某项职责的能力（Salthouse & Maurer，1996）；第二，心理测验能够对老年人群体的神经心理水平做出临床评估（Botwinick，1984；Schaie，1996；Schaie & Willis，1996）。类似韦克斯勒智力量表这样的测验广泛涉及一系列智力类型，能够较为全面客观地反映出个体智力水平。

但是针对老年人的心理测试仍存在着较大争议。由于大部分老年人在很久之前便完成学业，与年轻人支配时间和精力的方式有很大不同，因此对于老年人来说，智力测验的生态效度是衡量测验好坏的重要指标。许多心理学家认为针对老年人的心理测验并不能够反映出老年人体现在日常生活中的智力类型及水平。

这一批判使得一些研究者意识到，人生不同的阶段应该对应不同的智力量化方法。因此我们需要探索出一种新的角度来对老年人的智力进行概念化并对其测量。伍德罗夫·帕克（Woodruff-Pak）提出了“四相位观点”（Ⅳ Phase），提倡从目的、含义、功能和认知四个角度来对老年人的智力进行定义和测量。这一观点使研究者从智能、创造力、日常问题解决等更广泛的视角来研究智力，更加注重智力测试的生态效度。

二、日常任务的解决

老年人在解决许多日常生活中的任务时的表现，能够反映出智力的若干能力和素质，这些具体琐碎的任务和要求在某种程度上也受到个体年龄的影响。在成年早期，日常生活中涉及的活动主要与学校、工作以及为人父母有关。年纪较长者的生活则更为丰富，因而日常活动也更加多样。尽管学生的角色已经同他们相去甚远，但有些老人仍愿意将自己的精力用于学习当中；有些老人则拥有一份全职或兼职工作，但这时工作的主要目的不再是为了报酬；有些老人仍然扮演着父母的角色，只不过抚养的对象是自己的孙辈。对于大部分生活在社区里的75岁以上的老年人来说，他们主要关心自己能否继续独立地生活下去。和独立生活有关的日常任务主要有两种，一是照顾自己；二是能够妥当地控制自己（Willis，1996）。很明显，视觉和听觉的敏锐度对于老年人的正常生活是尤其重要的。除此之外还需要哪些能力？能否用测验检测这些能力？这类测验的成绩是否和流体或晶体智力相关联？心理学家通过以下几种途径来回答这些问题。

（一）日常活动

日常活动（Activities of Daily Living）类别里包含洗澡、穿衣、吃饭、行走、如厕、在床和椅子之间移动等日常自我维护方面的活动。日常活动方面的评估主要用于决定个体是否丧失行动能力并需要看护服务。

（二）日常工具性活动

日常工具性活动(Instrumental Activities of Daily Living，IADL)类别包括更高层次的日常任务，例如管理个人财产等。

（三）日常问题测试

日常问题测试(Everyday Problems Test，EPT)由威利斯(Willis)和她的同事马塞斯克(Marsiske)设计，测试包含写作任务和 IADL 类别两个部分，表 5-5 呈现了 IADL 类别下的每一项所对应的任务。

表 5-5　IADL 类别下的每一项所对应的任务

类别	样例
用药	能够阅读药品标签并且能够知晓每日用药量 能够填写一张患病史表格
理财	能够比较出不同理财产品的大致区别，如股票和普通存款 能够填写税收单
购买日用必需品	能够列出购物清单 在不同品牌的商品间比较 能够支付电话账单
使用通信工具	能够分辨出哪部分通话内容更加紧要
烹饪食材	能够对食品的营养成分做出评估 按照食谱指导完成烹饪
家务	能够阅读某种家务产品的操作说明 能够理解产品保证书
出行	能够阅读公交站牌 能够计算出租车费用

老年人在 EPT 上的得分与他们的心理测验得分呈正相关，但与流体智力的相关程度要高于同晶体智力的相关程度。

（四）日常任务的行为测量

日常任务行为测量(Behavioral Measures of Competence in Daily Living)和只通过读写材料进行的测试不同，迪尔、威利斯、沙因等人运用行为观察法来研究老年人日常生活当中的任务完成情况。研究者在老年人家中观察老年人的一系列日常行为完成情况，例如，按剂量服药、使用电话、备餐等。研究者发现，老年人在这些行为上的完成情况同老年人在日常问题测试中的得分和流体智力均有较高相关。这一关系得到了迪尔的证明，他对若干名美国白种老年人和黑种老年人在日常工具性活动项目中每种类别下的三种任务进行了细致观察，结果也的确证实这一相关：即任务行为完成情况越好，个体在 EPT 和流体智力测试上的得分也越高。

（五）日常认知组

“日常认知组”（The Everyday Cognition Battery，简称 ECB），是阿莱尔（Allaire）和马塞斯克首先用普通的心理测验测量了年龄在 60～92 岁之间、生活在社区当中的美国白种人和黑种人的流体智力和晶体智力。除此之外，他们又使用 ECB 的纸笔测验来考察老年人在“食物准备”、“药品使用”、“理财”这三类日常活动类别的推理能力和知识储备量。例如，在知识储备这一类别当中，其中一道推理题目就是要求受测者阅读两种不同品种辣椒的营养成分标签并挑选出最适合减肥者食用的品种。知识储备题目要求老人能够从多个选项中选出最合适的问题答案，如“产品包装上的‘截止日期’是指：A. 食物能够食用的最后期限；B.能够保证产品品质最优的最后日期；C.对食品进行包装的日期；D.以上几个选项均不正确”。研究结果显示，老年人在 ECB 测试中推理和知识储备方面的得分和他们在一般推理和知识储备心理测试上的得分均呈相关。也就是说，在 ECB 上得分高的老年人同样能在类似的心理测验上取得较高分数。另外，前面提到过的典型智力老化模型也在 ECB 上有明显体现：流体智力在 60 岁至 92 岁的老人当中呈下降趋势，而在测验当中体现出的晶体智力则保持稳定。

这些研究结果说明在心理测试和日常任务之间是有一定重叠的。然而，需要注意的是，不管是日常任务测试还是日常认知组测试，都是考察同日常工具性活动有可能相关的任务，但如果这类任务果真需要老年人在日常生活中完成，那便无法测量出完成的好坏程度。还有一点需要我们注意，即不同文化背景下的老年人通常会有不同的日常任务，我们在做出定义之前需要考虑到个体所处的生活环境。

在关于日常认知组的诸多研究当中，大部分只将心理测验结果同个体日常行为能力在某个单一的时间点上进行对比分析，因而得出的结论难免片面。不过，威利斯和她的同事的一项研究在一定程度上弥补了这一缺陷，他们对美国六个城市当中独立生活的老年人进行了长达 5 年的研究，结果显示：那些早年间接受过认知训练的老年人能够更长久地保持日常任务完成能力，并在工具性活动测试中较少报告有困难。类似这种纵向研究有助于研究者找到维持完成日常任务能力的决定性因素是什么。

拓展阅读

30 岁、50 岁、70 岁高智商者的主要特征

	30 岁	50 岁	70 岁
解决问题的新颖性	1.对获取知识和了解新事物很感兴趣 2.表现出好奇心 3.敢于对公众媒介呈现给人们的内容提出质疑 4.能够用各种各样的新概念进行学习和推理 5.能够以新颖独特的方式分析问题	1.能够以新颖和独特的方式分析问题 2.能够知觉和储存新信息 3.能够用各种各样的新概念进行学习和推理 4. 敢于对公众媒介呈现给人们的内容质疑	1.表现出好奇心 2.能从无关信息中筛选出有价值的信息 3.能从已有信息中得出结论 4.能够理解对方信息并做出相应反馈
晶体智力	1.是自己领域内的行家里手 2.能胜任工作 3.能从给出的信息中得出结论 4.言语清晰 5.讲话富有智慧	1.能够根据生活情境调整自己 2.对人和事富有觉察力 3.能够适应有挫折的情境 4.能够很好地适应环境 5.知道自己专长领域以外的事情	1.能够胜任工作 2.对自己的能力有正确认识 3.阅读内容广泛 4.词汇丰富
日常生活能力	1.良好的公众意识 2.能够根据生活情境调整自己 3.能够适应有挫折的生活情境 4.对自己的家庭和家庭生活很感兴趣 5.能很好地适应环境	1.举止得体 2.高尚的价值观 3.对自己的家庭及家庭生活很感兴趣 4.良好的公众意识 5.是自己领域内的行家里手	1.对自己的家庭及家庭生活感兴趣 2.思想和行动中充满智慧 3.三思而后行 4.能够适应有挫折的生活情景 5.知道自己周围正在发生的事情

复习巩固

1.为什么要从日常生活问题的解决入手来考察老年人的智力?

2.举例说明有哪几种方法考察老年人智力的日常生活问题。

3.名词解释:日常认知组。

生活中的心理学

关于实际智力与情绪智力

有一位很成功的物理学家因为偶然事故而导致大脑前额叶受损,痊愈后他虽然仍具有很高的智商得分,但是却无法继续从事其他的工作。他能够按照程序指示进行工作(如开车),但却缺乏适应环境的能力。很显然,他的行为当中缺乏了智力中的一些重要成分,然而这些成分却无法通过传统的智力测验测量出来。斯滕伯格经过研究,进一步提出了实际智力和情绪智力的概念。在斯滕伯格看来,对于实际智力的测量可以最好地代表个体的智力水平。所谓实际智力,是指和生活中一切成就有关的智力。传统的智力测试主要都用来测量学术成就,斯滕伯格指出,有证据表明由传统智力测试得到的个体智力水平并不和事业成就水平相关。成功的商业人士尽管在智力测验上的得分并不高,但他们最终取得的事业成就的水平却远远高于其在传统智力测验上的成就。学业所需要的信息主要通过听和读这两种途径获得,而斯滕伯格提出的实际智力则是个体通过对他人行为的观察获得。拥有较高实际智力的个体能够更好地学习普遍规范和准则并能够将其合理应用。因此,实际智力就是考察一个人运用普遍准则解决每天所面临的问题的能力。

后来,一些心理学家进一步扩充了实际智力的概念范围,将情绪纳入智力的范围,可以说是对传统智力观的又一次突破。情绪智力是指对情绪评价、估计、表达以及调节的一系列技巧。心理学家高尔曼·丹尼尔(Daniel Goleman)指出,情绪智力是一个人能与他人友好相处的基础。它使我们能够更好地想他人所想,更好地感同身受并对他人的需求做出适宜反应。可以说,情绪智力是移情、自我觉察以及诸多社会技巧的基础。一般的智力理论将关注的重点放在认知方面,但是随着人们生活环境的日益复杂,价值的多元化,人们渐渐发现,智商高的个体未必能在实践当中取得较大成就。美国一家很有名的研究机构调查了188个公司,测试每个公司高级主管的智商和情商,并将每位主管的测试结果和该主管在工作上的表现联系起来进行分析。结果发现,对于领导者来说,情商的影响力是智商的九倍。智商略逊的人若拥有较高的情商,一样可以成功。

因此，尽管"老年人的智力水平会出现不同程度下降"这一客观事实无法逆转的确令人沮丧，但是绝不能因此而否定老年人的智力。

对于情绪智力的研究有助于我们解释为什么在传统智力测验上得分并不高的个体能够取得较大成就。但是，对于情绪智力的量化必须严密。随着对情绪智力重要性的认识逐渐普及，它使我们意识到，智力的成分以及衡量个体智力的方式方法有多种。因此，对于老年人智力的研究也应该从多种角度入手，从而得到一个更为客观真实的认识。

本章要点小结

1.智力的理论流派大致可划分为三个类型。智力的因素理论包括单因素论、斯皮尔曼二因素论。单因素论者认为智力通常仅由一种元素构成。智力的结构理论包括阜南的智力层次结构模型、吉尔福特的三维智力理论。阜南将智力划分为四个层次，第一层为G因素；第二层为言语教育因素、机械操作因素；第三层为小因素群；第四层由特殊因素构成。吉尔福特从内容、操作、产物三个维度去描述智力构成。智力的认知加工理论包括斯滕伯格的智力三元论，加德纳的多重智力理论以及卡特尔流体、晶体智力理论。认知加工流派将智力的过程看作信息的获得、存储、加工和使用的过程。

2.老年人可用的智力测验包括韦克斯勒成人智力量表、基本认知能力测验、基本心理能力测验、陆军甲种测验、瑞文标准推理测验。

3.应用最广泛的评估成人智力的测验是WAIS－R，这个测验包括言语量表和操作量表两部分。

4.典型智力老化模型显示言语能力在老年阶段可以保持相对稳定，实践操作能力则会出现不同程度的下滑。

5.智力的终生发展观对智力在老年阶段的发展变化呈乐观态度，在科技进步的帮助下，人们可以更好地了解智力从而改善智力。

6.影响老年人智力的疾病有阿茨海默症、帕金森症、血管性失智症、亨廷顿舞蹈症、皮克氏症等。

7.老年人可以从脑力和体力锻炼、健康饮食、健康心态、积极社交等方面防止智力的衰退。

8.老年人在日常活动、日常任务解决以及日常问题测试当中反映出的智力能够更加真实地反映出其真实智力水平，弥补智力测验生态效度不足的缺陷。

关键术语表

成分智力	componential intelligence
经验智力	experiential intelligence
情境智力	contextual intelligence
信度	reliability
效度	validity
标准化	standardization
同代群体	cohort group
同辈效应	cohort trend
西雅图纵向研究	Seattle Longitudinal Study
日常活动	Activities of Daily Living
日常工具性活动	Instrumental Activities of Daily Living
日常问题测试	Everyday Problems Test
日常认知组	The Everyday Cognition Battery

选择题

1.下列哪些心理学家属于智力因素论流派?

A.卡特尔　　B.斯皮尔曼

C.高尔顿　　D.吉尔福特

2.智力的三元理论包括哪些成分?

A.经验　　B.情境

C.成分　　D.操作

3.下列哪几项属于和晶体智力有关的能力?

A.记忆　　B.逻辑推理

C.解决问题的技巧　　D.语言表达能力

4.以下哪一项属于非文字智力测验?

A.陆军乙种测验　　B.基本认知能力测验

C.WAIS—R　　D.瑞文标准推理测验

5.影响智力发展变化的外部因素有哪些?

A.同辈效应

B.个体健康

C.选择性样本流失

D.医疗技术,教育水平的提高

6.下列哪几项是几种失智症均具有的症状？

A.较高的遗传性　　B.运动能力受损

C.情绪、人格不稳定　　D.精神萎靡

7. 阿尔茨海默症患者在哪几个病程阶段中仍具有独立性，能完成大部分日常生活活动？

A.前期　　B.早期

C.中期　　D.晚期

8.下列哪几项可以影响老年人智力的发展？

A.教育程度　　B.人格

C.职业　　D.兴趣爱好

9.你认为下列哪一个选项具有较高的生态效度？

A.韦克斯勒成人智力测验

B.日常工具性活动

C.瑞文推理测验

D.日常认知组测验

10.下列哪些选项是智力终生发展观的观点(多选)？

A.智力的发展贯穿于人的一生

B.智力发展具有多维度、多方向、多原因的特点

C.智力发展具有弹性，可以通过训练塑造改变

D.每一代个体都有其独特的智力发展特点

第六章　老年人的人格和社会性发展

进入老年期，我们的人格还会发生变化吗？有的人格理论认为老年人的人格具有稳定性，同时也有的理论坚信老年人的人格具有可变性，心理学家们对这个问题仍然争论不休。随着老化、退休、丧偶等一系列重大生活事件的发生，老年人在社会性发展上会出现哪些特点，老年人应该如何适应？本章主要介绍人格发展理论和老年人的人格特征、老年人的社会性发展以及人格和社会性发展与老年人幸福感的关系等内容。

心理学界对人格概念的定义尚未统一，综合各家的看法，可以将人格理解为构成一个人的思想、情感和行为的特有的统合模式，包含一个人区别于其他人的稳定而统一的心理品质。在老年期，人们既有大量的连续性人格特质，也有相当大的主观改变。如何获得幸福感成为老年人的主要兴趣所在。例如，尽管所有年龄阶段的人都会回忆过去，但是老年人更可能在心理上以强烈的方式进行回忆，以整合经验、保持亲密感，甚至是准备迎接死亡的方式。

个体形成适应社会的人格并掌握社会认可的行为方式的过程即是社会性发展。进入老年期以后，人们社会生活的主要任务包括享受家庭生活、承担丧失亲人的痛苦、重新适应生活等。晚年家庭、友谊、其他社会关系以及隔代话题构成老化过程中的主要问题。老化使人们意识到剩余的时间和机会是有限的，导致其对目标和社会关系的选择增加，且越来越专注于那些最能够满足自己情感需要的事情。由于这些原因，老年人通常都是按照年龄形成自愿的社交网络，表现出对与家人和亲密伙伴相互来往的极大兴趣。对于大多数老年人而言，家庭和其他社会支持是其生活的重要方面。

第一节　老年期的人格发展

人格是否随着年龄增长而发展是心理学中最早的争论之一，至今关于人格的发展问题仍然存在两个理论阵营——稳定性和可变性。那么老年期人格是否还会继续发展或改变？已有研究对于老年期人格发展的理论很丰富，但是相互矛盾。因此可以通过自己的日常观察和经验得出一些判断，调查身边的老人是否还保持着年轻时候的本质特征，比如外向、害羞等。

稳定性和可变性的矛盾在人格研究领域比其他领域更明显，因为我们本身对人格就持有矛盾的看法。一方面，人格特征基本保持稳定，一个稳定的人格使我们在不同情境中和同一个人接触更容易；另一方面，人们也愿意相信人格中的不足之处是可以改变的，因此人格也具有可变性。

为了了解老年期的人格发展，本节主要介绍三种人格理论以及它们对老年人格特征的解释。

一、人格特质理论

在你的身边有没有这样的人，无论到哪里他的身边总有许多朋友，他愿意和别人接触，并且很高兴地和别人聊天，即使是和陌生人在一起也很舒适愉快。

我们会怎样评价他？一种总结可能是“他很外向”。怎样得到的这种判断？可能是结合他行为的许多方面形成的一些概念。这种做法就是人格特质理论的运用。

特质是个体区别于他人的可辨别的、相对稳定的方式(Guilford,1959,p.6)。当使用诸如平静、好斗、独立和友好等词对他人进行描述时,我们已经在使用特质理论的基本原则。

科斯塔和麦克雷(Costa & McRae,1988)的特质理论模型有三个基本原则:首先,特质建立在个体间比较的基础上,因为对于像友好这类概念没有完全量化的标准;其次,构成一种特定特质的行为要避免和其他特质混淆;最后,特质构成一个特殊的人,具有稳定的人格特征。人们通常会假定那些在许多场合中都很友好的人在我们下一次见到他们时也会友好。这三个假设都体现在特质的定义当中,在此基础上,特质理论假设人格在老年期可能只会出现微小的改变。

科斯塔和麦克雷的模型包括五个独立的人格维度:神经质、外向性、经验的开放性、一致性—对抗性、认真负责—无指导性。其中每个维度都包含六个方面来反映其主要特征。

神经质的六个方面是焦虑、敌意、自我意识、沮丧、冲动和脆弱性。焦虑特质较高的人容易紧张、担心和悲观。具有敌意特质的人易怒,而且不易接触。高自我意识的人对批评敏感,容易自卑。沮丧特质的人容易悲伤,感觉没有希望,觉得自己没有价值。冲动特质的人缺乏自我控制。脆弱性较高的人无法应对压力,过分依赖别人的帮助。

外向性的六个方面可以概括为人际特质(热情、合群、自信)和情感特质(活跃、寻求刺激、积极情绪)。热情和合群组成交际能力,自信特质的人善于掌管事物和做决定。外向的人喜欢保持忙碌,他们看起来有用不完的精力,他们喜欢刺激和富有挑战的环境。

经验的开放性包括六个不同方面。想象,开放性代表具有生动的想象力。审美,开放性在艺术和美好事物的欣赏中,是对美的敏感。行动,开放性代表尝试新鲜事物的愿望。对观点和价值观持有开放性的人具有好奇心和求知欲。开放性使人们具有自由的价值观。开放的个体强烈地体验着他们自己的感觉,并视之为生活意义的主要来源。

理解一致性—对抗性维度的最简单方法是考虑对抗性特征。对抗性特质的人倾向于将自己和他人相对立,他们多疑、麻木、顽固、粗鲁。然而一致性特质高的人可能过分依赖和谦让。

最后,高认真负责特质的人工作努力、积极向上、坚忍谨慎、具有成就动机。缺乏责任感的人主要表现为懒惰、粗心、消沉、漫无目的。

俗语说"江山易改,本性难移",这说明个体的个性和人格特质不易改变。究竟老年人的人格特质是否会随着年龄的增长而有所变化?在一项对 20～90 岁不同年龄阶段的人跟踪 30 年的调查研究中,发现 30 年前后人们的人格特质基本保持稳定。在人们生活的30年当中，会改变的事情有很多。人们可能离婚、丧偶、换工作、退休、面临各种压力，社会变革和经济起落都可能影响我们。然而最本质的人格特征却几乎不会改变。这种人格类型的连续性，在了解老年人的行为上，颇具有预测作用。

依据人格心理学家的研究，老年人的人格既有改变的一面，也有不变的一面。其中，不变的层面是指其人格类型和特质，例如一个在年轻时就外向、独立的人，到老了依然会表现得较为外向和独立。这种人格特质或类型具有稳定性和连续性。而可能会发生改变的方面是指，对思想、情绪的内外向化即对特殊事件的态度。进入老年期后，人们的冒险、进取和挑战的决心及毅力均有所降低。老人们总是思虑较多、自我反省较多、朝向内心世界，对特殊事件的态度，比如婚姻观念、教育子女、休闲娱乐等，则会随情境的不同而有所改变。

二、心理发展阶段理论

许多理论并不把人格看作特质，而是将其视为需要、动机、性情、习惯和能力的综合。这种人格观点源于弗洛伊德(Sigmund Frend)的精神分析理论，之后又得到安娜·弗洛伊德(Anna Frend)、荣格(Carl Jung)等人的补充和调整。这些理论关注自我发展，认为自我发展是人格发展的基础。其中涉及老年人自我发展的最具影响力的是艾里克·埃里克森(Erik Erikson，1982)的心理发展八阶段理论。

(一)埃里克森理论中的最后发展阶段

埃里克森认为人格的形成取决于个体内部成熟需要和外部社会环境的相互作用。他提出人的心理社会性发展包含八个阶段，每一阶段都有特定的心理社会危机和相应的解决危机的基本力量。埃里克森认为，对每一发展阶段心理社会危机的解决都有助于形成老年期智慧和达到自我整合的顶点。在表6-1中列出每一阶段的心理社会危机、解决危机的基本力量以及在老年期能够实现的顶点。

表6-1　埃里克森的心理社会性发展阶段

	阶段	心理社会危机	基本力量	老年期顶点
1	婴儿期	信任对不信任	希望	重视相互依赖和人际联系
2	幼儿期	自主对自我怀疑	意愿	接受人生发展规律
3	学龄前	主动对内疚	目标	幽默，理解他人，良好的适应能力
4	学龄儿童	勤奋对自卑	胜任力	谦逊，接受生活事件和未完成的心愿
5	青春期	同一性对角色混乱	真实感	认为生活是复杂多样的，统一的感官、逻辑和审美
6	青年期	亲密对疏离	爱	认为人际关系是复杂多样的，重视爱的自由

续表

	阶段	心理社会危机	基本力量	老年期顶点
7	成年期	再生对停滞	关心	照顾别人，理解别人，关心别人
8	老年期	自我实现对悲观失望	智慧	自我认同，自我实现感能够对抗躯体衰退

（来源：The Life Cycle Completed：A Review by E.H.Erikson，1982，New York：Norton.Reprinted with permission of W.W.Norton&Company，Inc. 1982 by Rikan Enterprises Ltd.）

埃里克森理论的每个阶段都存在两种相反的倾向，二者都存在于个体经验中。各阶段的名称反映了冲突事件，这些冲突通过内在心理和外在环境的相互作用而得到解决。成功的结果会成为建立心理社会力量的基础，失败的结果会削弱自我发展并不利于未来发展。埃里克森的阶段理论区别于渐成原则，即每种心理社会力量都有其特定的发展关键期。

到了老年期，人们必须解决自我整合和绝望之间的冲突。这一最后的人生发展阶段开始于个体逐渐意识到自己靠近人生终点，但是实际上只有少数的人能够完全意识到这一点。这一阶段的任务是检验和评价自己的生活和成就来确证自己人生的意义。这一过程通常包括与他人共同回忆和寻求自己确实得到过一些成就的保证。那些成功渡过前面发展阶段的人能够满腔热情地面对老年期，并且感觉他们的人生很充实。那些感觉无意义的人，对老年期的到来充满焦虑，并且体验到绝望。通过成功地解决这种冲突而获得心理社会力量是明智的。自我整合不只是面对老年期，埃里克森认为老年人同样具有许多机会来为社会做贡献。例如，老年人通常扮演积极活跃的祖父(母)角色，一些老年人还能继续做兼职工作。

老年人的人格是个体过去人格的继续发展，对应于每一个生命年龄的阶段，都有一个相应的特定的人格发展要素，而且这种要素有两个相反可能的发展方向，人在相应的阶段都要经历不可避免的对这种取向的选择，当然这种选择可能是由环境决定的、被动和无意识的。若因某种原因选择不好，则人格发展在这一要素上便出现偏差。因此，从这种意义上说，这种选择也可以说是个体在人格发展上所经历的一次危机，个体每次解决这种危机的方法（积极的或消极的）对该个体的未来发展与环境适应产生很大的影响。老年人格中的积极成分应当是过去人格中优秀要素的结晶，而适应不良则是过去危机解决不妥的表现，两者具有前因后果的关系。

（二）匹克对埃里克森老年阶段理论的补充

匹克(Robert Peck)对埃里克森发展阶段理论的老年阶段进行了补充，他把“自我实现对悲观失望”又具体划分为三种发展任务，这三种心理社会危机是老年人需要逐一面对的。

分化对角色关注：老年人必须重新进行原来工作角色之外的价值确认。他认为老年人需要参与许多活动才能补充那些原本是用来工作或照顾孩子的时间。

身体超越对身体关注：老年人必须学会应对身体健康状况逐渐变差的现实。到了老年期，人们可能会长期伴随病痛，而且身体机能不断退化。老年人的自我确认感也包括其身体健康状况，因此逐渐下降和衰退的健康状况和身体机能会严重威胁到他们的自我确认感和生活满意感。然而，尽管大多数老年人都经历着病痛，仍然有很多老人能够享受生活，他们丰富的兴趣和人际关系使他们能够超越对自己逐渐老化的躯体的关注。

自我超越对自我关注：老年人必须认识到死亡是不可避免的，而且可能已经离自己不远了。如果让老人意识到自己成功地抚养大了自己的子孙，或是自己从事过的事业对社会的发展做出了贡献，他们就能够从容地面对死亡。

三、人格认知理论

人生阶段发展理论和特质理论的冲突反映出我们如何认知这个世界。这些认知强调个体和环境的交互作用是人格发展背后的主要力量。然而，自我理论和特质理论在人格发展上都没有关注这些认知。人格的认知理论主要弥补这方面的不足，我们发现认知理论在许多方面对特质理论和自我理论进行了整合。

认知理论的基础是人们自己关于人生该如何发展的认识。对于人格发展而言，如何看待事件比事件的实际状态更重要。换言之，重要的是如何感知自己，而不是人格测验的分数。成人期的人格发展取决于个体经验、行为、对他人的态度以及逐渐接近死亡时的态度上的改变意识。

这里主要介绍托马斯(Thomas)的人格认知理论。他提出了老化的认知理论，并列出三个假设形成了解释人格发展的基础，尤其适用于调节老化过程。

(1)对改变的感知比客观改变本身更与行为改变相关。只要我们认为自己会随着时间而改变，我们就会表现得不同，可以忽略别人是否认为我们有变化。这一假设，既是所有人格认知理论的基础，也表明人们相信未来是可以改变的。人格改变多少都依赖于个体认为改变是可行的。

(2)人们感知和评价他们生活中的任何改变都是依据他们的优势关注点和当时的期待。在不同的人生阶段，人们对同一个问题会有不同的看法。例如，人们自我同一性的主要来源随着他们从学生变成某人的配偶，再变成父母等身份的变化而变化。这些不同人生阶段激发人们对情境认识的不同。

(3)适应老化取决于人们的认知和动机结构之间的平衡。如果人们积极地认识他们的生活状态，相信可以继续成长，并且将改变解释为现在人生阶段的补充，那么就可以适应老化。

从托马斯的三个假设中可以总结出来，成年期的人格改变不会减弱。我们每个人都有改变的潜力，但能否改变则取决于我们对改变的渴望程度。

为了确定成功适应老化的所有途径中最重要的组成部分，托马斯(1976)在对老化的纵向研究中探讨了这些改变的过程。这项研究不同于其他纵向研究，主要是因为它几乎包含了生物心理社会模型的所有方面。托马斯确定十种生物、社会和感知—动机发展的交互模式来定义老化过程。更重要的是，他发现老年人的适应能力不是取决于发展过程中某一种特定的交互模式。托马斯发现有许多种成功实现老化适应的模式，而非只有某一种模式。尽管这些交互作用很复杂，托马斯注意到除非人们对自己和环境的感知要求改变，否则一定会呈现出所有人格特征的稳定性。

四、生命回顾

在老年人格发展理论中，生命回顾是一个普遍的主题。生命回顾包括回忆自己的生活经历、对这些经历进行评价并解释这些经历以及对这些经历进行重新解释。有时生命回顾会进展得很平静，有时也会很强烈，这时往往需要进行大量的努力来实现一些人格整合。生命回顾可能开始于一些偶然的、无关紧要的对自己和人生发展的思考，而且这些思考可能会在以后的生活中断断续续地出现。

当过去的一切在脑海中流过的时候，老人们审视着、思考着。人们开始重新考虑过去的经验和它们的意义，这个过程往往伴随着对过去的修正和更全面的理解。这种对过去的重新组织可以使我们看到全新的生活意义。同时，它也帮助老年人减少对死亡的恐惧，做好接受死亡来临的准备。我们可以看看《生活中的心理学》一书中关于一位 75 岁老人进行生命回顾的故事，最终她决定为自己的孙子孙女录一盘磁带来记录自己的人生，好让他们在她去世后仍能记得这个奶奶。

随着生命回顾的推进，老年人可能会向配偶、子女或其他亲密的同伴透漏一些从未说过的秘密。反过来，对方也可能会讲出自己的秘密。老人们开始说出隐藏已久的重要事件，这能够帮助老年人改变他们对自己的看法和认识。然而成功的老化并不意味着要一直思考过去。在一项研究中发现，能将过去和现实相结合的老年人比沉迷于过去的老年人更能良好地适应老年生活。

生活中的心理学

一位 75 岁老人的生命回顾

这里讲述的是一位 75 岁的老奶奶，在进入老年期后，她经常回想自己的生活。以下是她的一些思考。

我经常思考生活，每当这个时候我的脑海中会浮现出许多场景。当我看到我的儿女和孙子、孙女时，就会想起过去的时光。当我沿着街道散步时，便会想起我年轻的时候与我的朋友和父母在一起，好像又回到了那些愉快的时光里。我会想起我的丈夫，我们的婚礼，还有挣扎着度过的苦日子。现在，他已经走了，但我却留着许多关于他的美好记忆。

老奶奶经过一面镜子，她看着镜子里的自己说道：

"我看到一个老太婆，她满脸的皱纹，身体在不断衰退。我告诉自己我看起来有多老。这让我想到死。但这也让我想到过去——我都犯过哪些错误，我又做过什么贡献。"

几年前，在她丈夫去世之后，老奶奶曾住院两个月。她想：

"我感觉很不快乐，很沮丧。我丈夫永远地离开了。我要疯了。我恨这个世界。为什么我的生活会变成这样？我也生自己的气，我反思自己，'我本该做得更好的。或许要是当时我不那样做，现在就不会这么痛苦了'。"

出院6个月后，生命回顾对她的生活产生了建设性的作用：

"现在我对生活的态度比半年前积极多了。我有6个很棒的孙子、孙女，还有两个好女儿。我决定录一盘磁带来记录我对晚年生活的积极感受。我想讲出我的生活故事，这样我的孙子、孙女们长大后就可以听到这些，就好像是我在给他们讲故事一样。多希望在我去世之后，他们也能听到我讲的故事。"

五、老年人的人格特征

（一）个性特征

老年人个性变化的最主要特点是更加成熟，年轻时某种性格特征的显现以及与年轻时个性特征相反的变化。

大量的心理学研究结果表明，个体进入老年后，个性心理特征会发生一系列的变化。对大量研究总结发现，老年人的个性心理特征变化大致上有以下特点：自我中心性、内向性、保守性、容易乱猜疑、嫉妒心强、办事刻板、灵活性和应变力差、适应力下降、不耐烦、爱发牢骚、好管闲事、依赖性强等。65～75岁之间的老年人，其刻板性没有明显的变化，但从75岁左右开始，老年人的刻板性明显增强。另外，我国心理学家的一些研究发现，中国的老年人普遍感觉自己变得比年轻时更急躁和多疑，但也有一些老年人认为自己不像年轻时那么爱发火了。

尽管老年人的个性心理特征出现了一些变化，但我们也要看到老年人个性心理特征中持续稳定的一面。美国的一项纵向研究曾对40～80岁的个体进行了长达10年的跟踪，结果发现，老年人的个性心理特征既有变化的一面，也有稳定的一面。他们的个性结构和所属的类型基本上都是保持稳定的，但随着年龄的增长，他们对待周围环境的态度和方式则表现出一些变化，具体而言即由主动转向被动、由外部世界转向内部世界的变化趋势。

由此可以看出，在老年人个性心理特征的变化中，年龄并不是决定性因素，智力、教育、社会地位、文化背景、健康状况以及环境中的各种变化所造成的不同个体或群体之间的差异等等，都会对老年人的个性心理特征产生重要影响。

(二)情绪情感特点

老年人由于生理上的变化，社会交往和社会角色地位的改变以及心理机能的变化，在情绪情感方面也会出现一些特征，无论在情绪情感的两极性，还是体验的强度、持久性和深刻性等方面，都有自己的特点。

首先，有些老年人在情绪表现上会出现一些消极的变化，比如，变得神经质、爱唱反调、任性、脾气暴躁，或者变得过度冷漠、不关心人、对未来的看法也变得较为负面。他们常常会感到身体明显不如以前，由于身体机能和抵抗力的下降，很容易受到疾病的困扰，而且疾病通常也会持续较长的时间；由于工作环境和职务的变化，使他们参加集体活动的时间和机会减少；子女忙碌于自己的工作和照顾小家庭，没有大量的时间陪伴在他们身边，因此常感到孤独。另外，老年人比其他任何年龄阶段的人都更多地面临丧亲、丧友甚至丧偶的痛苦，所有这些重大应激事件都使得老年人很容易产生老朽感、冷落感、孤独感、疑虑感、忧郁感和不满感。天津市社会科学院的一项调查研究结果表明，老年人容易产生很多要担心的问题。在调查的860位老年人中，担心自己健康状况的人最多，接近人数的一半(43.95%)；最担心物价上涨、经济问题的有299人，所占比例达34.77%；也有许多老人担心自己患病后的照顾问题，占11.63%；另外，还有一些老年人担心自己会被社会遗忘等等。

较之于其他年龄阶段的人，老年人的情绪情感体验通常会比较深刻，重视美感。他们主要看重的是美的内容，老年人更看重那些对社会、对人类有益的事物或行为，他们更倾向于用自己的理智去审美，追求内在而深沉的心灵美。

老年人情绪情感体验的另外一个特点是持续的时间较长。老年人的情绪、情感一旦被激发，就需要花费很长的时间才能够恢复平静。无论是心境、热情，还是应激都是如此。同时，由于老年人形成了比较稳定的价值观以及较强的自我控制能力，所以他们的情绪、情感一般不会轻易因为一点点环境的变化而起伏变化。

(三)老年期的人格变化与适应性调整

个体进入老年期后，面临着一系列涉及人格发展的心理转变问题，老年人的身心健康状况在很大程度上取决于个体能否尽快适应这些变化。下面将从四个方面简述老年人需要面对的人格变化和适应性调整。

1.个人价值确认的转变。在青年和成年期，人们的自我价值确认往往来自个人对社会的贡献，以及别人对自己成绩的肯定。而老年人退休后则脱离了从前的人际圈和工作环境，所做的任何事情与原来的人际圈不再有任何关系，个人价值不再能够通过劳动或贡献来衡量，家庭和社会只是把老年人视为需要特别照顾的一类人。因此，进入老年期之后，如果还以年轻人的价值确认标准来衡量自己，老人很容易感觉自己被社会抛弃，丧失了被人需要的能力和自信。因此对于老年人而言，价值确认应转变为自我肯定和自我完善的标准。

2.从体能型向经验型的转变。年轻时，人的自我价值感往往是从自己的精力充沛和体力强壮等方面来体现，然而随着年龄的增长，体能的下降速度往往要比智能下降快得多。老年人常说“力不从心”，这说明一个已经在年龄上进入老年期的人往往还没有意识到自我价值的定位已经从体能型转向经验型。也就是说，在老年期最重要的价值是他丰富的经验积累和社会阅历，而不是年轻时的体能。如果老年人能很好地意识到这种转变，发挥自己所长，多用自己的知识经验和智慧来面对老年期的生活，甚至继续自己的工作，这样更有利于人们适应老年期，并且保持身心健康。

3.人生关注点的转变。在青年和成年时期，人的自我价值感往往从所拥有的权力和财富中获得，因此年轻人的关注点在事业上的成就，却很少关心自己的身体。随着所追求目标的实现和愿望的满足，以及年龄增长带来的体能衰退和疾病多发，老年人对身体健康的担忧和死亡的恐惧日益增长，身体成为关注的中心。老年人对权力和金钱的看法往往与以前有很大不同，他们比年轻人更能体会到生命和健康的宝贵。然而，如果一个人过分陷入这种以身体为生活中心的认识，则很容易产生悲观失望和恐惧心理。从心理健康的角度看，人们到了老年期，如果将自己的注意力转向更加丰富的精神生活、人际交往和创造性的活动，更有助于摆脱由身体衰弱带来的烦恼与恐惧，获得心理上的满足感。

4.对青年人态度的转变。刚刚退休的老年人往往会怨恨青年人。他们觉得正是成长起来的青年人威胁了他们的地位，夺去了他们的尊严。老人因为害怕丧失而怨恨青年人的心态，不仅不利于社会发展，而且不利于老人自己的身心健康。事实上，青出于蓝而胜于蓝才是社会发展的客观规律，因此具有智慧的老年人应该顺应客观规律，虚怀若谷，大胆地培养和扶持青年人，这样才能真正赢得青年人以及整个社会的爱戴与尊重，同时这也是继续为自己的事业和整个社会做出更好的贡献。

复习巩固

1.试简述本节中三种人格理论对老年人人格发展特征的基本观点。

2.对身边的老人进行调查，结合收集到的资料，说说进行生命回顾的意义和作用。

3.简单概括老年人的人格特征。

第二节　老年人的社会性

社会经验能否在一定程度上解释我们为什么老化？我们是否对老年人有某种模式化的印象？

人际关系中的亲密感是一种对他人承担情感及道德承诺的能力。亲密感会出现在友谊和爱情中，它要求坦率、勇气和伦理感，并且往往要牺牲一些个人偏好。其中，婚姻关系尤其重要，因为婚姻伴侣之间的相互支持贯穿我们一生。

一、老化的社会理论

在这里，我们主要介绍三种关于老年人社会性的理论——分离理论、活动理论和社会崩溃与重建理论。

长久以来，人们都认为老年人最好的生活方式是脱离社会。分离理论认为，由于老年人生活慢下来了，因此他们在逐渐地与社会相脱离。实际上，脱离是一种相互的运动，不仅仅是老年人在脱离社会，社会也在脱离老年人。根据这一理论，在社会性发展过程中，老年人会越来越注重自我关注，减少与他人的情感联系，同时对社会问题漠不关心。该理论认为减少与社会的接触，同时增加自我关注，这样可以提高老年人的生活满意度。分离理论认为，低士气往往伴随着高行动力，这种分离是不可避免的，他们正是在老年人中发现了这种分离。然而在后来的研究中证实，分离理论是不科学的。在老年期，如果人们继续很活跃、积极地生活，他们的生活满意感不仅不会下降，有些时候甚至还会上升。

与分离理论相对应的是活动理论。根据活动理论，越活跃、越愿意和其他老年人接触的老人，越容易对生活感到满意。活动理论认为个体在老年期也应该继续中年时的角色，如果必须放弃这些角色（比如退休等），那么找到某种替代角色就显得很重要，进而在新的角色中保持活跃并积极参与社会活动。

另外，还有一种老化的社会理论，即社会崩溃与重建理论。该理论认为由于社会对老年人消极的社会态度和缺乏关心和服务老年人的规定，使得老年人产生消极心理，从而加速老化。社会重建可以通过改变社会对老年人的态度和给老年人提供充分的支持体系得以实现。社会崩溃开始于消极的社会态度，结束于老年人最终认同自己是无能力的，如图 6-1 所示。与之相对，图 6-2 呈现了社会重建如何逆转社会崩溃的结果。社会崩溃与重建理论认为，社会应重建老年人的信心与适应技巧，这样能够避免老人社交生活的瓦解。

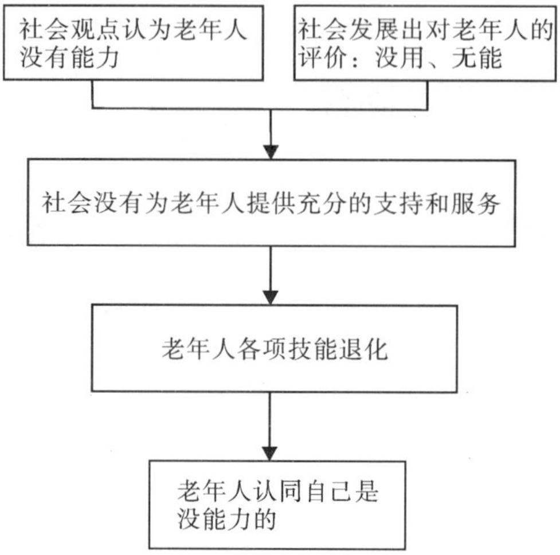

图 6-1　社会崩溃

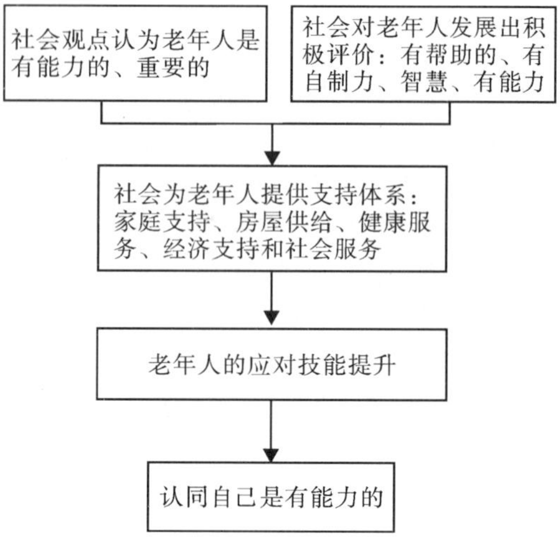

图 6-2　社会重建

社会活动理论和社会崩溃与重建理论都认为老年人远比人们认为的更具有能力。他们鼓励老年人积极主动地参与社会活动，这样能增加他们对生活的满意度，并对自己产生更多的积极看法。

二、对老年人的刻板印象

年龄歧视是指因为年龄而对某人产生偏见，这种偏见在老年人身上尤其明显，许多老年人都面临着一些令人感到痛苦的责备。

老年人一般很难找到新的工作，而且很容易由于年龄而被免职，因为人们往往认为老年人过于死板，同时能力不够。社会上人们会回避老年人，这可能是由于人们认为老人又衰老又无聊。还有一些人认为老年人就像小孩一样，用类似于“可爱”等词来形容老人。老年人可能会逐渐从家庭中被排挤出来，因为子女觉得他们体弱多病、又老又丑，像个寄生虫。总之，人们认为老年人糊涂、不能接受新鲜事物、无法为社会做贡献等等。如果想更进一步地了解相关现象，可以参阅本节“生活中的心理学”，试着评估自己对老年人的刻板印象以便进行一些调查研究。

生活中的心理学

对老年人刻板印象的评估

你有没有注意过电视和杂志上是怎样描绘老年人的？他们被统一描述成疲惫、丑陋、没用、多病、孤独，并且行将就木，有时也将老年人描绘得更积极一些，比如智慧、和蔼可亲，这也是对老年人的刻板印象之一。当今社会对老年人的刻板印象到底如何，随着社会老龄化的发展，人们对老年人的印象有没有随之改变？

如果感兴趣，你可以分析一些杂志（如《南风窗》《三联生活周刊》等）是如何描绘老年人的，然后再去图书馆找到几十年前的杂志，比较早期的杂志和如今的杂志分别是如何描述老年人的。人们对老年人的刻板印象或消极看法是减少了，还是仍然保持着原来的印象？通过比较不同时期人们对老年人的印象，你可以学着批判性地思考人的毕生发展问题。具体方法包括区分社会历史因素和文化因素以及鉴别个体差异等。

在已有研究中发现，青年、中年和老年人都对老年人有许多相同的模式化印象。所有年龄阶段的人都对老年人有以下七种印象：完美祖母、年长者、保守、机能衰竭、脾气坏、沮丧、离群索居。我们发现在这些印象中，积极印象和消极印象几乎数量相当。随着社会的老龄化发展，越来越多的人能够活到老年期，这使得人们对老年人的社会印象有所提升，社会也在为老年人提供更好的生活环境。

三、老年期的社会文化

在许多调查研究中发现，社会在总体上对老年人的看法是消极的，特别表现在老年人身体和认知能力的下降等方面。这种消极的世俗看法造成了对老年人的偏见，即“年龄歧视”。美国的一名记者为了了解人老了意味着什么，她假装成八十几岁的老人走上大街小巷。她带上厚厚的眼镜和耳塞，来减弱她的视力和听力；腿上缠绕着厚重的绷带使自己像其他老人一样行动困难；手上也缠上胶布，就像患了关节炎那样不灵活。这个“老人”打不开瓶子、写字困难、看不清楚路标、挤不上公交车……然而高速发展的世界冷落了她，在她需要帮助时，很少有人理会她，甚至人们会嘲笑她的衰老。我们可以想见，这种“年龄歧视”限制了老年人的机会，孤立了他们，强化了老年人对自己的消极看法。

但是随着社会的进步和发展，也由于越来越多的国家步入老龄化社会，社会对老年人的关注程度有所增加，也在逐渐改变对老年人的消极态度。而且由于集体主义的社会文化和尊重老人的民族传统等因素，生活在中国和日本的老年人的社会地位一直都普遍高于其他国家。在中国的民族传统和社会文化下，一般而言老年人在家庭中具有较高的地位，子女很少会让老人独自一人生活。虽然现在人们几乎都是三口之家的小家庭生活，但是照顾老人和赡养老人依然是社会赞许的美德。在日常生活中的许多方面我们都可以看到家族和社会对老年人的尊重，比如吃饭时老人要坐主位、年轻人要向长辈问好、公交车上人们会主动给老人让座等等。

为什么东西方文化中，老年人的社会地位有如此大的差别？具体是社会文化中的哪些因素支持着东方文化中人们对老年人的普遍尊重？根据已有研究，可以总结出老年人能否获得较高的社会尊重取决于社会文化中的以下六个因素：

1.老年人有宝贵的知识经验；

2.老年人掌控着主要的家庭或社会资源；

3.允许老年人长期从事社会工作；

4.拥有贯穿一生的连续性角色；

5.老年人是完整家庭生活中的一部分；

6.社会文化更倾向于集体主义，而非个人主义。

四、家庭与社会关系

老年人婚姻关系的本质是什么？他们的友谊和社会关系网的实质是什么？这些都是涉及老年人家庭和社会关系的重要问题。

（一）家庭

婚姻由爱情关系发展而来，心理学上认为爱情包括三个组成部分：热情，即对某人的强烈心理渴望；亲密感，即可以分享所有的想法和行为；责任感，即愿意陪伴彼此同甘共苦。真正幸福的婚姻，应该拥有以上三者，但随着时间流逝，每部分所占的比重在不断变化。

以上三种成分的不同组合可以帮助人们理解老年期婚姻关系的发展。年轻时的恋人对彼此通常有很高的热情，但是亲密感和责任感会比较低。随着关系继续发展，逐渐形成友好的爱情关系，其中亲密感和责任感越来越重要。激情的爱就像一朵脆弱的花，会随着时间而凋谢；友好的爱则是一株常青树，接触越多越繁茂。一般来说，年轻夫妇看重爱情关系中的热情，而老年夫妻则更关注亲切感和忠诚度。

关于婚姻满意度的研究发现，随着年龄的增加，人们的婚姻满意度呈U型曲线形态。婚姻满意度在新婚时最高，之后一直下降直到孩子离开家，在老年期再一次升高。

子女是家庭关系中的另外一个重要组成部分。进入老年期后，子女完全成熟，作为父母的老年人必须接受孩子已成熟的现实，而不能再以自己的希望要求他们。因而在这个阶段父母完全失去了对子女的控制。这时，子女或许已经有了自己的孩子，开始以客观的眼光认识自己年迈的父母，开始意识到父母的身体日益衰弱，开始能够自觉地照顾父母。两代人之间逐渐开始形成一种互相帮助的交往模式，祖父母帮助照看孙辈的同时既享受天伦之乐，也在某种程度上体现出自己的价值。

已有研究对维持婚姻持久性的影响因素进行了调查研究，要求表示自己婚姻幸福的夫妻列出他们婚姻长久的原因，并根据它们的重要程度进行排序。结果发现，最重要的几条是：将配偶视为自己的朋友、喜欢对方、认为婚姻是一种长期的承诺、夫妻有共同目标等。总之，改变个体的生活方式来适应对方，学习如何处理老年期可能出现的生活变化，比如生病、退休等，是幸福婚姻的秘诀。

（二）成为祖父母

成为祖父母对于大多数人而言是一件激动人心的事情，这代表个体又获得了一个新的角色。大约四分之三的65岁以上的老年人都有至少一个孙子或孙女，而且大多数老人都会定期和孙辈接触。大约80%的祖父母提到，在祖孙关系中感觉到快乐，大多数祖父母认为当爷爷奶奶比当爸爸妈妈更容易些，而且也更享受。在一项研究中发现，祖父不如祖母在祖孙关系中的满意感高，中年祖父母（45～60岁）比老年祖父母（60岁以上）更愿意把照顾孙辈视为自己的责任。

祖父母角色具有重要的意义，研究表明老年人可以从祖父母角色中获得一些积极的意义，大致可以分为以下五种：中心角色，即祖父母角色在其全部生活中的重要程度；作为长者的价值，即是否认为自己是有智慧、有用的人；在家族中的地位，老人们更希望自己能够被整个家族和后代记住，至少被自己的子女和孙辈记住；回忆和再次参与自己的过去，自己成为祖父母之后，老人们往往会回忆起自己小时候和祖父母在一起时的场景，并重新体验和他们的关系；获得愉悦感，即老人们和孙辈一起玩耍、娱乐时获得的满足感。

在不同的家庭、文化和情境中，祖父母可能扮演着不同的角色。祖父母角色间的差异也在一些关于祖父母与他们自己的祖父母之间关系的调查研究中得到印证。祖父母与孙辈的接触方式主要有三种：正式型、娱乐型和疏远型。正式型的祖父母扮演着他们认为合适的、符合规矩的角色。这类祖父母对孙辈有强烈的兴趣，同时不会过多干涉其父母该尽的养育义务。娱乐型的祖父母不那么严肃，而且爱玩，照顾孙子孙女是他们的一种休闲活动。大部分祖父母都是疏远型，这种祖父母是亲切仁慈的，但是不经常和孙辈接触。超过65岁的祖父母更容易和孙辈成为正式型的关系；65岁以下的祖父母更多的是娱乐型。

（三）友谊

像其他亲密关系一样，友谊也需要时间来培养。友谊的发展分为三个阶段，每个阶段对应着不同的个体卷入水平。第一阶段仅仅是有共同的认识，彼此注意到对方并会做出一些判断。第二阶段朋友之间开始有一些自我表露。在前两个阶段中人们相互熟识、彼此了解。对于真正的友谊，第三阶段是必不可少的，即亲密阶段。在这一阶段，伴随出现与亲密友谊有关的一系列人格特征，比如诚实、真诚、情感支持等。

平均而言，人们在年轻时比其他任何年龄阶段都有更多的朋友。在友谊的发展过程中，我们会发现随着年龄增长，我们身边的亲密朋友越来越少，到了老年期更是寥寥无几，其中一个原因就是随着年龄增长，老年人的朋友可能都相继去世了。尽管朋友数量减少了，但友谊在老年期显得格外重要。老年人的生活满意度很大程度上不是取决于与年轻人或家人的接触，而是与朋友相互来往的频率和质量。

为什么对老年人而言，朋友如此重要？一些心理学者认为其中一个原因可能是，老年人担心自己会成为家人的负担，因此他们更愿意和朋友相互扶持着，独立于家庭而生活。这种互助是老年期友谊的关键之处。

年纪大的人,由于其配偶可能不在人世、子女不在身边或不容易沟通,会导致老年人往往缺乏分享内心深处想法的对象。因此,他们对友谊的需求相当强烈。“老友”是老年人生活中不可欠缺的一部分。所谓老友就是同年龄、同背景的老朋友。由于年龄相仿、背景相同,他们彼此间最容易沟通,最能相互了解。老年期友谊的需求相当强烈,因此老年人的子女应鼓励他们走出家庭,多参与社会活动,多结交朋友或与朋友多联系和来往。如此,老年人的生活才会充实并感到愉快。

图 6-3　**老友**

(四)社会支持

进入老年期以后,老人面对着许多重大的生活改变,如退休、丧偶等。老年人应对这些重大生活改变能力的关键来自家庭、朋友和社会的支持。尽管不能避免压力,但是社会支持可以帮助老年人积极应对这些重大事件。社会支持可以帮助老年人调整自己,进入新的角色,开始新的兴趣和生活方式。

老年人在退休后,因为家人、朋友的搬迁或去世,可能会体验到越来越多的孤独感。养宠物、去超市买东西或是偶尔去亲戚家串门这类社会活动并不能完全使老年人在情绪上体验到充实,因此可以鼓励老年人加入一些社团,与同龄人形成更频繁的社交往来。老年社会团体会组织丰富多样的活动,比如合唱、舞蹈、书法、美术、旅游等,这些活动有助于老年人克服孤独感。

除了参加老年社会团体,也有许多退休老人选择进入老年大学。近年来,老年大学的数量在中国大幅度增加。在那里有专业的老师教授各种才艺,老人们有的重拾年轻时的兴趣爱好,有的学习新的才艺技能,在这里既可以丰富业余生活,也可以找到志同道合的朋友。中年期承担着重大的工作压力而没能实现的愿望,都可以在退休后得到补偿。许多心理学家都鼓励老年人接受再教育,通过学习和训练等活动保持与社会的接触。“活到老,学到老”不仅能以有益的活动填补老年人退休后产生的空虚感,增加老年人的人际交往能力,同时也能使他们的智力继续得到锻炼,防止智力衰退。

另外，老年社会工作已经成为一种新兴行业。老年社会工作者的积极帮助和辅导，可以帮助老人积极正确地对待老化和各种疾病，正确评价自身的健康状态，对自己的身体持健康乐观的态度，做到定期检查、早发现、早治疗。鼓励老年人走出家庭，走向社会，积极参与社会活动，丰富自己的休闲生活。

复习巩固

1.列举老年人的社会性发展理论。
2.人们对老年人的刻板印象包括哪些？
3.简单概括成为祖父母对老年人的积极意义。

第三节　人格和社会性发展与老年人幸福感

在我们的生活中，有一些人总是悲伤或不快乐，也有一些人总是很快乐。这在很大程度上是人格导致的。在预测主观幸福感时，人格因素即使不是最好的预测指标，也是最可靠的预测指标之一（郑雪，2007）。幸福感具有跨情境的一致性和跨时间的稳定性，因此，可以把幸福感本身看成是一种人格特质。

另外，人们与他人的关系也是影响幸福感的重要因素之一。良好的人际关系和稳定的亲密感使人们容易感受到愉悦的心情，而孤独或人际关系恶劣的人则往往幸福感水平较低。法国社会学家迪尔凯姆认为，社会成员所共同拥有的情感总体即“集体意识”将人们联结在一起，并使社会秩序得以确立和维持。

本节将从三个方面来探讨人格和社会性发展与老年人幸福感的关系，以了解并帮助老年人获得幸福指数更高的晚年生活。

一、自我控制感与幸福感

在各个年龄阶段，自我控制感都是心理状态的一个重要预测指标。为什么人们如此重视自我控制感？我们先来了解什么是自我控制。试想你在考试中没有取得你以为能够得到的成绩，这是你的错吗？还是考试题目太难了？对这类问题的回答隐含着人们的态度和行为倾向。我们分析事件成因的最重要方式就是考虑什么人或事是可控的。自我控制是指个体相信依靠自己本身可以完成某事的程度。有高自我控制感的人相信事情的成败取决于自己，而低自我控制感的人则认为能否完成某事更多地受到外在力量的影响。控制点是指人们认为哪些事情是可以实现的。自我控制具有多维性，一般情况下老年人既承认外界对其行为的重要影响，同时也相信自己能够掌控一些事情。

心理控制点的概念反映着人们对行为与未来事件之间关系的期望，并反映人们内部控制和外部控制的倾向性。我们可以做一个简单的小测验：你认为是人定胜天，还是成事在天？认为控制力量集中在外界的人更相信行为结果是由自己行为以外的因素（如他人、命运、环境等）造成的；而认为控制力量存在于内部的人，则更倾向于把行为结果看作是自己行为本身所决定的。通常内部控制倾向的人在各个方面表现得更好，更能很好地应对压力，生活幸福指数更高。这正说明了，高的自我控制感能带来高的幸福感。而外部控制倾向的人经常受到压迫，经历过多次不受自身控制的伤害后，更容易感到沮丧和无助。在任何集体中，控制权少的人积极性低，压力感大，也容易出现更多的健康问题。

幸福感的产生并不是因为你能得到什么，而是你能控制什么。人们常说，成为自己的主人才是最幸福的。为自己做决定很大程度上体现在有效地管理和支配自己的时间，那些不能计划和充分利用自己时间的人，他们睡懒觉、看电视剧、无所事事，结果只会留下无聊和空虚感；而对另一些人而言，时间是有计划的、充实的，他们总能快速而高效地完成工作，他们也为自己对时间的控制权感到自信和快乐。另外，有研究表明，提高人们的自我控制感能显著地改变他们的健康状况和活力，从而提高人们的幸福感。例如，耶鲁大学心理学家罗丹（Judith Rodin）在研究中鼓励病人自己选择生活环境，提高他们的自我控制感。结果表明，90％以上的病人开始变得更活泼、更快乐。

总之，多数的研究结果都认为内控者的主观幸福感更高。因为内控者有较好的应激方式，他们试图去改善目前的情境，而不像外控者那样逃避现实。凡是能解决各种问题的人，他们的主观幸福感都是较高的。就像阿罗等人（Arrow et al.，1992）所说，抑郁者并不是一个抑郁的人，而是认为世界不可控制才导致抑郁。

因此我们鼓励老年人在自我能力范围内尽量自己安排生活，合理支配时间，多做一些有兴趣、有意义的事情，比如体育锻炼、发展兴趣爱好、朋友聚会、做力所能及的家务，以及照顾孙辈等。通过提高自我控制感，既能够继续实现个人价值、发挥作用，同时也能得到家人和朋友更多的认可和尊重，进而提高老年人的幸福感水平。与此同时，子女们也应该更正确、合理地表达对老人的孝心。并不是所有事情都为老人考虑到、什么事情都不让老人去做就是好的，这样反而会使老年人容易陷入消沉。相反，作为子女，应该多带老年人接触新鲜事物，不要让老年人觉得自己已经被这个世界抛弃了，提高老年人对自己和对外界的了解并进而提高自我控制感才是提高其主观幸福感的有效途径。

二、认知模式与幸福感

认知理论认为，人们对奖赏和惩罚信息的加工方式决定着幸福感，而不是这些刺激本身。也就是说，人们加工愉快信息和不愉快信息时的精确性和速度差异导致了不同水平的幸福感，那些能够回忆出更多积极刺激的人更容易认为他们是幸福的。就像荣格曾经说过的那样，老年人总要经常重温他们年轻时代的辉煌事迹，想靠着回忆他们年轻时代的英勇事迹来燃旺他们的生命火焰。

斯切尔和卡万(Schreer & Cavan，1985)提出的乐观理论也支持着认知加工方式会影响人们的幸福感的观点。他们认为乐观代表了人们期待有利生活结果的普遍趋势，那些相信自己的行为将产生有利结果的人更容易坚持自己的行为，而那些认为无法避免失败的人则会更多地放弃努力，从而与他们最初的目标渐行渐远。这是一种对未来的积极思维效应，生活态度积极乐观的人更容易获得成功，而且这似乎已经形成了一种良性循环，因为积极思维所以成功，因为成功所以更容易体验到幸福。

由于世俗普遍上对老年人的消极态度，人们往往会害怕变老，老年人也会因此而体验到自卑和与外界的疏离。无论是老年人本身，还是整个社会都应该改变对老年期的认识。事实上人们都希望自己能够到达那个年龄，既然如此我们本就不该对老年人显示出怜悯、同情，甚至是斥责。西塞罗在《论老年》一书中写道："大事业的成就不是靠筋肉、速度或身体的灵巧，而是靠思想、人格或判断。在这几点上，老年人不但不比别人差，而且比别人好。"人们一直在可怜老年人衰老的身体和不灵活的行动能力，但却忽略了长久的人生经验带给老年人的思想和智慧，这是多数年轻人无法企及的人生境界。

如果整个社会，尤其是老年人自己，都能改变传统观念对老年人的消极认知，完整而积极地评价老年期，尊重老年人的智慧，那么老年人应该更容易体验到幸福感。

三、一致性模式和社会比较论

一致性模式认为个体的人格特征与社会情境相适合的人幸福感较高。比如外向人格特征的人在社会活动丰富的环境中感觉更快乐，而内向的人则更喜欢生活在安静平稳的环境中。因此，一方面老年人和家人要努力创造与自身人格特征相一致的生活方式，另一方面老年人也要尽可能地继续完善自己的人格来适应那些自己无法左右的社会环境。

社会比较论则认为人们与社会中其他个体或群体的比较会影响人们的幸福感。"比上不足，比下有余"这句中国俗语很恰当地阐释了社会比较对幸福感的影响。具体而言，在进行比较时，当参照点与个体目前情况相似时，向下比较会提升幸福感，相反向上比较会降低幸福感。向下比较是自我增强的，因为它可以使个体感受到自己的优势；向上比较是自我威胁的，因为它可以使个体看到自己的缺陷和不足。根据社会比较对幸福感的不同影响，可以将社会比较划分为有利的社会比较(向下比较)和不利的社会比较(向上比较)。

老年人出于自尊的需要，常常会和其他人进行社会比较，尤其是和邻居、朋友之间进行比较。他们只有全面地评价和认识自我和他人才能使这种社会比较产生积极作用。对老年人的评价标准是多维的，包括老年人自身的成就、老年人子女后代的成就以及身体健康状况等方方面面。大多数人都会有其长处也有其短处，因此在进行社会比较时要全面整体地评价，不要过分自负也不能妄自菲薄。

另外，老年人在与人交往中应该正确地把握生活目标和社会比较内容，以积极向上的互动模式进行朋友间的比较，从而实现共同的利益，比如结伴锻炼身体、参加社会活动、旅行等等。这些积极向上的生活目标和社会比较有利于老年人幸福感的提升。

复习巩固

1.简述自我控制感和老年人幸福感的关系。

2.简述老年人的认知模式与幸福感的关系。

3.综合本节内容，谈谈如何提高老年人的主观幸福感。

拓展阅读

小测试——你能活到100岁吗？

这个测验可以粗略地预测你能活到多少岁。我们假定男性的基本寿命预期是71岁，女性是78岁。首先，请写下你的基本寿命预期。如果你已经到了60岁，那么你可以增加10年的基本寿命预期，因为年龄在一定程度上已经证明了你身体相对健康。如果你已经超过了60岁，并且仍然保持活力，那么你可以再在基本寿命预期上增加2年。

你的基本生命预期________

接下来，请判断下列项目与你生活的相符程度，据此在基本生命预期的基础上增加或减少预期年龄。

1.家庭背景

如果有两个或两个以上祖父母活到80岁以上，加5年。

如果在父母、祖父母或兄弟姐妹中有任何人在50岁之前死于心脏病发作，减4年。

如果在父母、祖父母或兄弟姐妹中有任何人在60岁之前死于心脏病发作，减2年。

如果在父母或祖父母中有人患有糖尿病、甲状腺疾病、乳腺癌、消化系统的癌症、哮喘或慢性支气管炎，减3年。

2.婚姻状况

如果你已经结婚了,加4年。

如果你已经超过25岁,而且还没有结婚,以10年为单位,每10年减1年。

3.经济状况

如果你家庭年收入超过60,000元,加2年。

如果你生活中大部分时间都感觉穷困,减3年。

4.体格

每超重10磅,减1年。

腰围每超过胸围1英尺,减2年。

5.锻炼

如果有规律而适度的锻炼,加3年(例如,每周慢跑3次)。

如果定期锻炼,而且精力充沛,加5年(例如,长期坚持每周跑步3次)。

如果你从事久坐的工作,减3年。

如果你的工作需要经常活动,加3年。

6.酒精

如果少量饮酒,加2年。

如果酗酒,减5—10年。

如果滴酒不沾,加1年。

7.吸烟

如果每天吸烟两包或两包以上,减8年。

如果每天吸烟少于两包,减2年。

如果经常吸烟斗或雪茄,减2年。

8.个性

如果你是理性而实际的人,加2年。

如果你容易着急,好胜心强,减2年。

如果你对生活基本满意并感觉快乐,加1—5年。

如果你经常感觉不快乐、担忧或内疚,减1—5年。

9.教育

高中以下学历,减2年。

高中毕业后继续接受4年教育,加1年。

高中毕业后继续接受5年或5年以上教育,加3年。

10.环境

如果你大部分时间都生活在乡下,加4年。

如果大部分时间都生活在城市,减2年。

11.睡眠

如果每天睡眠超过 9 小时,减 5 年。

12.温度

如果室内温度始终不超过 36℃,加 2 年。

13.卫生保健

如果有定期的体检和口腔保健,加 3 年。

如果你经常生病,减 2 年。

最终,你的预期寿命是________

本章要点小结

1.人格特质理论认为老年期人格具有稳定性,可能只会出现微小的改变。科斯塔和麦克雷的特质理论模型有三个基本原则、五个独立的人格维度,其中每个维度包含六个方面来反映其主要特征。

2.埃里克森的心理发展阶段理论认为人生包含八个阶段的发展,老年期是人格发展的最后一个阶段,这一阶段的心理社会危机是自我实现对悲观失望。匹克把"自我实现对悲观失望"又具体划分为三种发展任务。

3.托马斯的人格认知理论认为成年期的人格改变不会减弱,能否改变则取决于我们对改变的渴望程度。其理论包括三个假设。

4.生命回顾是老年人格发展理论中一个普遍的主题,包括回忆自己的生活经历、对这些经历进行评价、解释这些经历以及通常会对这些经历进行重新解释。

5.老年人的个性心理特点主要是更加成熟、年轻时的某种性格特征的显现以及与年轻时个性特征相反的变化。

6.老年人在情绪情感上的特点是容易产生消极的情绪情感体验;情绪情感体验通常比较深刻;持续时间较长,但情绪情感不会轻易起伏变化。

8.在老年期人格的变化与适应性调整上,包括四点内容:个人价值确认由他人肯定到自我确证、自我完善的转变;由体能向脑力的转变;人生关注点由成就转向身体健康和心理世界;顺应客观规律,帮助培养和扶持年轻人。

9.老化的社会理论包括分离理论、活动理论和社会崩溃与重建理论。

10.对老年人的七种刻板印象:完美祖母、年长者、保守、机能衰竭、脾气坏、沮丧、离群索居。

11.老年期的社会文化观念总体上是消极的。但是在中国的传统社会文化下,一般而言老年人在家庭中具有较高的地位。

12.爱情包括三个组成部分:热情、亲密感、责任感。在不同年龄阶段,每部分所占的比重在不断变化。

13.婚姻满意度呈U型曲线,婚姻满意度在新婚时最高,之后一直下降,在老年期再一次地升高,老年人的婚姻满意度水平相对较高。

14.维持婚姻持久性最重要的几条是:将配偶视为自己的朋友、喜欢对方、认为婚姻是一种长期的承诺、夫妻有共同目标等。

15.祖父母角色具有五种积极意义:中心角色、作为长者的价值、在家族中的地位、回忆和再次参与自己的过去、获得愉悦感。祖父母与孙辈的接触方式主要有三种:正式型、娱乐型和疏远型。

16.友谊在老年期格外重要。由于年龄相仿、背景相同,老友之间最容易沟通,最能相互理解。老年期友谊的需求相当强烈,老人们应与朋友多增加联系和来往。

17.老年人应对重大生活改变能力的关键来自家庭、朋友和社会的支持。社会支持可以帮助老年人调整自我,进入新的角色,开始新的兴趣和生活方式。

18.人格和社会性发展特征会影响到老年人的幸福感。在自我控制感上表现为内控特点的人主观幸福感更高;完整而积极地评价老年人的认知模式有助于提升老年人的幸福感;当个体的人格特征与社会情境相适合时,人们的幸福感较高;积极向上的生活目标和社会比较有利于老年人幸福感的提升。

关键术语表

人格特质	personality trait
自我发展	ego development
生命回顾	life review
分离理论	disengagement theory
活动理论	activity theory
社会崩溃与重建理论	social breakdown and reconstruction theory
刻板印象	stereotype
社会支持	social support
自我控制	personal control

选择题

1.平常我们描述一个人平静、独立或友好时，我们是在使用（　　）。

A.人格特质理论

B.Erikson 的心理发展阶段理论

C.Peck 的心理发展阶段理论

D.认知理论

2.下列哪些是 Costa 和 McRae 的特质理论模型所包括的人格维度（　　）。

A.神经质

B.外向性

C.一致性一对抗性

D.随和性

3.哪些人的理论关注自我发展，认为自我发展是人格发展的基础（　　）。

A.Freud　　B.Skinner

C.Erikson　　D.Jung

4.Erikson 认为老年人面临的主要心理社会危机是（　　）。

A.自主对自我怀疑

B.亲密对疏离

C.再生对停滞

D.自我实现对悲观失望

5.Peck 把“自我实现对悲观失望”又具体划分为三种发展任务，包括（　　）。

A.分化对角色关注

B.再生对停滞

C.自我超越对自我关注

D.身体超越对身体关注

6.老年人的情绪情感特点包括（　　）。

A.会出现消极变化

B.情感体验比较深刻

C.不会轻易因为一点点环境的变化而起伏

D.持续的时间较长

7.老年人需要面对哪些适应性调整？（　　）

A.个人价值确认的转变

B.体能向脑力的转变

C.人生关注点的转变

D.对青年人态度的转变

8.下列哪种老化的社会理论认为个体在老年期也应该继续中年时的角色，而不是减少与社会的接触？（　　）

A.分离理论

B.活动理论

C.社会学习理论

D.社会崩溃与重建理论

9.下列哪项不是老年人能否获得较高的社会尊重的社会文化因素？（　　）

A.社会文化更倾向于个人主义

B.社会文化更倾向于集体主义

C.老年人是完整家族生活中的一部分

D.老年人有宝贵的知识经验

10.爱情包括（　　）三个组成部分。

A.热情　　B.亲密感

C.责任感　　D.物质

11.祖父母与孙辈的接触方式主要有（　　）。

A.正式型　　B.娱乐型

C.溺爱型　　D.疏远型

12.下列哪种老年人更容易体验到幸福感？（　　）

A.自我控制属于内部控制倾向

B.自我控制属于外部控制倾向

C.积极地评价自己所处的老年期

D.人格特征与社会情境相适合

第七章　老年人的心理健康与维护

随着年龄的增长,老年人的身体状况会越来越糟糕,老年人的心理健康问题也随之越发突出。那么什么是老年心理健康?它的判断标准和影响因素又有哪些?家庭是怎样影响老年人心理健康的?面对一些常见的老年心理问题,如老年痴呆、老年抑郁、老年焦虑,它们的主要症状和表现是什么?又如何进行防治?在日常生活中,应该怎么样对老年人的心理健康进行维护?本章主要介绍老年人的心理健康的概念和标准,家庭对老年人心理健康的影响,老年人的常见心理卫生问题,老年人心理健康的维护等方面内容。

第一节　老年人的心理健康概述

一、心理健康的概念

心理健康(mental health)也称心理卫生，到目前为止，心理健康与不健康之间没有一个确定、绝对的界限，心理健康的概念也随着时代的变迁、社会文化因素的影响而不断变化。20 世纪中期，人们普遍认为“没有疾病就是健康”；至 1977 年，世界卫生组织将健康概念确定为“健康不仅仅是没有疾病、身体强壮，而是身体、心理和社会适应的完满状态”；到 20 世纪 90 年代，健康的含义纳入了环境的因素，即健康为“生理—心理—社会—环境”四者的和谐统一；进入 21 世纪，“健、康、智、乐、美、德”六个字组成了更全面的“大健康”概念，它成为幸福人生的更佳境界。

人格心理学家奥尔波特(G.W.Allport)认为健康的人不被潜意识所控制和支配，健康的个体在理性的和有意识的水平上活动，指引这些活动的力量是个体完全能够意识到的，并且是可以控制的。

美国当代心理学家马斯洛(A.Maslow)认为极度健康的人(自我实现者)有更高级的需要：实现他们的潜能，认识并理解他们周围的世界，他们有成为具有完美人性以及实现他们全部潜能的“超动机”，他们的目的是扩大和丰富生活经验，在现有的生活上增进快乐和欣喜，即自我实现。

综合前人观点，从广义上讲，心理健康是一种高效而满意的持续的心理状态。从狭义上讲，心理健康是指人的基本心理活动的过程内容完整、协调一致，即认识、情感、意志、行为、人格完整协调，能适应环境，与社会保持同步。

二、心理健康的标准

然而，到目前为止仍然没有一个全面而确定的心理健康标准，因为不同的理论流派、不同的学者的观点不尽相同。其中影响较大的有马斯洛(Maslow)和密特尔曼(Mittelman)提出的心理健康的十条标准。此外，我国学者许又新的观点也得到了广大学者的认同。

(一) 马斯洛提出的心理健康十大标准

美国心理学家马斯洛于 1951 年提出了判断心理健康与否的十条标准：(1) 具有充分的自我安全感；(2) 能充分地了解自己，并对自己的能力作适当的估价；(3) 生活目标切合实际；(4) 不脱离周围现实环境；(5) 能保持人格的完整与和谐；(6) 善于从经验中学习；(7) 能保持良好的人际关系；(8) 能适度地发泄情绪和控制情绪；(9) 在符合集体要求的条件下，能有限度地发挥个性；(10) 在不违背社会规范的前提下，能恰当地满足个人的基本需求。

(二)我国心理学家对心理健康的界定

在我国数千年的医疗实践中，人们历来重视心身关系。如《易经》中八卦的“对立统一”观、《黄帝内经》中的“天人合一”观以及“形神合一”观等都有关于心身关系的论述。

许又新(2000)提出了衡量心理健康的体验标准、操作标准和发展标准。

(1)体验标准是指以个人的主观体验和内心世界为准，主要包括良好的心情和恰当的自我评价。如果一个人经常受不愉快情绪左右，看问题就容易偏执，轻者工作热情和效率低下，无所作为，重者难免对事或人的行为反应过分；相反，如果经常保持愉快的情绪，则容易调整负性情绪。

恰当的自我评价是指个体对自身的优点和缺点有着恰如其分的评价和态度。恰当的自我评价是个体待人处事的基础，是心理健康的重要层面。缺乏自知之明者往往把不愉快归咎于他人和客观因素，看不到自己错误的认知态度导致的不良影响。

(2)操作标准是指通过观察、实验和测验等方法来考察心理活动的过程和效应，其核心是效率，主要包括个人心理活动的效率和个人的社会效率或社会功能(如工作及学习效率高、人际关系和谐等)。各种心理能力，从知觉速度到行为反应的准确度，从记忆功能的强弱到思维的敏捷程度，都可以作为心理能力的指标来判断个体的心理健康程度。

(3)发展标准着重对人的心理状况进行时间纵向(过去、现在与未来)考察分析。发展标准指个体有向较高水平发展的可能性，并且伴有为实现其可能性而进行切实可行的行动措施。实际年龄和心理年龄的一致程度是衡量个体心理健康的重要标准。

许又新认为衡量心理健康时不能孤立地考虑，要把这三种标准联系起来综合考察。

三、老年人常见心理问题

个体进入老年后，不仅生理上发生很多正常变化，机体、各脏器(包括大脑)都开始逐渐老化，如行动不便、视力听力下降、免疫力下降、皮肤起褶皱等，同时在心理上也发生着一系列变化。

1.感知觉下降。不能对事物做出正确的反应和判断，如大小、长短不分，远近混乱，经常听错话、说错话、做错事。

2.情绪不稳定。老人情绪波动较频繁，对周围的很多事物都看不惯、心烦，常会因为小事而大发脾气，多愁善感；有的常常自以为是、固执己见；而有的老年人则变得压抑苦闷、情绪低落、郁郁寡欢，对很多事都表现得淡漠，提不起兴趣。

3.智力、记忆力下降。老年人的精力和脑力不足，对于抽象概念的理解、分析、概括和计算能力都开始下降，容易出错；除此之外，老年人的记忆力也开始下降，忘记熟人的名字，东西放下就忘，经常要找各种东西。

4.性格改变。首先，说话开始重复，容易固执己见，想法很难转变。第二，在心理上"返老还童"，有些老人随着年龄增长，心理和行为会变得像小孩一样，行为变得幼稚，思维简单，情绪控制能力也变差。如在自己的亲戚、朋友面前蛮不讲理，对生活中的事物表现出前所未有的兴趣和好奇心，喜欢和孩子们一起玩，贪吃零食，变得自私贪婪、爱占小便宜等。

5.意志异常。做事经常反复无常，盲目行动，常常虎头蛇尾。

四、老年人心理发展的主要矛盾

老年人的心理健康问题往往不是由单一的原因引起的，它掺杂着老年人自己与自己的冲突、自己与他人的冲突以及与社会的冲突。

（一）老有所为与身心衰老的冲突

具有较高的价值观念和理想追求的老年人，通常在他们离开工作岗位之后，都不甘于清闲。他们渴望在有生之年，能够再为社会多做一些工作。然而，很多年高志不减的老年人，身心健康状况并不理想，他们或者机体衰老严重，或者身患多种疾病，甚至有些老人的感知、记忆、思维等心理能力也迅速衰退。因此，这些老年人在志向与衰老之间形成了矛盾，甚至有可能为此而陷入深深的苦恼和焦虑之中。

（二）角色转变与社会适应的冲突

退休、离休虽然是一种正常的角色变迁，但不同职业群体的人，对离退休的心理感受是大不一样的。对北京市离退休干部和退休工人的对比调查发现，工人退休前后的心理感受变化不大。他们退休后有更充裕的时间料理家务、消遣娱乐和结交朋友，并且有足够的退休金和公费医疗，所以内心比较满足，情绪较为稳定能良好地适应社会；但离退休干部的情况就大不相同了，这些老干部在离退休之前，有较高的社会地位和广泛的社会联系，其生活的重心是机关和事业，在离休、退休之后，老年人的生活重心变成了家庭琐事，广泛的社会联系骤然减少，这使他们很难适应。

（三）安度晚年与意外刺激的冲突

老年人都希望安度晚年，但这种美好愿望与实际生活中的意外打击、重大刺激往往形成强烈的对比和深刻的矛盾。假如一位老人突然遭遇丧偶的打击，若是缺乏足够的社会支持，会很快垮掉，甚至导致早亡。据统计，居丧老年人的死亡率，是一般老年人死亡率的7倍。除丧偶之外，夫妻争吵、亲友亡故、婆媳不和、突患重病等意外刺激，也会对老年人的心理造成严重创伤。

（四）老有所养与经济保障不充分的冲突

缺乏独立的经济来源或可靠的经济保障，是老年人心理困扰的重要原因。一般来说，由于缺乏经济收入、社会地位不高，这类老年人容易产生自卑心理，他们性情郁闷、处事小心、易伤感。如果受到子女的歧视或抱怨，性格倔强的老年人甚至会滋生一死了之的念头。

生活中的心理学

五十岁才到中年

新中国成立前，我国的人均寿命为 35 岁，如今达 76 岁。由此可见，人到七十已不稀。记得臧克家先生在给诗人艾青 80 寿辰时的祝词中说："八十是少年，九十是青年，百岁是中年，一百五十岁是老年。"也许有些诗人的夸张成分，但当今百岁老人已不鲜见。早在 1990 年，我国百岁老人就逾 6000 人。目前，法国百岁老人有 6200 人，日本达 1 万多人，我们姑且认为 50 岁是中年也不过分。

医学专家研究的资料表明：人的寿命可延至 120～150 岁。当然，想要活到 150 岁，必须有良好的生存环境，它包括社会大环境和家庭小环境。在这方面，日本的做法很值得借鉴。1998 年 8 月 28 日，日本厚生省公布的《1997 年简易生命表》表明，日本人男女的平均寿命均居世界第一。其主要原因就是生存环境好，绿化称雄于世，培育了无污染的作物和禽畜，居民区无滚滚尘烟；家庭和美，老人多与子孙共处；良好的社交环境，老人受年轻人尊重，年轻人善学习且乐于助人。从我国人口调查资料中也不难看出，凡是百岁老人，其所处生存环境良好、家庭和睦、心情舒畅。因此，现代医学认为，心情愉悦可以推迟人体的衰老。

尽管当今人类平均寿命与百岁的目标仍有很大差距。但是，就我国人均寿命而言，新中国成立后的 50 年间，人均寿命翻了一番多。随着社会的文明进步，人口素质的提高，人过百岁，并非幻想。当然，这需要政府和民众的共同努力。值得一提的是，我们有必要重新认识老的含义，用心理的年轻战胜生理的衰老，不断提高生命质量，注重心理养生，保持心理健康，达到延年益寿的目的。

复习巩固

1.试简述心理健康的概念。

2.简述许又新提出的衡量心理健康的标准。

3.老年人常见的心理问题有哪些？

4.老年人心理发展的主要矛盾有哪些？

第二节　家庭与老年人的心理健康

老年人退休以后，家庭成为他们主要的活动场所。家庭的结构、家庭成员之间的关系以及老年人在家庭中的地位等都会影响老年人的心理健康。特别是居住在“空巢家庭”中的老年人，由于退休后与社会接触较少，就会加快他们精神上的衰老，思维能力和判断能力也会迅速衰退。

一、成年亲子关系与老年人的心理健康

亲子关系在生命进程中是不断发展变化的，具有阶段性和连续性，从子女依赖父母到子女成年独立于父母的平行关系，再到父母转而依赖其成年子女，关系的方向由纵向到横向再到纵向。成年亲子关系是代际关系的重要组成部分，其对老年人的心理健康有重要的影响。

(一)亲子关系与老年人积极心理结果

亲子关系对老年人的健康自评有直接的影响。许多关于社会支持与健康状况的研究表明，社会支持程度高的个体更为健康。子女对老年人的生活照料和老人向子女提供生活资料对老年人的健康自我评价没有影响，而亲子间的情感交流能够改善老年人的健康自评状况。促进老年人的家庭和睦和代际交流，有助于改善老年人的心理福利和健康状况。

亲子关系是影响老年人主观生活质量的重要因素之一，也是成功老龄化的一个必要条件。有研究调查了挪威、英国、德国、西班牙和以色列 5 个国家 75 岁及以上的老人，结果表明，代际间的相互支持和家庭成员所持有的积极情感(如温暖、亲近、理解、信任、尊敬等)及其程度以及对这些情感的相互性体验，都对老年人的生活质量具有重要的影响。

亲子关系影响老年人的生活满意度。生活满意度是用于衡量老年人对自身生活的满足感、生活称心如意的程度的。老年人社交圈的缩小，使得其与成年子女、朋友的交往成为主要社交活动。老人与成年孩子交往的质量越高，其对生活的满意度就越高。

亲子关系影响老年人的自尊。自尊是对自我评价的结果，是一种积极的心理体验。萨拉森(Sarason)认为老年人接受的社会支持越多，他们就更有能力去面对生活中遇到的问题，从而提升老人解决日常问题的信心和自尊；而赖斯曼(Reissman)认为给予子女信息支持越多的老人，自尊水平越高，这种被儿女需要的感觉，会给予老人很大的精神鼓励，从而使老人体验到自身的价值，感受到自己的能力，提升自尊感。

亲子关系影响老年人的幸福感。亲子支持是亲子间亲情联系的纽带，也是亲情表

达的一种方式。我国研究者王大华等(2004)对来自4个省市的288名53～87岁的老年人进行问卷调查,结果表明,亲子支持通过影响老年人自尊感、孤独感、恩情感,从而影响其主观幸福感。是否亲子支持越多越好呢?并非如此。代际间适量的帮助对老年人有益,但过度接受和提供帮助都可能会产生负面影响,因为这样会侵蚀掉老人的自理能力,同时强加给老人过度的需求。此外,晚年独身老人向子女提供适度的帮助,不会增加心理痛苦,反而会降低抑郁和消沉。

图7-1　老年人和成年子女在一起

(二)亲子关系与老年人消极心理结果

亲子关系与老年人心理痛苦程度相关。与支持性关系相比,恶性关系对老年人的影响更大。有研究者以美国老人为样本,考察了积极交流和消极交流发生的频率对幸福感和心理痛苦的影响,结果发现亲子关系中消极的交流和父母较高的心理痛苦有关。

亲子关系与老年人的孤独感相关。孤独感是衡量老年人主观幸福的一个重要指标。家庭是老人重要的生活场所,亲子支持会降低老年人的孤独感。年老的父母,身体功能逐渐衰退,希望子女们给予支持和帮助,以更好地适应老年期生活,并且非常渴望子女们孝顺,无论是物质上和精神上的体现,都是对老年父母养育之恩的认可和报答,满足了老人的生活需求,更重要的是满足老人们心理上的需求和慰藉。

亲子关系与老年人自杀行为相关。自杀行为是一种结束自己生命的极端形式。陈柏峰(2009)调研湖北京山农村老人自杀的实证研究表明,代际冲突导致的自杀较多,其主流是激愤型自杀。其中原因主要有老人在冲突中处于不利地位而怄气自杀、老人无法面对冲突带来的巨大打击或家庭亲密关系的突然崩塌而赌气自杀。亲子冲突超越了老人的应对能力,或不孝行为突破老人的底线,老人因基本生存条件无法得到保证而自杀。家庭本应是自杀的避风港,但是老人自杀率居高不下,反思其因,与不良的亲子关系有重大关联,亲子冲突是老人选择绝路的重要因素。

(三)建立和睦亲子关系,关怀老人心理健康

亲子关系会伴随人的一生,是老人的一把保护伞,代际关系的纵向和横向的转换,

正体现了关系中强者与弱者的角色转换、依赖者与被依赖者的改变。因此，关怀老人的心理健康，应从建立和睦亲子关系着手。这需要社会的投入，以及成年子女和老年父母双方的共同努力。

1.增强老人自我调适能力

亲子冲突和矛盾情感是老人心理痛苦的主要来源。老人需要学习了解自己的心理特点和发展规律，并逐步掌握这些规律，增强自我调适能力，通过学会心理自我安慰、增强自我独立意识来进行自我调节和心理保健。老年人可以通过自我帮助来减少对成年子女的依赖，通过互助和社会交往的人际资源与支持，来提高应对代际冲突和矛盾的心理能力，促进代际和睦。

2.成年子女传承孝道

自古以来，中国是注重情感联结的，中国传统家庭文化强调以孝为核心，孝道的传承要求人们安顿老人，使其处于社会尊重、爱戴、关照的优越地位，在维护家庭的和谐和稳定上有积极作用。孝要建立在平等和相互尊重的基础之上，成年子女自觉树立养老、敬老、爱老的责任意识，主动履行对老人的“反哺”义务，达成抚育和赡养的平衡。不能只是重视物质养老，还必须重视精神养老，给予老人精神慰藉，提高老人的幸福感、生活质量和满意度。

3.亲子沟通与协调

两代人在态度和价值观上会存在很大差别，对同一问题的思考角度、行为倾向也大不相同。成年子女要多以老年人的角度和立场考虑问题，多关心父母的心理感受，了解老年心理健康知识，理解父母感受到衰退的变化和相应的感受，以亲情来弥补老人的丧失感、孤独感，以关怀理解来消除代际隔阂，并达成代际和睦，提高老人幸福感。老年人的经验丰富、处世能力强，成年子女可以积极请教老人，向他们学习人生的经验和智慧，这可以提升老人的价值感和自尊自信；老人也应虚心向成年子女学习新思想和新知识，与时俱进，建立和睦代际关系。

二、空巢老人的心理健康

“空巢”(empty nest)这一术语最早源于自然界，是指雏鸟逐渐长大展翅飞翔，并开始独立筑建自己的幼巢，母巢里只剩下年迈老鸟的现象。空巢老人是指随着最后一个孩子离开，家庭只剩下一对夫妻独自生活的老年父母。它逐渐成为人类家庭生命周期中一个必不可少的阶段。在这个阶段，孩子完成了学业开始步入社会，而父母却已离退休，独自留在家里。

(一)空巢老人心理健康的基本状况

从世界范围来看，有关空巢老人心理健康的研究结论绝大部分都带有消极色彩。首先，独自居住存在较大的社交孤立(social isolation)风险，通过比较空巢老人与非空巢老人的人际交往发现,空巢老人在与他人交往的过程中存在更多限制,容易产生心理紊乱;其次,非空巢老人的幸福感指数要高于空巢老人;第三,韩国学者尤和李(You & Lee,2006)把空巢老人与非空巢老人的身体状况、心理健康水平以及情绪状态依次对比,结果发现,非空巢老人的心理健康水平更高,情绪状态更好。因为与他人同住才会尽可能多地在情感上获得支持,在实际生活中得到帮助。在中国,有研究者对偏远山区空巢老人生活满意度的调查发现,空巢老人生活满意度较低、收入少、代际关系较差、社会支持少,同那些非空巢老人相比,他们内心更多的是感到孤独和抑郁,在心理上表现出更多的痛苦、不适、焦虑,并且对自我评价偏低。

空巢老人的确在情感上更脆弱,对来自外界的支持与关心更渴望,他们的心理健康问题更突出。这些突出的心理问题归纳起来有一个统一的名称即"空巢综合征"(empty nest syndrome)。其主要表现有:焦虑、失落、抑郁、恐惧、失眠、头痛、食欲不良等,这些症状如长期得不到缓解就会导致老年人性格变得孤僻、自闭,内分泌紊乱,免疫力下降,严重时甚至可能引发老年痴呆。

(二)空巢老人心理健康的影响因素

社会支持是维护空巢老人心理健康的重要因素之一。对于空巢老人而言,来自子女的支持应排在第一位,亲人的支持常常能给老人带来更多动力,那些单身、无子女、离异以及寡居的老人或多或少会在社会支持方面略显劣势。其次是邻居,空巢老人对邻居关系的感知直接影响他们的身体健康和幸福感。最后是同龄朋友,空巢老人一旦感到孤独,这种独自居住的方式就会对他们的自信心、幸福感产生不利影响,要缓和这种状况需要建立适宜的人际关系,加强对其情感支持。

性别与婚姻状况是影响空巢老人心理健康的另外两个重要影响因素。首先,女性空巢老人与男性空巢老人相比,其心理健康状况更欠佳。"空巢"即代表母亲角色的丧失,更强调女性角色的转变。如果女性对这种改变不能做出尽快调整,就容易出现适应不良的现象。相反,男性空巢老人的生活满意度较高,他们觉得单独居住不仅有利于自身独立、获得自由,而且能促进自我成长。其次,已婚可以降低其抑郁程度,而寡居的男性抑郁程度较严重,从未结婚或没有生育子女的女性抑郁程度较深。总体来说,不同性别、不同婚姻状况的空巢老人在心理健康水平上有明显差异,特别是女性,由于与生俱来的母性本能,孩子的离开更容易使她们感到情绪低落、心情抑郁。

经济状况与空巢老人的心理健康有着非常密切的关系。空巢老人如果缺少子女的经济支持、经济状况不佳,常常难以确保医疗服务的质量,从而影响其心理健康、降低生活质量、增加死亡的风险。

除了上述主要因素外,还有其他多种因素对空巢老人的心理健康产生直接或间接的影响。如宗教信仰,一些研究者认为空巢老人的宗教信仰可以让他们的精神有所寄托、转移注意、减少抑郁。当然,空巢老人自身的身体健康状况也不容忽视,生理与心理二者之间紧密相连,身体状况不佳往往也会给他们造成精神上的压力,带来心理上的痛苦。此外,空巢老人的教育水平会对他们的心理健康产生影响,教育水平偏高的空巢老人比教育水平偏低的空巢老人更懂得如何进行自我调节,因此他们更容易主动寻求外界帮助或通过自身适应去改变。

(三)空巢老人心理健康的维护对策

首先,改善空巢老人的经济状况、居住条件并保障其安全。尤其农村地区的经济发展相对落后,生活水平较低,居住环境也较差,从根本上不能给空巢老人提供一个良好的生活环境。此外,因为没有监护人在身边,空巢老人的安全也存在隐患,这些都影响着空巢老人的心理健康。因此,改善他们的经济状况、居住条件并保障其安全成为维护其心理健康的重要对策。

其次,加强空巢老人社会支持系统的建设。空巢老人因子女不在身边常常感到孤独、寂寞,尤其随着年龄的增长,他们自身解决问题的能力下降,在遇到困难的时候就特别需要其他亲人、朋友或邻居的帮助与照顾。

最后,需要政府与社会的介入,加快养老保障制度的完善,建立健全的社区服务与教育干预系统。近年来随着家庭养老的削弱,如果没有一个完善的养老保障体制,老人们退休以后没有了经济来源就会完全陷入困境。

复习巩固

1.亲子关系对老年人心理健康有哪些影响?

2.空巢老人心理健康的影响因素有哪些?

3.如何改善空巢老人的心理健康?

生活中的心理学

对老年人的特殊尊重

一位刚从英国伦敦回来的学者介绍说,在伦敦,到处是女王般仪表堂堂、高贵严肃又亲切和蔼的老同志。有许多老年妇女衣着得体大方、坦荡磊落,因为她们觉得是她们的青春和智慧为这座城市建造和发展的辉煌奠的基,在那里随处都能看到她们创造这座城市的足迹。国家也尊重她们曾经的付出,让她们也成为消费市场的主力军。伦敦有许多老人用品商店,不是凤毛麟角的一两家,更不是老气横秋、专门为敷衍老人赚几个小钱的粗糙丑陋的专卖店,而是老人的时装店、老人的日用器皿店、老人的手工皮鞋店、老人的雨伞店、老人喝下午茶的咖啡店、老人的手杖店、老人的体育用品店、老人的首饰店等等,商业区还专设一些工作岗位来接纳老人再工作,这些老人春风满面、精神抖擞,这无形中提高了老年人的社会地位，同时也开发了老人市场，为老龄社保基金赢得更多的红利，让老人老有所养、老有所乐。

目前，在我们许多城市的商业中心，很少有专为老人的服饰用品而设计的专卖店。那些装修得富丽堂皇的商店，都是为那些具有经济实力的新潮族设计的，根本就没有为老年人设想过，更确切地说，那些设计师们在设计自己的产品时，也很少想到过自己年迈的父母。

最近，有一条新闻称，位于杭州城西的星艺街，于去年重阳节前夕正式开街，这是一条专为老年人打造的特色服务街，老人们在那条街上可以尽兴地理发，买菜，购置时装、首饰、日用品，喝茶，就餐，还能享受到老年人的优惠价。这说明我们国家的老年人市场也在悄然发展中，这无疑是一件值得庆幸的事。我们期待着不久的将来，更多的城市也能有这样几条特色服务街。

第三节　老年人常见的心理卫生问题

一、痴呆

痴呆的主要症状为智能衰退、记忆力丧失、动作迟缓。我国 65 岁以上人口的各类痴呆总患病率为 5%，患病总数有 500 万，超过世界上这类病人总数的 1/4。很多家属把痴呆误认为是年老的自然结果，因而只有 25%的中度痴呆和 34%的重度痴呆患者到医院寻求治疗。痴呆的发病率随增龄而增加，而且受教育程度较低者、女性和农村患者的发病率较高。

（一）老年痴呆的分类

根据病因和病情将老年痴呆大致分两类：

1.原发性痴呆。主要指老年性痴呆，也叫阿尔茨海默病（Alzheimer's disease，AD），它是一种中枢神经系统变性病，起病隐袭，病程呈慢性进行性，是老年期痴呆最常见的一种类型。本病女性多于男性（约 1.5∶1～2∶1），主要表现为渐进性记忆障碍、认知功能障碍、人格改变及语言障碍等神经精神症状，严重影响社交、职业与生活功能。

2.继发性痴呆。主要指血管性痴呆（Vascular Dementia，VD），外伤性痴呆、多发性梗死性痴呆和脑肿瘤性痴呆等也较为常见。血管性痴呆是老年痴呆的第二大常见形式，它是由脑血管疾病（如原发性高血压、脑动脉硬化、脑出血、脑梗死，脑血栓、脑血管畸形等）引起的脑组织缺血、缺氧，从而导致脑功能衰退。

（二）老年痴呆的一般症状表现

轻度痴呆期症状（1～3 年），表现为记忆减退，对近事遗忘突出；判断能力下降，病人不能对事件进行分析、思考、判断，难以处理复杂的问题；做事漫不经心，不能独立进行购物和进行经济事务等，社交困难；尽管仍能做些已熟悉的日常工作，但对新的事物却表现出茫然难解、情感淡漠，偶尔易激惹，常有多疑；出现时间定向障碍，对所处地理位置定向困难，复杂结构的视空间能力差；言语词汇少，命名困难。

中度痴呆期症状（2～10 年），表现为记忆严重受损，视空间能力下降，时间、地点定向障碍；在处理问题、辨别事物的相似点和差异点方面的能力有严重损害；不能独立进行室外活动，在穿衣、个人卫生以及保持个人仪表方面需要帮助；计算不能；出现各种神经症状，可见失语、失用和失认；情感由淡漠变为急躁不安，常走动不停，可见尿失禁。

晚期症状（8～12 年），为重度痴呆期，表现为严重记忆力丧失，仅存片段的记忆；日常生活不能自理，大小便失禁；呈现缄默、肢体僵直；有强握、摸索和吸吮等原始反射。最终昏迷，一般死于感染等并发症。

（三）老年痴呆的治疗和照料

照顾痴呆病人需要极大的耐心和各种应变措施，在病因尚不清晰、药物也不能完全治愈病人的情况下，生活和心理上的呵护尤为重要。

首先，不要让患者单独外出以免其走失，应让患者随身携带家属的联系方式，以防走失时好心人与公安机关联系，有条件的家庭可使用 GPS 卫星定位设备。

其次，对患者要和颜悦色，避免使用呆傻愚笨等词语，根据不同患者的心理特征采用安慰、鼓励、暗示等方法给予开导。对情绪悲观的患者，应该耐心解释并介绍一些治愈的典型病例，以唤起患者战胜疾病的勇气和信心。

第三，照料者要耐心鼓励患者做一些力所能及的家务活动，唤起其对生活的信心，延缓病情的恶化速度，切不可越俎代庖。在室内反复带患者辨认卧室和厕所，亲人要经常和他们聊家常或讲述有趣的小故事以强化其回忆和记忆。

第四，有实验研究证明音乐能改善大脑皮层的功能，增加其供血供氧，较好地调节自主神经系统的功能，根据患者的文化修养和兴趣爱好选择性地给他们播放一些他们爱听的乐曲，以活跃其情绪。

第五，根据患者的病情和文化程度可教他们记一些数字，由简单到复杂，反复进行训练；亦可把一些事情编成顺口溜，让他们记忆背诵；亦可利用玩扑克牌、玩智力拼图、练书法等，以帮助患者扩大思维和增强记忆。

二、老年抑郁

(一)老年抑郁的现状

美国65岁以上老年人口中,16.3%的人有抑郁症状,3.23%的人患有重度抑郁症,其复发率高达40%。抑郁症患者的自杀率是正常人群的2倍。我国65岁以上的城镇老年人中抑郁症患病率为7.9%,男女比例为1∶2。郭克清(2004)调查了西安市两个社区的1018位60岁以上的老年人,发现患有轻度抑郁症的占16.5%,中度抑郁9.14%,重度抑郁为1.08%。

(二)老年抑郁的临床表现

1.情绪低落是抑郁障碍的核心症状。主要表现为显著而持久的情绪低落、悲观失望。患者常体验到与过去明显不同的情绪状态,对生活没有兴趣,提不起精神,高兴不起来,整日忧心忡忡、郁郁寡欢、度日如年、苦不堪言。在抑郁时病人会感到绝望(对前途感到无比的失望,认为自己没有出路)、无助(对自己的现状缺乏改变的信心和决心)与无用(认为自己生活毫无价值,充满了失败,一无是处)。70%以上的老年抑郁患者可能有焦虑和激越,因而表情紧张、惶惶不可终日。老年患者对忧伤的情绪往往不能很好表达,有时躯体表现出来的焦虑状态完全掩盖了抑郁。

2.思维迟缓。患者思维联想缓慢,反应迟钝,言语少、语调低、语速慢,自觉"脑子较以前明显不好使"。轻者可以进行言语交流,多为问多答少。初始交流还可以,继续交流就越显困难,严重者无法交流。

3.意志活动减退。患者表现为行为缓慢,生活懒散,不想做事,不愿与周围人交往。患者不但丧失以往对生活的热情和乐趣,越来越不愿意参加正常活动,如就餐、社交、娱乐,甚至闭门独居、疏远亲友,这样更感到精力不足,疲乏无力,以致越来越无精打采、精疲力竭,甚至连日常生活都不能自理。轻者丧失参与活动的主动性,办事拖拉,重者终日卧床,不语、不动、不食,达到木僵状态。

4.严重抑郁发作的患者常伴有消极自杀的观念和行为。消极悲观的情绪及自罪自责观念致患者产生绝望的念头,认为"自己是个没用多余的人",进而发展到自杀行为的产生。老年抑郁有慢性化趋势,也有不堪忍受抑郁的折磨,自杀念头日趋强烈,以死求解脱。长期追踪的结果发现,抑郁性障碍总的自杀死亡率高达15%~25%。

5.躯体症状也很常见,主要表现为睡眠障碍、食欲减退、体重下降、性欲减退、便秘、躯体某部位的疼痛、阳痿、闭经、乏力等。约有80%的患者有睡眠障碍,主要是中段和末段睡眠差,伴有入睡困难和噩梦,少数患者睡眠增多。典型的是早晨两三点醒后,即陷入白天如何过的痛苦绝望之中。抑郁心境有昼重夜轻的节律变化,早晨重,傍晚后心情平稳些,此点常作为内源性抑郁诊断特征之一。躯体不适症状也较常见,如心慌、心跳、出汗、恶心、呕吐。由于自我评价低,患者总以批判的眼光、消极的态度看待自己的过去、现在和将来，把自己说成一无是处，并坚信自己罪恶深重，将会被遗弃或受到惩罚，逐渐形成被害和罪恶妄想。性欲减退在老年人中也较常见，男性表现为阳痿，女性表现为性欲缺乏。

生活中的心理学

抑郁自评量表

现代社会压力很大，关注老年人心理健康的同时，也不能忽略了对自己心理状态的观察，来看看你有没有抑郁的倾向吧。

抑郁自评量表含有20个项目，分为4级评分的自评量表，原型是Zung抑郁量表(1965)。其特点是使用简便，并能相当直观地反映抑郁患者的主观感受。主要适用于具有抑郁症状的成年人，包括门诊及住院患者。

请根据您最近一周的感觉来进行评分，数字的顺序依次为“从无”记1分、“有时”记2分、“经常”记3分、“持续”记4分，* 代表反向计分。

1.我感到情绪沮丧、郁闷；

*2.我感到早晨心情最好；

3.我要哭或想哭；

4.我夜间睡眠不好；

*5.我吃饭像平时一样多；

*6.我的性功能正常；

7.我感到体重减轻；

8.我为便秘烦恼；

9.我的心跳比平时快；

10.我无故感到疲劳；

*11.我的头脑像往常一样清楚；

*12.我做事情像平时一样不感到困难；

13.我坐卧不安，难以保持平静；

*14.我对未来感到有希望；

15.我比平时更容易激怒；

*16.我觉得决定什么事很容易；

*17.我感到自己是有用的和不可缺少的人；

*18.我的生活很有意义；

19.假若我死了别人会过得更好；

*20.我仍旧喜爱自己平时喜爱的东西。

结果分析：指标为总分；将20个项目的各个得分相加，即得粗分；标准分等于粗分乘以1.25后的整数部分；总粗分的正常上限为41分，标准总分为53分；抑郁严重度＝各条目累计分/80。

结果：0.5以下者为无抑郁；0.5～0.59为轻微至轻度抑郁；0.6～0.69为中至重度；0.7以上为重度抑郁。以上结果仅做参考。

（三）老年抑郁的治疗与预防

大约4％～7％的严重抑郁患者需要进行干预治疗，20％～25％的患者需要家庭护理。抑郁症的患病率不随增龄而增加，但漏诊率较高，只有4％～10％的老年抑郁患者得到治疗。这是由于它难以与其他疾病区别、病人及家属忽视或讳疾忌医、医护人员缺乏相应知识或过分关注躯体症状等而得不到及时治疗。

老年抑郁患者的家庭护理方法如下：首先，抑郁情绪常由精神刺激或躯体疾病诱发，因此对患者要多给予安慰、劝解、疏导和鼓励，帮助其解除精神压力负担；生活上对其热情照顾，并积极治疗其躯体疾病。其次，老年抑郁症患者常会厌世轻生，要对其多加监护，严防其自杀。第三，鼓励患者多参加文体活动、多听音乐等，减少卧床时间，多交朋友，常谈心互助。第四，尽量保持家庭和谐气氛，家庭成员要多关心、支持、谅解患者。第五，如果患者病情较重，应及时陪同患者到医院检查、诊断、治疗。

锻炼可以减轻抑郁。一项研究（Camacho，et al，1991）调查了8023名老年人的运动和抑郁之间的关系。结果表明，不参加运动的老年人，其患抑郁症的概率会更高。国内学者贾龙等（2012）以乌鲁木齐市区有抑郁和焦虑症状倾向但无严重躯体疾病和严重精神疾患的老年女性为研究对象，根据研究对象个人情况，制定不同的运动方案，如登山、太极拳、民族舞蹈等。结果经过4周规律的运动后，研究对象的抑郁和焦虑情绪均有显著缓解，8周后改善更为明显。长期中等强度的登山运动、太极拳运动和民族舞蹈运动均可有效改善老年妇女的抑郁和焦虑情绪。

三、老年焦虑症

焦虑症（Anxiety disorders）又称焦虑性神经症，它是以持续性紧张、担心、恐惧或发作性惊恐为特征的情绪障碍，伴有自主神经系统症状和运动不安等行为特征。患者在心理、社会调节上存在不良的问题，工作和社会功能损害严重，生活质量及满意度低。焦虑症是神经症中发病率较高的心理障碍，而老年人又是精神性疾病的高发人群，在患慢性躯体疾病的情况下，焦虑症的发病率进一步升高。目前综合性医院的医师对焦虑症认识不足，漏、误诊时有发生。约4％～10％的老年人存在焦虑障碍，有焦虑症状但未达到诊断标准的约有15％～20％。社区初级医疗机构处调查患病率约为3％～11％。焦虑也常见于老年痴呆患者，8％～71％的痴呆患者存在焦虑症状，5％～

21%达到焦虑障碍的诊断标准(刘新轶,2006)。

(一) 老年性焦虑的临床表现

焦虑的临床表现主要有3个方面:焦虑的情绪体验、自主神经功能失调和运动不安。临床上将焦虑分为惊恐障碍和广泛性焦虑障碍两种形式。

1.惊恐障碍

(1)主要表现为突然的惊恐发作,这种发作反复进行,并且不可预测。(2)老年人突然感到情绪紧张、坐立不安,或即将失去理智,使其难以忍受,同时感到心慌、胸闷、气急、喉头堵塞等。(3)可能出现大汗、口渴、心悸、气促、脉搏加快、血压升高、潮热等自主神经症状。严重时有阵发性气喘、胸闷、窒息感,甚至濒死感。也可能出现妄想、幻觉。(4)一般突然发作,很快症状达到高峰(10分钟左右),很少持续1小时以上,发作时意识清楚,事后能够回忆,发作完后,症状缓解或消失。

2.广泛性焦虑障碍

(1)精神焦虑:对日常琐事过度而持久的不安、担心、焦虑。在精神上体现为对一些指向未来的或不确定的事件过度担心,害怕有不吉利或灾难、意外或不可控制的事件发生,患者常常处于心烦意乱的恐怖感之中。(2)自主神经功能失调:诉心悸、胸闷、出汗、呼吸困难、颤抖、面色苍白,腹胀、腹泻、便秘、食管异物感等。(3)运动不安:与肌肉紧张有关,表现为紧张性头痛、肌肉紧张痛和强直,如胸、背、肢体及全身疼痛等,常搓手顿足,坐立不安,来回走动,也可能出现入睡困难、易醒、噩梦、夜惊等。

(二)焦虑症的治疗

对老年焦虑症的治疗是综合性的,药物治疗虽然是主要部分,但还应该考虑到老年人所处的环境和心理因素,如生活单调、寂寞,还有生活上的困难,这些都可能成为诱发因素。此外,老年人的躯体疾病,也要同时治疗,并且要考虑到多种药物应用的相互作用。下面主要介绍几种常见的非药物治疗方法。

认知一行为治疗(CBT)对老年焦虑症患者有效。认知一行为治疗多用于治疗广泛性焦虑障碍,也有些证据显示其对于惊恐障碍和强迫症也有效果。认知一行为治疗包括心理教育、自我监测、放松训练、解决问题、暴露于恐惧或消除刺激、行为活化、睡眠卫生和认知重建技巧。当采用CBT治疗时,最佳治疗周期要比传统的8～10次会谈要更长些。相对而言,个体化治疗比团体治疗更具优势,行为治疗比认知疗法要更有成效,因为个体治疗在学习和应用以下技巧时要更为灵活(如调整技巧训练的进度、简化实践练习、扩大书写字体、改变重复学习技巧的时间)。采用CBT治疗时,通过在会谈期间提醒患者注意上次会谈的问题或布置的家庭作业的方法,治疗效果会更佳。

催眠疗法对焦虑症的治疗有效。治疗方法就是通过与患者进行潜意识交流,了解深藏于潜意识中的焦虑根源,使其暴露于意识之中,让患者了解并进行疏导、发泄,从而缓解焦虑症状。赵艳红等做了催眠疗法对广泛性焦虑的临床疗效对照研究,比较了催眠疗法与阿普唑仑治疗广泛性焦虑的临床疗效,结果显示催眠疗法治疗广泛性焦虑症疗效较好。

森田疗法认为焦虑情绪是一种自然现象，人人都有，不用理它，症状会自然消失。对焦虑症的治疗，森田疗法有两种形式：门诊治疗和住院治疗。门诊疗法是通过心理门诊，使患者接受森田疗法谈话交流和治疗指导，指导患者接受自己的症状，不排斥它。住院治疗是森田治疗的基本方法。治疗前先向患者讲解森田住院式理论，让患者认识到由于过度担心而使自己整日在痛苦之中从而加重了躯体和心理的负担，会导致病情恶化。让患者知道这种身心交互作用是导致病情加重的动力，治疗的目的就是要消除这种动力。

众多的心理治疗学派发展出不同的疗法，这些疗法的疗效各有千秋。心理学者意识到，在不同的治疗阶段，使用不同的治疗方法，其效果比单一治疗更理想。如有学者建议治疗开始阶段采用人本主义治疗手段，促进良好的治疗关系；在治疗中期采用精神分析，帮助或者解决潜意识层面的问题；在治疗后期采用行为主义，督促患者注重现实，训练生活技能，积极融入社会。多种方法并用已成为心理治疗发展的趋势。

复习巩固

1.老年痴呆症的临床表现有哪些？
2.老年抑郁的特点有哪些？
3.老年焦虑症的非药物治疗有哪些？

第四节　老年人心理健康的维护与促进

一、从成功老龄化到积极老龄化

20世纪60年代，哈维赫斯特（R.J.Havighurst）提出了“成功老龄化”（successful aging）的理论。该理论认为在个体的社会生活中，个体能够获得最大限度的满意感，社会可以维持老年、中年、青年以及男女群体之间满意度的平衡。

1987年5月世界卫生组织（WHO）在世界卫生大会上首次提出“健康老龄化”（healthy aging）的概念，认为应从躯体、社会、经济、心理和智力五个方面来评估健康水平。健康老龄化的目标是使大多数老年人的健康预期寿命逐渐接近最高自然寿限，延迟伤残或功能丧失的出现，缩短功能丧失的持续时间。

2002年4月在西班牙召开的第二届世界老龄大会提出了“积极老龄化”的观点（active aging）。该观点认为老龄化既是成就又是挑战，强调老年人作为社会重要资源之一，在与年轻人共享社会福利的同时，有责任和义务以其技能、经验和资源积极参与社会发展；强调老龄化应变被动为主动、变消极为积极。“健康、参与、保障”是当今全球老龄事业的行动纲领。

过去对心理健康的研究，过多关注心理障碍的问题，而积极老龄化的含义则更加广泛，强调老年人的主动参与意识。积极老龄化要求老年人要积极面对生活，不仅要保持身心健康，而且作为家庭和社会的重要资源，要融入社会，参与社会的发展。

二、老年人心理健康的自我维护

我国的学者普遍认为老年人的心理健康指老人积极、正常的心理状态，并且对当前的自然和社会环境能够较好地适应。对于老年人的心理健康问题，主要还是以预防为主，即从保持自我意识、培养学习兴趣、维护人际关系、适应社会和热爱劳动五方面进行自我调适。

1.保持自我意识

自我意识是指老年人对于自己的心理、能力、情感和人格等有一个客观的认识，通过自我观察、体验来评价和认识自己。老人要学会自尊、自爱、自信，要接纳自己、喜欢自己、保护自己，这是老人能够保持身心健康的前提。

2.维护人际关系

老年人应该积极维护与他人的人际关系，通过人际交往的过程提高自身的心理水平。鉴于老年人的心理特点，应该注意以下两点：一是从尊重他人的立场出发，不要把自己的观点强加给别人；二是听从善意的建议和批评，尽量多真诚地鼓励他人。

3.培养学习兴趣

学习永远不会晚。老年人的生活方式、内容都发生了很多的改变，退休、丧偶、空巢的家庭越来越多，而学习可以填补这些空虚的时光。老人们可以根据个人的兴趣学习书法、绘画，通过上老年大学等来满足自己的兴趣，找到精神的寄托。

4.不断更新观念，适应社会

老年人一旦有了积极进取的精神，心情也会保持愉快。社会环境在不断变化，这就要求老年人要及时更新思想观念，积极投身到社会生活中，这也是继续社会化的过程。

5.参加劳动锻炼

老年人进行身体锻炼有助于维持身心健康，能够有效延缓身体机能和心理的衰老，增强抗病能力。

三、家庭和社会对老年人心理健康的维护和促进

（一）帮助老年人正确认识和评价衰老、健康和死亡

1.人不可能长生不老，所有物种都有其应有的生命周期

古代很多皇帝想通过吃仙丹长生不老，都只是一个美好的愿望，世上没有长生不老的药，老年人能做的是保持一颗健康年轻的心。

2.老年人也可以有所作为

老年人具有丰富的人生经验，知识渊博，可以为社会、家庭发挥余热，实现老有所为、老有所用，从而使自己得到心理的满足。

3.树立正确的健康观

老年人只有客观地评价自己的健康状况，正确对待自己的疾病，积极求医，才能促进病情的稳定和康复。很多长寿老人都有着乐观的生活方式，健康老龄化的前提是保持身心健康。

4.树立正确的生死观

死亡是生命的一个过程，死亡和衰老相邻，谁都逃脱不了，树立正确的生死观，克服对死亡的恐惧，才会更加珍惜生命。

（二）做好离退休的心理调节

1.正确看待离退休

老年人工作到一定年龄得从岗位退休，是一个正常的经历过程。一些研究表明，退休前做过妥善安排，有心理准备的老年人，退休后其心理适应会更快。因此，快到退休年龄时，老年人心理上准备接受退休这一事实，就会愉快转入退休角色。

2.避免因退休而产生的消极不良情绪

老年人离开工作岗位，各方面待遇都不如从前，心理上的落差、孤独感都会增加，在这时老年人应尽可能多地与亲朋好友交往，将自己心中的郁闷、苦恼进行宣泄，及时消化不良的情绪，求得心理上的平衡。与其回忆过去的辉煌，不如将退休作为人生的另一个起点，继续开拓进取。

（三）鼓励老年人勤用脑

研究表明对老年人听、视、嗅、味、触等的刺激，可增进其感知觉，提高记忆力、智力等认知功能，从而降低老年痴呆的发病率，这些对于延缓脑衰老和脑功能退化都非常有用。

（四）营造良好的社会支持系统

1.进一步树立和发扬尊老敬老的社会风气

政府、社会、单位、家庭及亲友都应该对老年人给予安慰、关心和支持，为老年人建

立广泛的社会支持系统，形成良好的尊老敬老氛围。

2.满足老年人的物质和文化需要

发展老年人服务事业，提供老龄化的服装和食品；建立高服务水平的老年公寓、敬老院；建立老年康复中心、护理站，定期为老年人进行健康体检；建立老年大学、俱乐部、委员会，以丰富老年人的精神文化生活。

3.尽快完善相关立法，维护老年人的合法权益

新修订的《老年人权益保障法》第18条明确规定，家庭成员应当关心老年人的精神需求，不得忽视、冷落老年人，与老年人分开居住的家庭成员，应当经常看望或慰问老人，如赡养人在单位工作的，用人单位应当按照国家有关规定保障赡养人探亲休假的权利，此外新法还首次从法律上明确地将每年农历九月初九定为老年节。这表明我国开始逐渐重视老年人的社会保障和法律保护，维护老年人的合法利益，使其安享晚年。

复习巩固

1.简述积极老龄化。

2.老年人如何对自己的心理健康进行维护？

3.社会怎样对老年人心理健康进行维护和促进？

拓展阅读

心理暗示抗病作用大

一位大学教授在讲台上拿起一个玻璃瓶对学生说："瓶子里是有异味的气体，现在要测这种气体在空气中的传播速度，等打开瓶盖后，谁闻到这种异味，请举手。"教授打开瓶盖，自己很快露出闻到异味的表情，随即看表计时。15秒后，前排同学举起了手；1分钟后，四分之三同学举起了手……然而事实上玻璃瓶里只是普通的空气，什么味也没有。这就是心理学关于心理暗示的一个典型实验。

还有一个发生在洛杉矶市蒙特利公园橄榄球场上的故事。当时，有几位队员出现食物中毒的现象，经推断可能是汽水有问题，因为这些人都是在喝了汽水之后出现异样的。之后，喇叭便开始广播，警告人们注意别去买售货机里的饮料，因为有人病了，同时描述发病的症状。这时，整个观众席便发生恐慌，有人开始反胃，有人昏厥，甚至只是经过售货机而没有买汽水喝的人都觉得不舒服。那天救护车飞驰于球场与医院之间，忙着载运病人。后来经过证实，售货机

中的汽水没有问题。先前出现症状者竟都不药而愈了。这就是在不知不觉中影响了我们生活的心理暗示。

有国外研究者以就要执行死刑的犯人做试验，告知被试在特殊的装置情境下，要给他们以大量抽血的方式结束其生命，来测试人的生命能经受抽多少血。被试不能看到却能听到抽出血液的嘀嗒声，结果经过一定时间后，被试真的结束了生命。其实这一切都是虚拟的，根本就没有给被试抽血。那么，为什么被试结束了生命？就是消极心理暗示摧毁了人的生命。生活中也有这样的情形，一位公司职员为赶火车，跑了一段路后心跳过速，胸部发闷，导致昏厥。本来这没什么大不了，他却认为是发作了心脏病，精神紧张起来，再也不敢单独出门。随后，他自诉的症状越来越多、越来越重，以至卧床不起。这岂不是杯弓蛇影的消极心理暗示带来的危害？

相反，积极的心理暗示会产生巨大的力量，从而创造奇迹。比如有一个人到医院就诊，诉说身体如何难受，而且身体日渐消瘦，百药无效。医生检查后，发现此人患的是"疑病症"。后来，一位心理医生接受了他的求治。医生对他说："你患的是一种综合征。正巧，目前刚试验成功一种特效药，专治你这种病的，注射一支，保证三天康复。"打针三天后，求治者果然痊愈出院了。其实，所谓的"特效药"不过是普通的葡萄糖，真正治好病的，是医生语言的积极暗示以及引起积极的自我暗示的作用。又如胃大部切除的病人，痛得不得了，医生给他打针止痛，告诉他是吗啡，一打就好了，40%的人完全不痛了，其实他们打的是生理盐水。实际上，即使是打吗啡，也只能有95%的人能有效止痛。然而，心理暗示就有这么大的作用。

心理暗示就好像给人贴了一个标签，人常常会如标签所表明的那样发展。有人把这叫作"标签效应"。就身体功能来说，消极的标签效应常常让人没病找病。一些老年朋友，也是因为退休后不断跑医院，结果真的把自己"跑"成了一个病人。哈佛大学亨利·比彻博士的一项实验证实了这一点。实验以100个医学院的学生为被试，分为两组，各50人。第一组分配了红色胶囊包装的兴奋剂，第二组则分配了蓝色胶囊包装的镇静剂。实际上胶囊里面的药粉却调了包，只是被试不知道。结果两组被试的反应都如先前所以为的那样，吃了红色胶囊的一组很兴奋，吃了蓝色胶囊的一组则很平静。可见，是他们不同的心理暗示抑制了身体用药后的生化反应。就是这样，当个体自以为是怎样时，他的神经系统便会传达一个不容置疑的指令，命令他身体的生化功能发生相应的极大改变，这就是"标签效应"的原理。

摘引自《老年心理咨询典型个案解析》

本章要点小结

1.广义上讲,心理健康是一种高效而满意的持续心理状态。从狭义上讲,心理健康是指人的基本心理活动的过程内容完整、协调一致,即认识、情感、意志、行为、人格完整协调,能适应周围环境,与社会保持同步。

2.马斯洛提出的心理健康十大标准,主要包括自我安全感、了解自己、生活目标切合实际、不脱离周围现实环境、人格完整、善于学习、良好的人际关系、能控制情绪、适度发挥个性、能满足个人的基本需求等方面。

3.我国学者许又新提出了衡量精神(心理)健康的体验标准、操作标准和发展标准。

4.老年人常见心理问题包括:(1)感知觉下降;(2)情绪不稳定;(3)智力、记忆力下降;(4)性格改变;(5)意志异常。

5.老年人心理发展的主要矛盾:老有所为与身心衰老的冲突、角色转变与社会适应的冲突、安度晚年与意外刺激的冲突、老有所养与经济保障不充分的冲突。

6.亲子关系与老年人积极心理结果:(1)亲子关系对老年人的健康自评有直接的影响;(2)亲子关系是影响老年人主观生活质量的重要因素之一,也是成功老龄化的一个必要条件;(3)亲子关系影响老年人的生活满意度;(4)亲子关系影响老年人的自尊;(5)亲子关系影响老年人的幸福感。

7.亲子关系与老年人消极心理结果:(1)亲子关系与老年人心理痛苦程度相关;(2)亲子关系与老年人的孤独感相关;(3)亲子关系与老年人自杀行为相关。

8.空巢综合征是由于子女不在身边,年迈的老人出现的一系列心理问题。其主要表现有:焦虑、失落、抑郁、恐惧、失眠、头痛、食欲不良等。这些症状如长期得不到缓解就会导致老年人的性格变得孤僻、自闭,内分泌紊乱,免疫力下降,严重时甚至可能引发老年痴呆。

9.空巢老人心理健康的影响因素:(1)亲人(尤其是子女)的支持常常能给老人带来更多动力;(2)女性空巢老人与男性空巢老人相比,其心理健康状况更欠佳;(3)女性更容易出现抑郁;(4)如果经济状况不佳,会增加死亡的风险;(5)宗教信仰可以让他们的精神有所寄托,转移注意,减少抑郁;(6)身体状况不佳往往也会给他们造成精神上的压力,带来心理上的痛苦;(7)教育水平偏高的空巢老人更容易调节心情。

10.老年痴呆的一般症状表现:(1)轻度痴呆期症状(1～3年)表现为记忆减退、判断能力下降、注意力难以集中、学习困难、定向障碍、言语贫乏。(2)中度痴呆期症状(2～10年)表现为远近记忆严重受损,视空间能力下降,不能独立进行室外活动、不能计算、出现各种神经症状;重度痴呆期(8～12年)表现为严重记忆力丧失,无法交流、日常生活不能自理。

11.老年痴呆的家庭护理:(1)防止走失;(2)照顾要有耐心;(3)鼓励患者多动手;(4)给患者听一些他们喜欢的音乐,活跃其精神情绪。(5)根据患者的病情进行记忆训练。

12.老年抑郁的临床表现：(1)情绪低落；(2)思维迟缓，反应迟钝；(3)生活懒散，兴趣丧失；(4)严重抑郁患者常伴有自杀观念和行为；(5)躯体症状也较常见。

13.焦虑症的临床表现主要有焦虑的情绪体验、自主神经功能失调和运动不安；临床上将焦虑分为惊恐障碍和广泛性焦虑障碍两种形式。

14.积极老龄化承认老龄化既是成就又是挑战，强调老年人作为重要社会资源之一，在与年轻人共享社会的同时，有责任和义务以其技能、经验和资源积极参与社会发展；强调老龄化应变被动为主动、变消极为积极。

15.老年人心理健康的自我维护的要点：(1)保持自我意识；(2)维护人际关系；(3)培养学习兴趣；(4)不断更新观念；(5)参加劳动锻炼。

16.家庭和社会对老年人心理健康的维护和促进：(1)帮助老年人正确认识和评价衰老、健康和死亡；(2)做好离退休的心理调节；(3)鼓励老年人勤用脑；(4)营造良好的社会支持系统。

关键术语表

心理健康	mental health
空巢综合征	empty nest syndrome
社交孤立	social isolation
阿尔茨海默病	Alzheimer's disease
血管性痴呆	Vascular Dementia
抑郁症	Depression
焦虑症	Anxiety disorders
成功老龄化	successful aging
健康老龄化	healthy aging
积极老龄化	active aging

选择题

1.从广义上讲，心理健康是一种高效而满意的持续心理状态。从狭义上讲，心理健康是指人的基本心理活动的过程内容完整、协调一致，即(　　)人格完整协调，能适应周围环境，与社会保持同步。

A.认识　　B.情感

C.意志　　D.行为

2.许又新(2000)提出了衡量精神(心理)健康的表征有(　　)。

A.体验标准　　B.成长表征

C.操作标准　　D.发展标准

3.老年人心理发展的主要矛盾包括(　　)。

A.老有所为与身心衰老的冲突　　B.角色转变与社会适应的冲突

C.安度晚年与意外刺激的冲突　　D.老有所养与经济保障不充分的冲突

4.老年人常见心理疾病有(　　)。

A.老年痴呆　　B.老年抑郁

C.老年焦虑　　D.老年丧偶

5.根据病因和病情将老年痴呆大致分两类,原发性痴呆和继发性痴呆主要指(　　)

A.帕金森病　　B.阿尔茨海默型老年痴呆

C.血管性痴呆　　D.焦虑型痴呆

6.重度抑郁患者的最大风险是(　　)。

A.食欲减退　　B.社会功能退缩

C.自杀　　D.睡眠差

7.焦虑可分为三大类,包括(　　)三个组成部分。

A.现实性或客观性焦虑　　B.道德性焦虑

C.紧张性焦虑　　D.神经过敏性焦虑

8.2002年4月在西班牙召开的第二届世界老龄大会提出“积极老龄化”全球行动纲领是(　　)。

A.健康　　B.和谐

C.保障　　D.参与

9.离退休前后往往在一些老同志中引起一些心理变化。有相当一部分人由于难以适应,心理上还出现一些毛病,如空虚、寂寞、焦虑、忧伤、抑郁等,人称为(　　)。

A.老年抑郁症　　B.退休综合征

C.老年焦虑症　　D.老年孤独症

10.老年人心理健康的自我维护主要包括(　　)。

A.维护人际关系　　B.培养学习兴趣

C.不断更新观念、适应社会　　D.参加劳动锻炼

第八章　工作、退休与休闲

随着科技进步与经济发展，越来越多的老年人选择继续留在工作岗位上发光发热，不过大多数的老年人还是走上退休之路。留心观察你的爷爷奶奶或父辈群体，他们平时的生活是怎样的？是退休在家颐养天年，还是继续留在工作岗位上发光发热？你是否关注过老人们在家一天的生活起居？若是退休在家的老人，他们每天拥有大量的闲暇时间，休闲成为他们的主要活动，你看到的老人们的休闲活动是如何开展的？他们的晚年生活是否充实而有意义？无论是正在工作的老年人还是退休的老年人，在人生的夕阳阶段都应过得丰富多彩，这不仅是自身发展与健康的需要，更是国家长治久安的重要命题。

第一节　工作

在美国，越来越多的老年人选择延迟退休或退休后继续工作。这些65岁以上的老人原本可以选择一个气候适宜的养老地安度晚年生活，但在当今美国社会却活跃着一大批生机勃勃的银发工作族。同样，随着我国经济的飞速发展，人们生活水平、健康水平大幅提高，中国人对待老年生活的态度也发生了很大变化。

根据国际标准，当一个国家或地区的60岁及以上人口占总人口的比重超过10%或65岁及以上人口占总人口的比重超过7%，则这个国家或地区就已经进入老龄化社会。按照这一标准，我国已于2000年进入老龄化社会。当前，我国的老龄人口和老龄化的速度均居世界前列，而且由于我国处在社会主义初级阶段，且计划生育政策在推行，所以我国的老龄化呈现出了“未富先老”的特征。迎接老龄化挑战，实现“老有所养、老有所医、老有所学、老有所为、老有所乐”已经成为全社会的共识。特别是老年人在退休后如何做到“老有所为”，实现老年人口人力资源的利用，逐渐成为社会和学术界关注的焦点问题。在进行老年人力资源的开发时，在实现“老有所为”的众多途径之中，尤以退休人员继续就业的影响最大，引起的关注也最为强烈。可以说，老年人的再就业无论对老年人自身健康长寿还是对国家的长远发展都是有积极意义的。

一、老年人再就业的必要性

1.有助于减轻社会负担和国家财政压力

人才资源的培养需要国家与社会投入非常大的人力与财力。现代人力资源管理学认为，人的职业道路要经过培育期、成长期、成熟期、鼎盛期、维持期和衰退期这几个阶段。在45岁～65岁这个阶段，个体进入维持期，但是个人的职业能力依然处于较高的水平。而现有的退休制度在客观上使老年人的工作生涯戛然而止，造成人才资源的极大浪费。如果在维持期和衰退期继续鼓励老年人再就业——特别是高学历和掌握特殊技能的人才——发挥自己的技能专长，那么个人的能力就会得到充分释放，这就提高了人才资源利用率，从而减轻了社会的负担，并为国家带来很大的经济利益。

2.有助于缓解人才资源的结构性短缺

老年人力资源也是整个社会人力资源的重要组成部分。老年人力资源具有三大优势：一是知识资本；二是网络资本或者关系资本；三是老年人力资源的投入成本相对较低，收效快而高，有拿来就可用的特点。充分发挥老年人才资源的优势，对弥补、丰富社会人才资源结构，对经济与社会发展都能起到促进作用。

3.有助于调整老年人的各种不良心态,促使老年人身心愉悦

再就业的老年人,在充满朝气、活力和流动着的社会生活中,避免了长期居家可能带来的种种不利的心理影响,发挥余热的同时也丰富了自己的生活。可以说,与非再就业老年人相比,再就业老年人的生活更为充实与快乐。退休后的老年人,借助自己的一技之长,在社会中找到自己的位置,从而继续保持与社会接触的过程。这样的接触,对于老年人的晚年生活,无论是精神生活还是物质生活,都具有重要意义。通过社会参与,老年人能够正确地进行自我认识和自我评价,同时也使社会对老年人有一个客观正确的认识和评价。继续就业首先可以作为解除烦闷的手段,其次是能给老年人提供获得成功和展露雄心的机会,使其自我价值得以实现,从而可以延缓或防止衰老。

二、老年人再就业的影响因素

1.身体状况

影响老年人再就业最为直接的因素就是身体状况。老年人随着年龄的增长,生存的风险系数变大,强烈的求生欲望与身心的衰老逐渐成为主要矛盾,心理上最基本的愿望是健康长寿。因此,一方面从客观上说,老年人的体力和精力决定着他能否再走上工作岗位;另一方面从主观意愿上说,对于身体状况的考虑是老年人选择是否再就业的重要因素。

2.经济状况

个人经济状况的宽裕与否同样也是老年人想不想再就业的一个重要因素。退休后经济状况很好或者比较好的老年人，其重新工作的愿望就不再那么强烈；而个人经济状况不好的老年人，希望重新工作的比例就要高得多。其中,退休金收入的高低是退休人员再就业的重要决定因素。如果退休之后的养老金收入与待遇相对优厚,老年人就不会在异常严峻的就业市场中去再度劳累,除非再就业的收入比较优厚。如果其退休之后获得的养老金非常微薄,生活比较艰苦,老年人就会不计较再就业报酬的多少,以重新获得的这份工资报酬去有限度地提高自己及家人的生活质量。此外,由于退休金的增长慢于在职职工工资和物价的增长,老年人的存在为其家庭带来了一定的经济负担。老年人的再就业为家庭带来了经济上的实惠,从而改变了自己在家庭中“经济负担”的地位,消除了可能由经济问题产生的隔阂和矛盾。

3.受教育程度

我国老年人再就业者多集中在70岁以下的低年龄段,老年人的自身素质,尤其是其受教育程度是制约老年人就业的重要因素。王红漫等人(2001)考察了北京大学燕园地区60～79岁老年人(主要是离退休的教职工及其家属)的就业意愿。她选择了老年人的性别、年龄、受教育程度、职业、身体状况、经济状况和晚年生活观念作为变量来

考察影响老年人就业意愿的因素，并得出老年人的受教育程度是影响老年人就业观念的最重要因素的结论。其中受教育程度主要影响了老年人晚年赋闲和自我充实需求的观念。老年人的再就业愿望强烈与否，除了与老年人的社会责任和义务看法相关以外，还与其退休后的赋闲观念有着直接的关系。老年人的赋闲观念包含有两个内在含义，一是对退休后在家赋闲无事的态度，二是赋闲在家不再就业是否是智力资源的浪费问题。受教育程度越高的老年人，越认为退休在家赋闲无事可做不好，并且认为赋闲在家不再就业是对其智力资源的极大浪费。但也有研究认为，学历对退休人员再就业的影响不显著，因为对于老年劳动者来说，在其再就业过程中由于知识不断更新，学历所起的作用已经很小，招聘人员在面对老年退休劳动者时看重的是经验、技能而不是学历。

生活中的心理学

忙碌的老人

海伦·哈姆伦今年已经89岁了，但身体仍然很强健。作为联合国国际老龄联合会的一名代表，她每天都在忙碌地工作，甚至都没有时间去看望子女。在她的日程表上，白天的会议和夜间的约见都安排得很紧凑，海伦不遗余力地为老年人和女性权益而奋发工作。她被同事戏称为“周游世界的美洲灰豹”，不停地奔波于马德里、墨尔本和哥本哈根之间。下个月，她还要去布拉格参加第11届全球老龄化会议。海伦现在还能熟练地开车，但为了保证安全，晚上就不开了，改为坐地铁上下班。作为一名退休返聘的社会工作者，海伦将自己旺盛的精力首先归功于活到92岁的母亲，其次就是以为他人服务为荣的观念。海伦周围的同事都是年轻人，这让她觉得自己的心态也很年轻。在稍有闲暇的晚上或周末，海伦就会去看电影、参观博物馆、听音乐会。海伦现在走起路来步伐还非常轻快，她给大家的建议就是：每天忙碌一些，但要照顾好自己。经常去看医生，遵从医嘱。她说：“我是一个非常幸运的人，我希望能活到115岁！”

三、老年人再就业的心理学基础

对于老年人能否继续参与社会活动、能否再就业，主要的争论在于老年人在生理、心理方面发生的退行性变化是否会对继续参与工作产生消极影响。进入老年期后，个体的认知活动，特别是感知觉和记忆能力通常会发生一定程度的退化，不过老年人记忆方面的衰退是可以延缓和弥补的。另外学者对老年期的智力是否降低也存在不同看法，一些人认为20岁之后智力水平就开始显现下降的趋势，但同时也有研究显示在60岁以后智力水平衰退并不明显，并且老年人的智力也有一定可塑性。这些相关心理学研究都为老年人再就业的可能性提供了一些证据支持。

老年人保持较好的认知功能可以补偿减退较早的认知功能。具体体现在虽然与速度及空间关系整合有关的液态智力随增龄减退较早，但表现在知识、理解、判断力等方面的实用性晶态智力则保持较好。保持较好的晶态智力可以弥补衰退的液态智力带来的不足。许淑莲等人(2000)的研究发现，训练老年人运用“制造意义练习法”可以使机械记忆衰退的老年人用已有知识经验完成记忆作业，其成绩有显著提高。索萨斯(Salthause，2000)的研究发现，虽然老打字员的按键速度比年轻打字员慢，但是他们善于运用“一次多看几行”的策略，因此仍然能取得优良成绩。在老年人再就业过程中，很多人认为老年人存在反应速度慢、机械记忆差等劣势，但老年人丰富的知识经验及较强的理解能力可以弥补这些不足，从而达到跟青年人差不多的工作水平。特别是在专业性较强的工作领域，老年人通过多年的经验和实践积累了解决问题和做出决策的许多办法，这个“知识宝库”使他们面对问题时足以跨越年轻人需要经过的不少步骤。这些老年人用他们的专长补偿了他们的缺陷。

另外，老年人的认知功能还有很大的可塑性。国内外相当多的关于老年人认知功能可塑性的研究结果一致表明，60～80岁的老年人经过学习训练，他们的记忆或智力测验成绩可达到未经训练的青年人水平。沙因(1986)的著名纵向研究表明，在对老年人进行推理测验和空间定向测验训练后，老年人已衰退的认知功能得到逆转，且尚未衰退的认知功能得到提高。

除此之外，在人格方面，虽然老年人对新鲜事物的开放性比青年人低，但他们的神经质分比青年人低，和谐性分比青年人高，外向性和认真负责方面与青年人相近，这都表明他们情绪稳定，能与人友好交往，对目标任务自觉安排。除自觉记忆等能力下降外，精神状态、自我力量和自我意识都和青年人相近，自尊和自制这两方面比青年人强些。这些都是心理健康并能继续有成效地做出贡献的基本条件。从古至今，对于老年人的印象都是沉稳、和蔼且充满生活智慧的，老年人经历了生活的风霜与岁月的洗礼，他们所表现出来的稳重、智慧都是青年人所不能及的。现如今在一些工作领域，如学术领域、政治领域，老年人都发挥着举足轻重的作用。

复习巩固

1.请简述老年人再就业的心理与社会意义。
2.请简述老年人再就业的影响因素。
3.老年人是否有能力再就业？请简述老年人再就业的心理学基础。

第二节　退休

杰米在一家公司工作了30年，65岁的他打算在今年退休，享受退休生活。但是，由于近期美国社会保障政策的改变，他必须工作到66岁才能拿到他全部的社会保障金，因此他不得不把退休计划延迟到66岁。杰米的妻子普里西拉也与他一样将在同一年离开工作了二十多年的岗位，正式进入退休生活，并且两个人都将拿到一笔可观的养老金。更加幸运的是，由于普里西拉当年在政策鼓励下决定在女儿上高中以后开始全职工作，因此，他们每个月又可以从原公司获得一定的养老补助。这些养老金足以使杰米夫妻俩衣食无忧，安度晚年生活。杰米打算一退休就先与妻子一起去很多地方旅行，然后搬到一个远离城市的安静乡村里好好规划他们人生的金色夕阳生活。杰米计划他们的晚年生活应该包括休闲、安顿整理家务和一定程度的社区志愿工作。

有的人选择到了花甲之年还继续留在工作岗位上发光发热；有的人选择从事一份过渡性的兼职工作，以便更好地适应从繁忙工作生活到闲暇生活的转变；而有的人，就像前面提到的杰米和妻子普里西拉，他们选择彻底地离开有偿的工作岗位，享受闲适的晚年时光。那么，究竟什么是退休？退休的意义为何？是什么导致不同的人选择不同的退休生活呢？

一、什么是退休

退休是指劳动者根据国家有关规定在一定年龄停止有偿劳动的一种社会制度。退休是人生中的里程碑与转折点，是人生的一个新的阶段的开始，意味着老年人从忙忙碌碌的工作生活到安逸休闲的居家生活的转变。每个人对自己的退休生活都有着不同的打算，每个人从什么时候开始规划自己的退休生活也大不相同，不过人生的退休阶段都将经历社会劳动参与减少、职业生涯终止、养老金和自我概念的转变。

有着长期稳定工作的个体面临退休时会比较容易适应这个转变的过程，他们通常会较为主动地选择退休，并在离开工作岗位时较为容易接受自己已经退休这个事实。前文中所提到的杰米夫妇正是如此，他们主动地选择何时退休，并积极地安排规划自己的退休生活。但是，实际上有不少个体的退休并不是自主自愿的，很多时候由于身体健康状况、人事变动、公司裁员或者出于照顾其他家人的义务而不得不退休。有研究表明，在非自愿退休人群中，女性群体占大部分。这是由于女性群体大多承担着照顾孩子和年老父母的责任，因而她们的职业生涯总是因为外界原因而停止。因此我们很难分辨这种离开职场的行为是暂时性的职业中断（只是新、老工作间的间隙）还是退休。这类人群退休情况较突然，缺少主动应对的过程，更多的是被动接受，因此他们面对突如其来的变化通常较难适应。

二、退休带来了什么

观察个体在退休后发生的变化是件比较困难的事，因为我们没法控制个体是否退休或者何时退休。对于那些因为公司裁员或者自身健康问题而非自愿退休的人来说，离开原先熟悉的工作岗位、无法继续发挥自己的专长、与相处多年的同事情谊中断，这些都会对个体的身心健康产生消极影响。相反，对于自愿退休的老年人来说，退休在他们心里是预先有准备的而不是突如其来的，他们有足够的时间来认识到这是人生的必经阶段，因此退休所带来的消极影响会小得多。

为了研究退休在社会心理学角度上带来的影响，赖茨、马特姆和费尔南德斯(Reitzes，Mutram & Fernandez，1996)进行了一项长达两年的纵向研究，此研究在两年中每六个月对757名男性、女性老年员工(其中83%为欧裔美国人，年龄为58～64岁)的自尊和抑郁水平进行测查。在两年中，有299名被试经历了从全职工作到退休的转变，剩余被试则继续留在工作岗位上。对比退休与未退休两组被试的成绩发现，两组的自尊水平分数在两年中都维持相对稳定，但是抑郁水平的分数存在显著差异，已退休组的被试抑郁水平显著低于未退休组。这或许是因为已退休的老年人在工作方面的压力明显减轻。

赫佐格、豪斯和摩根(Herzog，House & Morgan，1991)对1339名55岁以上个体调查发现，个体对自身劳动参与程度的选择自主性对个体身体健康和幸福感有较大影响。个体对劳动的参与程度的选择有以下几种方式：全职工作、兼职工作、不工作。当个体可以自己支配、自由选择自己的劳动参与方式时，健康水平和幸福感都将有所提升，相反，如果个体不能自由支配自己的工作时间和工作量，往往会对身体健康和幸福感产生消极影响。也就是说，自愿退休的老年人他们的幸福感和身体状况或许会高于非自愿选择退休的老年人。

当一个人失去了扮演多年的职业角色，改变了熟悉的生活轨道，无论对退休是否有准备，在刚刚步入退休生活阶段还是难免会出现心理甚至生理上的不适应。那么这种社会角色的转变是否会带来自我认同方面的问题，造成自我同一性危机，从而对心理生理带来负面影响呢？弗莱彻和汉森(Fletcher & Hansson，1991)认为，一些个体在预期或者面临退休时的确会有焦虑情绪产生，不过工作角色的缺失一般不会造成自我同一感危机。这是因为大部分人都能较好地将他们在职时期的社会角色和社会关系转移。对于大多数的老年人来说，退休前后的几年时间是一个重要的过渡时期。在刚刚退休后的几年，他们内心的社会角色依然会得以延续，这样使得个体从在职到退休在心理上不会有太大落差。比如说，老教师退居二线后，他们内心依然认同自己的教师角色，依然会觉得自己是教师队伍中的一员，尽管他们已经离开原来的学校和班级。

除此之外，退休对夫妻关系还会造成哪些影响呢？威尼克和艾科泰特（Vinick & Ekerdt，1991）对双方都已退休的 55 岁以上夫妻进行了研究。其中，男性普遍反映退休后他们在家务中的分工更多了，并且绝大多数夫妻反映他们共同参与的休闲活动明显增多。大约有一半的女性表示丈夫退休后自己的个人活动时间明显减少，不过其中大多数人称她们已经适应这样的生活。现如今，全职工作的女性越来越多，面临退休选择的女性也随之增多。在双收入家庭中，夫妻双方共同规划安排、相互协调的退休生活并共同分担家务，这样可以使夫妻双方幸福感提升。

三、退休规划

退休绝不是一个突发事件，也不是一个突然的决定。艾科泰特（2004）指出，如果你认为退休还只是一个人到老年才会提及的事情那就错了，现在，中年人甚至青年人也应该开始规划自己的退休生活，最起码要从经济上有一个长远的规划。阿奇利（Atchley，1994）提出退休应该分为 6 个阶段，分别是退休前阶段、短暂和谐阶段、觉醒阶段、再定位阶段、稳定阶段、终止阶段（图 8-1）。

图 8-1　阿奇利的退休 6 阶段

在退休前阶段，个体开始对退休做长远打算，并逐步细化、推进这些计划。一旦退休之日到来，一些个体从繁忙的工作中得以解脱，他们通常会为自己安排一系列与自身兴趣相符的、有意思的休闲活动，开始进入短暂和谐阶段。在这个阶段中，退休的老年人会尝试许多之前没有时间、没有机会去做的事，大部分人会选择去游山玩水，或者出国走走。这个阶段一般不会持续太久，时间长短取决于老年人的身体状况和经济条件。在短暂的和谐阶段以后，老年人开始进入觉醒阶段。这一阶段中个体往往会产生低落、无聊甚至是抑郁的情绪，心理问题大多在这一阶段产生。如果不良情绪能够及时得到排解，老年人会进入再定位阶段，即为生活寻找一个新的、基于实际的、有建构性的方向。他们开始发展出新的爱好或者继续自己之前的特长，并且乐于拜访之前的老朋友和结交新的志同道合的朋友。还有些老年人志愿参与社区义务劳动，丰富充实自己生活的同时提高自身的意义与价值。一旦这些安定的、闲适的生活习惯养成，个体的退休生活便进入到一个稳定的阶段。

不过，有一些老年人的退休生活会走入终止阶段。通常当他们退休后的社会角色无法满足自身的需求时，老年人会试图终止这种闲适生活，而选择重新从事一些劳动活动。有一位 91 岁的老人便是这样的个体之一，尽管已经年过古稀，但他不安于无所事事的退休生活，而是选择到商业街上的一家面包店当销售员。在他两年的工作时间里，尽管他每周仅工作16～20个小时，他还是多次获得"月销售之星"称号。对于这位老人来说，工作为他带来快乐和成就感，使他的晚年生活再次迸发活力。

三、退休心理问题

张老伯，62岁，退休前曾是单位里的主要负责人。退休后，曾被单位返聘一段时间继续担任部门负责人工作。去年张老伯彻底告别了单位，回到家里养老。起初在儿女的劝说下，他曾到公园老年人较多的地方转了几天，但是很快就不再出门了，整天闷在家中，不与别人来往。渐渐地，儿女们发现，父亲的性格有了很大的变化，爱生气、爱唠叨，对一些社会现象经常看不惯、愤愤不平；每次到原单位办事回来后，他还常常唠叨："要是我当领导，肯定不会这样……"尤其是到了年节，来登门看望老张的人明显少了，老张更是满腹感慨、情绪低落。儿女们不知该如何劝慰父亲，于是向心理医生求助。

李阿姨，58岁。退休前在单位里任处长，是个女强人。退休后，李阿姨情绪低落，总是怀疑自己得了疾病。儿女领她到医院做了全面的检查，检查结果却是很健康。在医生的提示下，儿女求助于心理医生。

尽管多数老年人在走入退休生活后都能在一段时间以后适应，但是在这个过程中还是有不少老年人会遇到一些"麻烦"。有研究发现，对退休角色转换感受十分消极的人多处在两个极端位置上，即社会地位高、受教育水平较高、收入水平较高的人和社会地位很低、受教育水平很低、收入很低的人。

如上文案例所提，张老伯和李阿姨退休前都曾是原先单位中的一把手，都是高素质人才，由于退休后生活反差很大，变化极其显著，他们都产生了对退休生活适应困难的感觉。而后一种人对退休的适应不良，主要是由于退休后的主要经济来源是养老金，比原先的工资低，再加上本来家庭经济状况就比较困难，退休后生活水准更是大幅下降。有研究表示，退休与抑郁、焦虑等消极情绪的出现并无直接联系，经济收入的降低才是退休引起的最主要、最普遍的问题。人们对退休的消极反应很大程度上来源于经济状况的恶化。因此，建立健全的社会养老保障制度，保证足够的养老金，会对个体的退休体验带来很大影响。

生活中的心理学

退休老人心理状况小自查

你是否觉得记忆力比大多数人差？

你是否情愿待在家里而不肯去做些新鲜事？

你是否大多数时间感觉精神好？

你是否觉得平常日子空虚？
你是否常有无助的感觉？
你是否以为如今活着很惬意？
你是否常感到厌恶？
你对平常日子基本上满意吗？
你是否惧怕会有可怕的事落到你头上？
你是否大多数时间感到不高兴？
你是否抛弃了许多活动和爱好？

若老年朋友们对上述症状的回答大多是肯定的，那么您就需要对您的心理状况多加警惕了，或者及时向心理咨询师寻求帮助。

那么，有什么切实可行的方法能够使老年人更好地面对退休所带来的一系列心理问题呢？

1.随角色改变，调整角色行为

一个人的主要社会角色随着年龄变化而发生改变。退休以前，个体往往在社会、家庭中扮演“主角”，但一进入老年期离退休以后，不但生理功能有所减退，在社会、家庭中所肩负的责任也发生了变化，由“主角”逐渐转变为“配角”，从一个家庭支柱转变成为赋闲养老的老年人，从有规律的在职生活转变为悠闲的家居生活。因此，有许多离退休老人感到不习惯或心理上无所适从，一时难以适应这种“清闲”，从而产生了孤独感、寂寞感，造成心理冲突或心理矛盾，导致老年性忧郁症和其他心因性疾病的发生。因此，老年人应主动适应角色改变、调整角色行为。

能否主动适应角色的改变，是老年人能否适应新的环境、安度晚年的关键。如果老年人不能适应，可能会因自己的行为方式与角色不相称而增添麻烦、遭受挫折、影响心身健康。如某局长，退休后不适应角色变化，仍觉得自己是局长，仍以局长的“身份”参与集体活动，指挥别人，自然与周围环境不协调，因而遭到冷落，出现强烈的情绪波动，造成睡眠障碍。所以老年人应面对现实，审时度势，根据自己的角色变化，来采取相应的行为方式。

除了对角色转换的适应，老年人还应该了解角色期待、调整角色行为。角色期待是在社会或群体中每个人提出符合自身身份的要求，角色本人应了解这种期待，及时调整自己的行为，才能和周围的人保持融洽的关系。如某主任离休后，他热爱集体，关心单位的发展建设，经常以普通一兵的身份回到单位和基层人员促膝谈心，解决他们的思想问题，帮助协调上下级关系，获得了大家的一致好评，他本人也心情舒畅，乐在其中。

2.正确认识，尽快适应离退休生活

离退休是一种社会现象，也是生理规律的必然。如果不能很好地适应，离退休有可能造成个体不同程度的“失落感”，怅然若失或烦躁不安，出现厌倦、抑郁、焦虑及生理功能失调等“退休综合征”。但如果能积极进行心理调整，主动适应离休生活，上述情况则可以避免。

在退休之前，个体应做好离退休前的思想准备。接近离退休的老年人，要适当学习有关老年心理学的知识，了解离退休后老年人的心理变化特点及适应方法，对离退休后的生活、活动时间安排要给予具体考虑，以便做好主动适应。

除了心理准备外，老年人还应做好离退休前的工作准备。接近离退休的老年人要根据自己的特点和特长，主动培养自己的爱好，如书法、绘画、阅读、资料积累、文体特长、科技特长等，以便离退休后仍能在社会生活中发挥积极的作用，使自己的生活过得愉快而充实，消除失落感。

3.妥善处理人际关系，克服孤独感

离退休后，老年人由于生理功能的减退，活动能力的逐渐降低，与原来工作单位的联系减少，加之子女长大成人大都工作在外，因此人际交往范围骤然缩小，很容易感到孤独、抑郁，从而成为影响其心身健康的重要因素。所以，老年人应认识到离退休后人际交往的变化是客观存在的，应逐渐努力建立新的人际、在新的内容上进行交往，以克服孤独感。首先，增加与周围同龄人或同行的交往，安排一定的时间和周围的同龄人或同行聊天、散步或进行其他活动，多参加一些有益的社会活动，多交几个知心朋友，以维持和社会的接触。其次，人到老年，虽然退出了岗位，但仍是社会一员，仍应关心国家大事、关心集体、关心同志，不要自我疏远。老年人应量力而行，尽可能为社会、为他人做点事，如做义务保健员、义务邮递员等，这样既充实了自己的生活，又克服了离退休后出现的远离熟悉群体的孤独感。此外，在家庭生活中，应尽自己所能，关心、体谅其他成员，对家庭大事要发扬民主精神，小事应尽量随和，以保持家庭各成员间融洽和谐的气氛，安享天伦之乐。

4.正确对待衰老和疾病，增强心理承受能力

进入老年后，个体各种生理功能都进入了衰退阶段，如形态的老化、感觉器官功能下降、神经运动功能缓慢、记忆力减退等，而对衰老症状的自我感受和认识，反过来又会影响衰老的进程。有的老年人察觉或意识到衰老，过多地关注自己的健康，就容易焦虑多疑，心情沮丧、颓废，从而加速衰老。因此，对这些必须正确认识和对待。首先要识老、服老，合理、实事求是地安排工作、学习和生活，避免过分劳累和紧张；但又要不畏老、不服老，切忌忧心忡忡、意志消沉，甚至产生老朽感、末日感。实际上，人到老年，虽然生理功能多有减退，但就整体心理能力而言，多数老年人在完全衰老以前，不仅可以继续保持学习的能力，而且智力水平还可以因知识和经验的积累有所提高，不少70～80岁的科学家、政治家还能对社会做出积极贡献，所以离退休老年人应克服人为的自我颓废心理，振奋精神，继续为社会发挥余热。其次，人到老年，各种疾病，特别是老年性疾病的增加，对身心健康有一定的影响。对疾病的态度，一是要警惕，二是不

要怀疑、忧虑。在身体状况有变化或感到不适时，要重视，及时检查，发现疾病及时诊治；但是，也不要稍有不适就终日忧虑，甚至怀疑自己得了不治之症，以致让疑虑忧郁损害自己的身心健康。

5.保持良好的情绪，增强心理应对能力

情绪是心理因素中对健康影响最大、作用最强的成分，因此，培养健康的情绪、注意情绪的紧张适度、使情绪有适当的稳定、保持心理平衡，对老年人的心身健康起着决定性的作用。

善于控制自己的情绪，保持平和淡定的心境。离退休老年人会因为生理和心理等因素而陷入失落、低迷、烦躁或是忧郁等消极情绪中去。在这种情况下，老年人就应该学会适当地自我调节，使自己能够保持乐观、平和的心境，控制自己的情绪，避免因过大的情绪起伏而引起不必要的疾病。

善于处理心理矛盾，避免焦虑。离退休老年人有心理矛盾或感到忧伤、绝望时，应向家人朋友倾诉或发泄，增加“心理透明度”，这样有助于心理问题的迎刃而解，也可以减轻郁闷、压抑的心理；此外，当情绪不好的时候，还可以采取转移注意力的方法，如从事自己最感兴趣的活动、看喜欢的书、欣赏音乐、和知心朋友聊天、参加有意义的社会活动等，这样有利于消除或减轻心理压抑。

总之，充分认识和明确角色的改变，学会自我调节，合理安排自己的生活与学习，适时合理宣泄消极情绪，保持愉悦的心态，逐渐培养、建立心理适应能力和心理承受能力，以健康的心态对待，才能让自己的晚年生活幸福快乐。

复习巩固

1.列举退休的几个阶段。

2.你是否也设想过自己的晚年生活？请谈谈自己的退休生活规划。

3.如何克服退休心理问题？请谈谈你的看法。

第三节　老年休闲生活

老年人离开工作岗位，正式进入退休生活，其生活的主旋律由工作转为休闲。想想我们家里的老人，他们的闲暇时光都是怎样度过的？是读书看报、健身习画，还是扑克麻将、邻里闲聊？他们过得是否充实而有意义？是什么影响了他们的休闲生活质量？

一、休闲概述

休闲对于每个人来说都是必经的生活体验，但是每个人的休闲方式又大有不同。对于退休的老年人来说，休闲更是生活中的重要部分。那么，究竟什么是休闲？休闲的概念不论是在国外还是国内都没有统一的界定，学者们由于各自研究的出发点不同，所界定的概念也不相同。笔者在此倾向于楼嘉军（2005）对休闲的概念界定：所谓休闲是个人闲暇时间的总称，也是人们对可自由支配时间的一种科学和合理的使用。休闲活动虽然与人们所从事的日常工作毫无关系，但与劳动并不冲突，休闲活动是人们自我发展和完善的途径。

卡瓦纳（Cavanaugh，1990）的研究表明，随着年龄的增长，个体更多地从需要较强身体运动的休闲活动转向需要少量身体运动的休闲活动。对于青年人来说，他们更倾向于寻求紧张、新鲜、刺激的休闲活动；中年人则多集中于家庭中的紧张度较弱的休闲活动；对于老年人来说，他们的休闲活动选择范围更窄，紧张度更弱。造成以上差异的主要原因在于老年人的身体状况大不如年轻人，而且对新鲜事物的感兴趣程度也大幅降低。不过对于老年人来说，休闲活动所占生活之比重远比年轻人多。据调查，在业人员的人均休闲时间为每天3～5小时，而已经退休的老年人闲暇时间容量最大，除了满足基本生理需要和家务时间外，每天大多有8小时以上的自由支配时间。所以，合理安排闲暇时间、积极参与休闲活动，对于丰富老年人的晚年生活、提高老年人的生活质量，有着非常重要的意义。

二、影响老年人休闲生活的主要因素

（一）性别的影响

不同性别的老年人在休闲时间拥有量、休闲活动方式上都存在着较明显的差异。有调查显示，男性老年人的休闲时间平均每天为592.1分钟，女性老年人为502分钟。这一方面显示出老年人在休闲时间拥有量上比较充裕，另一方面也反映出男女两性老年人在休闲时间拥有量上存在着不平等现象。家务劳动时间是影响休闲时间的一个重要因素，家务劳动时间越多，休闲时间就会越少。而家务劳动时间又与性别有着密切的关系。我国传统的社会性别分工观念认为“男主外，女主内”，把家务劳动看成是女性的职责，并主要由女性来承担。在调查中，男性老年人平均每天的家务劳动时间为134.8分钟，女性老年人则为269.3分钟，女性老年人的家务劳动时间远远多于男性老年人。男女两性老年人在休闲活动中之所以会出现这些差异，除受到男女两性本身的性格特征影响之外，更多的是受到休闲意识、收入和文化程度等影响。受传统社会性别观念的影响，女性老年人的休闲意识弱于男性老年人，她们习惯于将丈夫和孩子的需要放在第一位，而且往往总是觉得有许多忙不完的事情,难以去享受休闲。同时,她们的收入和文化程度也低于男性老年人。在被调查的老年人中,有57.6%的男性老年人个人月收入在1000元以上,而只有42.4%的女性老年人属于这一范围;从初中及以下文化程度的人数来看,女性老年人的比例是41.3%,而男性老年人的比例只有28.2%。收入和文化程度的偏低,严重地制约了女性老年人休闲意识的提高和休闲技能的培养。

(二)收入的影响

收入对老年人休闲的影响体现在休闲方式的选择和休闲消费的支出上。家庭经济状况对城市老年人的休闲生活质量有着重要的影响。经济状况会影响到老年人休闲时间的拥有量。在调查中发现,城市老年人个人月收入与家务劳动时间和休闲时间都具有相关性。个人月收入越高,其家务劳动时间呈现出减少的趋势,而休闲时间则呈现出增加的趋势;个人月收入越低,每天家务劳动时间越长,而用于休闲的时间则相应减少。收入偏低使老年人不得不在家务劳动上多消耗时间。同样,休闲活动的开展也需要一定的经济基础。在外出游玩等需要一定花费的休闲活动方面,个人月收入高的老年人的休闲活动比较丰富。而低收入老年人的休闲活动则主要集中在不用多少花费的诸如看电视、散步、下棋、打牌、聊天等项目上,对一些需要有一定支出的如外出游玩,到体育场馆、娱乐场所活动等则很少参加,这是因为长期的低收入使他们为生计而操心,限制了他们的休闲支出,也在一定程度上影响了他们的休闲意识。

收入稍高些的老人就有可能选择花费较多的休闲方式。当然,单纯的月收入不能充当休闲花费的决定因素,还要受休闲消费观念以及月收入的满意程度的影响。由调查得知,虽然样本老人的收入处于中低层,但是收入的满意程度却相对较高。

(三)文化程度的影响

一个人的休闲生活质量与其文化程度有着密切的关系,不同文化程度的人会形成不同的需要和满足机制,从而选择不同的休闲活动方式。从调查中可以发现,文化程度越低的老年人,"无事休息"的时间越长;文化程度越高的老年人,从事休闲活动的项数越多,特别是参与提高型休闲活动的人数与投入的时间都呈现出增加的趋势。同时,文化程度低的老年人,一些相应的休闲技能也比较缺乏,因而造成了他们的休闲活动内容的单调化,使他们在休闲活动的内容和结构上不协调,纯粹的娱乐消遣性活动过多,而用于提高型休闲活动的时间则太少。总体来看,文化程度越高的老年人,其休闲意识越强,对自己休闲时间的利用更有计划性、更具效率,从而其休闲质量也相对较高。受教育程度的不同也会在很大程度上导致收入的不同,而且一般来说,受教育程度较高的老人会在休闲观念上更加积极,而且也会选择更加丰富的休闲活动类型。

(四)社区环境的影响

老年人的日常休闲活动主要是在离家较近的范围内进行,而社区就是他们的一个主要活动场所,社区环境的好坏会影响到老年人的休闲生活质量。社区环境既包括社区的自然环境，也包括社区的人文环境，两者对老年人的休闲活动都会产生一定的影响。不过目前社区用于方便老人休闲的场所并不多见，有的也只是开设了书籍阅览、棋牌娱乐、健身运动等少数项目，没有提供更丰富的服务内容，也使一部分老年人觉得太单调而提不起兴趣。部分老年人由于身体健康状况的原因，行动不便，只能在家附近活动，而社区又没有可供活动的地方，因而就选择闲坐、闲聊，这极大地影响了他们的休闲生活质量。

三、提高休闲生活质量的对策

（一）个人层面

从休闲的三种限制因素（个人内在心理的限制、人际限制和结构限制）来看，最关键的就在于克服个人内在心理的限制，而这实际上涉及老年人的休闲意识和休闲技能的问题。当前城市老年人休闲中的个人内在心理限制主要是由老年人休闲意识不强、休闲技能缺乏所造成的。因此，必须增强老年人个人的休闲意识，提高他们的休闲技能，鼓励他们积极参与各项适合自己的休闲活动。

目前老年人口特别是高龄老年人，他们成长于艰难困苦的生活环境中，在当时特殊的历史条件下，休闲是一种“奢侈品”。在这样一种社会氛围下，他们的休闲意识往往比较淡薄，休闲要求不强烈，也缺乏休闲技能的积累。因此，要提高城市老年人的休闲生活质量，关键就在于老年人要树立新的休闲价值观，调整好心态，积极参与各种休闲活动。为此，可以从家庭、社区、社会等方面入手，增强他们的休闲意识，培养休闲新观念，帮助他们提高休闲技能，广泛开展休闲娱乐活动，使他们自然参与、融入其中，寻找适合自己的休闲活动。

（二）家庭层面

从家庭层面看，应尽可能减少老年人的家务劳动时间，从物质上和情感上支持老年人的休闲活动，帮助他们增强休闲意识、提高休闲技能。与其他群体相比较，城市老年人的休闲时间是比较充足的，但仍有一部分老年人的家务劳动时间过长，挤占了休闲时间，限制了他们休闲活动的开展。因此，要提高老年人的休闲生活质量，就必须减少他们的家务劳动时间，增加他们的休闲时间拥有量。此外，经济状况也会影响到老年人对休闲活动的选择，低收入状态使他们倾向于参加一些不需要什么花费的活动。因而，作为家庭中的年轻人，应给予老年人在经济上力所能及的帮助，还可以利用节假日带老人外出旅游，或鼓励他们参加“夕阳红”之类的旅游团体。这样，一方面可以增进年轻人与老人之间的感情，另一方面也给老年人提供了与他人交流的平台，认识更多的朋友，丰富老年人的精神生活。

（三）社区层面

从社区层面来看，应建设相关休闲场所，组建社区休闲活动团体，丰富老年人的休闲生活。社区是城市老年人活动、交往、生活的主要场所，大部分老年人的休闲生活主要是在社区范围内进行的。有调查显示，约有39.8%的老年人认为社区内的活动场所不能满足他们的休闲需求。这说明，社区所能提供的休闲活动场所与老年人的休闲需求之间还有一定的距离。要把社区建设成老年人休闲的乐园，就必须加大对相关休闲活动场所的建设。在建设相关休闲活动场所时，还应多调查本社区老年人的需求，合理建设与老年人本人相符合的健身器材、娱乐设施和场地。除此之外，社区工作人员应充分挖掘和培训本社区的文化娱乐活动骨干，根据不同年龄段以及不同的兴趣爱好，组建各种老年休闲活动团体，进行有组织的休闲活动培训，带动社区中广大老年人参与到丰富多彩的休闲活动中去。

我们应积极主动关心老年人，尤其是高龄老人，适当为他们增加一些社会活动，社区要创造条件，拓宽和完善服务方式和内容，开展多种活动，培养老年人的兴趣爱好，丰富老年人生活。社区要增设活动场所，如老年人活动中心等，为老年人提供活动、消遣和交流的场所，以延缓他们生理、心理以及社会功能的下降。营造良好的社会环境和家庭环境也是提高老年人生活质量的一个重要因素，要努力营造一种尊老、爱老的社会和家庭氛围，使老年人感受到自己被重视和尊重，从而保持良好的心态。

最后，我们不妨来看看国外老人们有趣而独特的休闲方式，是否可以被中国老年人所借鉴，更加丰富他们的老年生活呢？

(1)打乒乓：在瑞典的老年人活动中心，乒乓球是一项热门运动。各个老年人活动中心还经常举行友谊比赛。届时，不少老年人兴致勃勃，其子女乃至第三代也都到场助威，十分热烈。

(2)参加保健乐队：奥地利健康专家的一项研究证实，现场演奏音乐可有效降低老年人的血压，帮助驱除焦虑、抑郁、孤独等负面情绪。因此，最近几年来，有越来越多的奥地利老年人参加了“保健乐队”。

(3)骑驴：近年来，驴子在法国突然吃香起来。马赛等城市的宠物商店甚至开始出售或出租驴，而骑驴者大多是下乡郊游的老年人。一位拥有两头驴的70岁老者说：“驴子生性老实，脾气温和，步速缓慢，老年人骑着郊游很合适！”

(4)赤足跑：在英国，老年人最时兴的运动是赤足跑。赤足跑一般在户外进行，场地为草坪、自行车道或路面平滑清洁的乡间小路。赤足跑不但能加快感冒等常见病的康复，还能减轻抑郁症、狂躁症等的症状。

(5)滚铁环：滚铁环本是少年儿童玩的游戏。如今西班牙有越来越多的老年人也滚起了铁环，并将它当作一种时尚的健身活动。不过，老年人滚的铁环比少年儿童的要大得多，而且也稍粗些，滚动起来平稳、缓慢。

(6)泡浮箱：美国越来越多的老年人开始热衷“泡浮箱”。浮箱内有一定浓度的盐水和天然芳香剂。当老年人裸身浸入浮箱后即处在半浮半沉状态。箱门关闭后，水温渐渐升高，香味越来越浓，健身者随即进入半梦半醒状态。泡浮箱有降低血压、软化血管、减少中风和心脏病发作之效，同时还能预防多种皮肤病。

(7)学爬行：自从巴西老年病治疗专家查尔沃医生创办了“爬行俱乐部”以后，在老年人中掀起了爬行热，那些身患心血管疾病、痔疮、失眠、消化功能紊乱的老年人纷纷在家中卧室的地板上学起了爬行。爬行运动不仅可以预防、缓解20多种老年病，而且不易使老年健身者受伤。不过，老年人学爬行应根据自己的体质量力进行。

复习巩固

1.老年人休闲活动的特点是什么？
2.结合自身生活观察体验，说说现今老年人休闲存在的问题，并寻找对策。
3.简述休闲对于老年人的心理学意义。

拓展阅读

退休年龄延迟之争

延迟退休不是一个新话题。从2008年开始，围绕这个问题的争论就不曾停止。2012年7月1日，在北京召开的积极应对人口老龄化战略研讨会上，人社部社会保障研究所所长何平称，我国应逐步延长退休年龄，建议从2016年实行延长退休年龄的政策，并每两年延长1岁退休年龄，到2045年不论男女退休年龄均为65岁。

“延退”再一次被提出，引发热议。虽然人社部随后表示目前仅对“延迟退休年龄”展开研究，进行政策研究不代表现行退休年龄规定即将更改，但关于这一话题的讨论余波未了。

网友们纷纷表示，把到了退休年龄的职工工作年限再延长5年，国家是最大的受益者。也就是说，国家可以少支付5年的退休金。对于劳动者而言，要多交5年的养老金才能享受到本该在5年前就享受到的待遇。对于那些奋战在生产第一线的苦脏累工种的职工而言，这种延长实际上是加重了他们的工作强度和更大的体力付出。

延迟退休年龄一头关乎养老，另一头牵着就业。还有网友担心，在大学生就业压力十分严峻、下岗职工谋生艰难的情况下，延迟退休年龄，实际上是在跟大学生和下岗职工抢饭碗，会使原本就很大的就业压力变得更大了。

而少数支持者同样理直气壮。他们认为，我国关于退休年龄的政策还是20世纪70年代制定的，迄今已经约40年，人口预期寿命提高了7岁多。延长退休年龄是适应人均预期寿命延长、受教育年限延长，以及人口老龄化趋势的必然选择。我国现阶段的退休政策亟待修改，国家提出延迟退休的理由也很充分，无论主观同不同意，从国家角度来讲，延迟退休势在必行且利大于弊。

无论是出于民生还是国情，我国的退休政策改革肯定是要紧跟时代步伐的。尽管现在对于“延退”之争，民众中反对之声高于赞同之声，不过从国家发展和整个世界退休制度发展趋势来说，延迟退休年龄是大势所趋。那么，你怎样看待“延退”呢？是支持还是反对？不妨谈谈自己的看法。

本章要点小结

1.老年人再就业有助于减轻社会负担和国家财政压力、缓解人才资源结构性短缺和调整个体不良心态。

2.老年人力资源三大优势：一是知识资本；二是网络资本或者关系资本；三是老年人力资源的投入成本相对较低，收效快而高，有拿来就可用的特点。

3.影响老年人再就业意愿的主要因素是身体状况、经济状况和受教育程度。

4.老年人的认知功能具有可塑性，保持较好的认知功能可以补偿减退较早的认知功能，并且老年人的人格也较青年人来说具有一定优势，这些都为老年人能够继续工作提供了心理学基础。

5.退休是指劳动者根据国家有关规定在一定年龄停止有偿劳动的一种社会制度。中国现行的法定退休年龄女性为50～55岁，男性为55～60岁（特殊工种的女性退休年龄是45岁，男性是50岁）。

6.退休大致伴随以下几个必然因素：社会劳动参与减少、职业生涯终止和自我概念的转变。

7.个体对自身劳动参与程度的选择自主性对个体身体健康和幸福感有较大影响，即自愿退休的老年人的幸福感和身体状况或许会优于非自愿选择的老年人。

8.一些个体在预期到或者面临退休时的确会有焦虑情绪产生，不过工作角色的缺失一般不会造成自我同一感危机。这是因为大部分人都能较好地将他们在职时期的社会角色和社会关系转移，在刚刚退休后的几年中内心社会角色依然得以延续，这样使得个体从在职到退休在心理上不会有太大落差。

9.夫妻双方共同规划安排、相互协调退休生活，并共同分担家务，可以使夫妻双方幸福感提升。

10.阿奇利提出退休应该分为6个阶段，分别是退休前阶段、短暂和谐阶段、觉醒阶段、再定位阶段、稳定阶段、终止阶段。

11.对退休角色转换感受十分消极的人多处在两个极端位置上，即社会地位高、受教育水平较高、收入水平较高的人和社会地位很低、受教育水平很低、收入很低的人。

12.经济收入的降低是退休引起的最主要、最普遍的问题。人们对退休的消极反应很大程度上来源于经济状况的恶化而产生的忧虑。因此,建立健全的社会养老保障制度,保证足够的养老金,会对个体的退休体验带来很大影响。

13.退休心理问题对策:随角色改变,调整角色行为;正确认识,尽快适应离退休生活;妥善处理人际关系,克服孤独感;正确对待衰老和疾病,增强心理承受能力;保持良好的情绪,增强良好的心理应对能力。

14.所谓休闲是个人闲暇时间的总称,也是人们对可自由支配时间的一种科学、合理的使用;休闲活动虽然与人们所从事的日常工作毫无关系,但与劳动并不冲突,休闲活动是人们自我发展和完善的途径。

15.随着年龄的增长,个体更多地从需要较强身体运动的休闲活动转向需要少量身体运动的休闲活动。对于青年人来说,他们更倾向于寻求紧张、新鲜、刺激的休闲活动;中年人则多集中于家庭中的紧张度较弱的休闲活动;对于老年人来说,他们的休闲活动选择范围更窄,紧张度更弱。

16.男、女老年人在休闲时间上存在显著差异,主要是由于女性老年人承担了更多的家务。另外,收入和文化程度的偏低也严重地制约了女性老年人休闲意识的提高和休闲技能的培养。

17.收入对老年人休闲的影响体现在休闲方式的选择和休闲消费的支出上。

18.不同文化程度的人会形成不同的需要和满足机制,从而选择不同的休闲活动方式。

19.社区环境既包括社区的自然环境,也包括社区的人文环境,两者对老年人的休闲活动都会产生一定的影响。但目前现有的社区环境不能满足老年人的休闲需求,需进一步加强建设。

20.提高休闲生活质量的对策:增强老年人的休闲观念;家庭给予物质与精神支持;加强社区基础设施建设,为老年人提供更多休闲可能。

关键术语表

人口老龄化	aging population
老年人再就业	elderly re-employment
退休	retirement
纵向研究	longitudinal research
角色转换	role change
自我同一感危机	identity crisis
休闲方式	leisure life-style
休闲观念	concept of leisure

选择题

1.老年人力资源的优势包括(　　)。

A.知识资本　　B.关系资本　　C.智力资本　　D.投入成本低,拿来可用

2.老年人再就业的影响因素包括(　　)。

A.身体状况　　B.经济状况

C.受教育水平　　D.政策因素

3.关于老年人再就业的心理学基础,以下描述错误的是(　　)。

A.老年人衰退的认知能力可被弥补

B.老年人的认知功能具有很大可塑性

C.老年人的人格特征具有沉稳、自律的优势

D.老年人的智商普遍高于年轻人

4.以下群体中,哪个更容易适应退休转变过程(　　)。

A.无稳定工作,非自愿退休　　B.有稳定工作,非自愿退休

C.无稳定工作,自愿退休　　D.有稳定工作,自愿退休

5.关于退休,以下描述正确的是(　　)。

A.我国现行退休制度的法定退休年龄女性为55～60岁,男性为60～65岁

B.退休后个体抑郁水平显著增高

C.夫妻双方共同规划退休生活并共同分担家务可使夫妻双方幸福感提升

D.退休一般会导致个体自我同一感危机

6.在退休的短暂和谐阶段,个体更倾向于(　　)。

A.旅游　　B.参加社区义务劳动

C.在家无所事事　　D.工作

7.对退休带来的角色转换感受比较消极的群体一般是(　　)。

A.非自愿退休的人　　B.社会地位高的人

C.社会中层群体　　D.社会地位很低的人

8.以下关于休闲的描述,正确的是(　　)。

A.休闲活动与劳动是相冲突的

B.老年人休闲活动选择范围较窄、紧张度较弱

C.休闲活动是人们自我发展和完善的载体

D.相比于老年人,对于年轻人来说,休闲活动更为重要

9.不同性别的老年人休闲活动差异的主要原因是(　　)。

A.老年女性体质比男性较差

B.普遍来说,女性的收入水平低于男性

C.在传统社会观念中,女性更多的精力放在"相夫教子"上,而休闲观念较弱

D.在传统观念中,女性老年人更多地承担了家务劳动,而休闲时间较少

第九章　死亡与临终关怀

死亡是我们每个人必须面对的一个话题，随着年龄的增长，我们会对死亡逐渐重视起来。你是否觉得当一个人的心跳停止时就可以认定其死亡？再者，假设再过一段时间，你的人生进入暮年，当你由于疾病躺在重症监护室时，你是否愿意用高科技的医疗器械去艰难维持即将逝去的生命？你知道什么是临终关怀吗？你对安乐死真的很了解吗？本章将重点介绍死亡的定义、标准及过程，同时让更多的人能够了解临终关怀的发展历史，掌握临终关怀的定义、目的及临终病人的心理特征，了解我国临终关怀事业的发展背景及其存在的现实问题，掌握开展临终关怀的具体策略和意义，关注国外临终关怀事业对我国临终关怀事业的启示。

个体从来到这个世界上的那一刻起，就无法避免死亡这个问题。死亡是生命之旅的终点，但它不是生命的骤然停止，而是一个连续发展的问题。那么从心理学的角度出发去分析、探讨关于死亡与临终关怀的问题又会有怎样的不同呢？当个体进入暮年时，会比以往任何一个阶段更加关注死亡与临终关怀事业。为了使心理学或者非心理学专业的研究者对死亡与临终关怀有一个全面的认识，加强对老年人心理状态的关注，接下来我们将对死亡及临终关怀做一个全面的介绍。

第一节　对死亡的认识

对于死亡，东方和西方有着不一样的观点。在中国，传统文化赋予了中国独特的死亡观：喜谈生、避谈死。人们对于死亡更多的是注重葬礼的排场，并且相信死亡是另一种重生，这是一种拒绝接受死亡事实的心态。世俗的死亡观喜生而惧死，死亡降临的不确定性、无时间性、不可体验性带给人们的恐怖气氛，让人们想尽办法来避免死亡。但是，西方的哲学家却有着与东方相反的死亡观：劝死学。他们认为死亡是一种必然，是一种自然现象，意味着真正的永恒和幸福的开始。古希腊的柏拉图认为死亡时灵魂挣脱肉体的束缚而获得永生。叔本华认为，生命原本空虚，人生是一场悲剧，但死亡并不可怕，死亡不能否定意志本身，事物真正本质的存在与生死无关。而《圣经》认为，人生如筵席，人生活到一定的年龄就无所挂念地离开筵席，去面对死亡。唯物主义较乐观的死亡观也指出，死亡对我们无足轻重，因为当我们活着的时候，濒临死亡或面对死亡时，才觉得它很恐怖，可当死亡真正来临时，人们已经不知道恐怖了，因此没有必要惧怕死亡。

一、死亡的定义与死亡过程的分期

尽管人在任何年龄阶段都有可能死亡，但我们只把老年期的死亡视为生物上的生命自然终结，它不仅是个人生命的终止，还会给家人朋友带来巨大的影响。死亡是生命活动不可逆的终止，是人的本质特征的永久消失，是机体完整性的破坏和新陈代谢的停止。死亡虽然是生命的终点，但它并不是一个戛然而止的事件，而是一个连续的过程。具体的死亡过程在医学上分为三个时期。首先，濒死期是死亡过程的开始阶段，表现为意识模糊或丧失，呼吸、循环衰竭，代谢紊乱，机体各系统功能严重障碍。其次，临床死亡期表现为心跳和呼吸完全停止，各种反射消失，但各种组织细胞仍有微弱而短暂的代谢活动。最后，生物学死亡期是死亡过程的最后阶段，此时机体新陈代谢全部停止。不管是自己所爱的人故去还是自己的死，每个人都要勇敢地面对。死亡作为一种心理事件将在下文中进行讨论。

二、死亡的标准

先进的医疗设备让死亡的标准变得复杂起来。早在1968年以前，死亡常常是以个体生物功能的丧失为界限。如停止心跳、停止脉搏跳动、身体变硬等，即心肺死亡。直到1968年，哈佛大学提出“脑死亡标准”。脑死亡的诊断标准是不可逆的深度昏迷，对各种内外刺激均无反应，自主呼吸停止，脑干反射消失，脑电波消失。同时要求以上四条标准在24小时或72小时内反复测试的结果无变化。同时排除体温过低（低于32℃）及中枢神经抑制剂的影响，才能做出脑死亡的判断。“脑死亡标准”的转变有着极其重要的意义。首先，能够及时抢救假死状态的患者，维护了人的生命。其次，为处置脑功能处于不可逆而有心跳的患者提供了科学依据，有利于节约卫生资源，同时也有利于器官移植的开展。

近年来大部分外科医生定义脑死亡通常包括高级皮质功能的死亡以及低级脑干功能的死亡。一些医学专家认为死亡的标准应该只包含高级皮质功能的死亡。如果采用皮质功能死亡这一定义，那么即使一个人的低级脑干系统起着作用而高级皮质作用丧失的话，外科医生就会宣布这个人死亡了。皮质死亡这一定义的支持者认为，某些高级功能如智力、个性等均位于大脑的皮质部分，他们认为当这些功能丧失的时候，个体也已经不会再活着了。

三、生死的选择权

死亡也是一种权利，在个体生命垂危之际，是继续在医疗设备及技术的支撑下维持生命还是放弃也是一种选择。在有些情况下，如在特别重大的疾病或紧急情况下，病人或许不能够表达自己是否愿意用医疗设备去维持自己的生命。为了避免这种情况的发生，专家们给出另外一种选择，即永久授权书。永久授权书是一个关于个体决定是否使用医疗设备去维持自己生命的文件。在此文件中，个体可以决定在自己生命垂危时何时或者何种情况下撤销医疗器械的使用或者维持医疗器械的使用。

四、安乐死

安乐死一词源于希腊文，指“幸福的死亡”，有时又称“仁慈杀死”。它包括两层含义：一是无痛苦的死亡，二是无痛致死术。安乐死是指患不治之症的病人在濒死状态下，由于精神和躯体的极端痛苦，在本人及其亲属的要求下，经医生认可，停止救治或用人道的人为方式使其无痛苦地快速死亡。前者叫作消极安乐死，后者叫作积极安乐死。按照安乐死的执行方式可以分为主动安乐死和被动安乐死，按照患者同意的方式分类可以分为自愿安乐死和非自愿安乐死。

安乐死一般主要针对晚期恶性肿瘤失去治愈机会者、重要器官严重衰竭并且不可逆转者、因各种疾病或伤残导致大脑功能丧失的部分“植物人”状态的病人、有严重缺陷的新生儿、患有严重精神疾病且经过长期治疗也不可能恢复正常者、先天性智力丧失无独立生活能力并不可能恢复正常者。大部分国家以及除俄勒冈州外的美国所有州中，积极安乐死都是犯罪行为。1994 年，俄勒冈州通过了尊严死法案，允许积极安乐死。至 2001 年，该州有 91 名个体是通过积极安乐死的方式死亡的。在荷兰和乌拉圭，积极安乐死也是合法的。就医生是如何看待安乐死这一问题上，沃克、格鲁曼和布兰克(Walke，Gruman & Blank，1999)做过一项针对 900 多名医师的调查。反对积极安乐死的人认为，如果能够完全控制疼痛，那么也就没有安乐死的必要了，并且他们认为医师的主要责任就是维持人的生命。他们还认为滥用积极安乐死有很大的潜在危险，许多人也认为这是违反道德的。

生活中的心理学

中国首例“安乐死”案件

1992 年 3 月 25 日，陕西省汉中地区中级人民法院，对轰动全国的首例安乐死案件依法当庭做出终审裁定。被告蒲连升、王明成被宣告无罪。使长达 5 年之久的诉讼案件得到终结。

1986 年 6 月 23 日，陕西省第三印染厂职工王明成的母亲夏素文因长期患肝病，到汉中市传染病院住院治疗。主治医生蒲连升诊断为：1.肝硬化腹水(肝功失代偿期、低蛋白血症)；2.肝性脑病(肝肾综合征)；3.渗出性溃疡并褥疮 2～3 度。经治疗，病情稍有缓解。但 6 月 27 日，夏的病情加重，反应痛苦烦躁。28 日早上复昏迷不醒。王明成得知母亲病危难愈，再三请求并向主治医生蒲连升表示愿意签字承担责任后，蒲给开了 100 毫克复方氯丙嗪，并在处方上注明家属要求，王明成在处方上签了名。当医护人员拒绝执行时，蒲连升指派省卫校实习生给夏注射 75 毫克。在下班时，蒲给值班医士说：“如果夏素文 12 点不行了(指还没有死亡)，你就再给打一针复方氯丙嗪。”下午 1 时至 3 时，王明成见其母亲没有死，又两次去找医士，给开了 100 毫升复方氯丙嗪，让值班护士注射，6 月 29 日凌晨 5 时夏素文死亡。

夏死后，群众反映强烈。市公安机关接到报案后认为事关重大，立即立案侦查，于 1986 年 9 月 20 日和 30 日分别对主治医生蒲连升和夏素文之子王明成以致人死亡罪收审。因该案在中国司法实践中尚属首例，公安机关先后用 14 个月时间侦破此案，对蒲连升、王明成采取了取保候审。1987 年 8 月 17 日又对蒲连升再次收审。1989 年 9 月 23 日侦察终结，报请汉中市人民检察院批准逮捕，检察院以故意杀人罪批准，并向市人民法院起诉。人民法院在审理时首先对案件事实进行了复核，对证据进行了严格审查，特别是对夏素文的死因报请省高级人民法院进行了法医鉴定。鉴定认为：夏素文的主要死因为肝性脑病，氯丙嗪仅加深了患者的昏迷程度，促进了死亡，并非死亡的直接原因。人民法院对案件的定性也逐级请示。1988 年 9 月 23 日二名被告取保候审。

1991 年 4 月 6 日，汉中市人民法院对此案做出一审判决，宣布蒲连升、王明成无罪。其后，市人民检察院以定性错误、适用法律不当，提出抗诉。同时，蒲连升、王明成也以部分事实不符，提起上诉。汉中地区中级人民法院 1992 年 3 月 15 日审结此案，认为原审法院认定事实清楚、证据确凿，定性应予以维持；抗诉机关的抗诉和上诉人的上诉理由不能成立，予以驳回。

复习巩固

1.死亡的定义是什么？

2.请简述死亡标准的转变及伦理意义。

3.安乐死的含义有哪些？

第二节　临终关怀

临终关怀事业从何而来？临终关怀的定义是什么？是不是每个老人都需要临终关怀？临终关怀的目的又是什么呢？

我们只有了解并掌握了临终病人的心理特征，做到对症下药，才能够更好地进行临终关怀这项工作。

一、临终关怀的发展历史

美国俄勒冈健康与科学大学的学者苏珊·托尔等人认为，大多数要求安乐死的重症病人并非真的要求现代意义上的安乐死，他们只是对病痛或其他问题感到恐惧。因此，最关键的问题是他们需要宽慰和心理疏导。能够解决此问题的措施就是为患者提供临终关怀。临终关怀指的是为生命即将结束的病人及其家属提供全面的心身照护与支持，使病人平静、安然地度过人生的最后历程。由此可见，临终关怀的服务理念与安乐死的本意以及中国的“善终”一脉相承。随着历史发展，各种观点的碰撞和汇合推动着人类社会的死亡伦理思想进入新的发展阶段。

在公元前就有人意识到临终关怀的意义及其重要性。早在两千四百多年前，古希腊的哲学家柏拉图就曾在其《理想国》一书中提到家庭对于个人所能产生的安慰与支持作用。1842 年，法国有位女士在里昂为久病不治的人盖了一所医院，成为临终关怀护理院的一个雏形。随着时代的发展，临终关怀学也在不断地成长中，各地的临终关怀工作也逐渐得到关注和重视并渐渐开展起来。

1967 年在英国伦敦，桑德斯(Cicely Saunders)博士和许多热心奉献的人经过多方筹划与准备，依靠多种捐款建立了“圣克里斯多福安宁疗养院”，率先尝试了医疗团队全程陪伴癌症晚期病人、并辅导家属度过哀恸期的医疗照顾方式。桑德斯的成功“点燃了世界临终关怀运动的灯塔”，其影响随之波及全球，很快临终关怀在美国、英国、日本等发达国家不断壮大。1974 年，美国建立了首家临终关怀医院——新港临终关怀医院。1983 年，临终关怀的理论与实践获得美国联邦政府和美国国会认可，并通过专门法案将临终关怀列入医疗保险的项目内。到 1995 年，美国已有 2510 家临终关怀医院，每年约有 34 万患者住在那里。1975 年加拿大成立了皇家维多利亚安息护理病区。日本于 1981 年建立起第一所临终关怀机构，一年之后就发展到 11 所。

1988 年，在黄中田博士的资助下，我国成立了第一个临终关怀研究中心，这标志着中国开始了临终关怀的研究和实践。同年 10 月，在上海诞生了我国第一家临终关怀医院——南汇护理医院，成为我国第一家以收容退休职工为主要对象，拥有医疗、护理和生活照顾设施，能为病故老人提供丧葬一条龙服务的晚期患者服务机构。目前全国各地陆续出现了各种形式的临终关怀服务机构。

临终关怀是对临终患者全方位地实行人道主义关怀的一种服务措施，是一个服务的观念，是一种为濒死的病人及其家属提供全面照顾的工作。它使临终患者在人生的最后一段历程中同样能够得到热情的照顾和关怀、感受到人间的温暖，体验到生命的价值、生活的意义和生存的尊严，这都显示了人道主义和伦理道德。

二、临终关怀的服务对象

临终关怀是一种特殊的卫生保健服务。其工作内容是为临终病人及家属提供生理、心理、社会、精神等方面的全面支持与照护，其目的是为病人追求生命品质，提高生活质量，提供安适、有意义、有希望的生活。

临终关怀的服务对象，狭义上是指患有恶性和非恶性疾病的病重垂危病人，具体指诊断明确、治疗无望、估计生命期在 10 个月左右的患者。恶性疾病病人，即晚期癌症病人，占接受临终关怀服务的病人的绝大多数。香港的临终关怀对象中 90%为癌症病人，有 45%死于癌症的病人获得了“善终服务”。非恶性疾病病人，是指患有心脏疾病、脑血管疾病、慢性呼吸系统疾病、帕金森病和 AIDS 等疾病且病程发展到晚期难以救治的病人。据2006年统计，英国接受临终关怀的非恶性疾病病人约占10%，而美国此类病人更达到20%～30%。广义上，临终关怀的服务对象包括病重垂危病人及其家属。大部分病人家属在陪伴病人度过人生最后旅程的同时也接受了医务人员的心理辅导和精神支持，并使家属在居丧期间因悲哀引起的躯体不适、情感和认知的大起大落及行为异常等状况得到减轻。

三、临终病人的心理特征

库柏勒·罗斯(1969)曾按照临终病人的心理和行为反应，将其心理特征划分为五个阶段。

否认期。当病人得知自己的疾病已进入晚期时，最初的心理反应就是否认。不承认自己患有无法逆转的疾病，表示怀疑诊断是否出了差错，这是病人面对严重应激时的心理防御机制，有其合理性，可暂时成为掩盖事实的积极心理屏障。病人常常会说："不，不会是我，这绝对不可能。"但这种反应并不会持续太久，病人很快就会意识到自己的处境。然而，否认往往只是一种暂时性的防御，它最终被日益增长的其他意识所取代，这些意识主要来自于有关经济方面、未竟的事业方面以及对家人未来生活的担忧等等。

愤怒期。否认期是短暂的，随着病情的进展，疾病的症状越来越明显，病人会产生焦虑、愤怒、怨恨和克制力下降等现象。病人常常会说："为什么是我?"在这个阶段，病人通常脾气很坏，特别难照顾。这时，医生、护士及家人会体会到与其相处的困难。"即将失去一切"这一现实对他们来说影响巨大，尤其是对于那些之前作为家庭主要支撑的个体来说，死亡带给他们的愤怒与嫉妒将更加突出。

协议期。当病人感到愤怒怨恨于事无补，相反可能加剧疾病的进程时，病人试图用合作的态度和良好的表现来换取延续生命或其他愿望的实现，情绪较平静，积极配合治疗。在这阶段病人的求生意念较强，他们可能会想："是的，我即将死去，但是……"为了能从上帝那里讨来多活几天、几周或是几个月的机会，他会承诺要改过自新、做更多有益于人类的事。

抑郁期。随着身体状况的日益恶化，病人逐渐意识到现代医疗技术已无力回天，自己生命将尽，因而陷入深刻的悲哀和绝望，伴随有相对的孤独感，抑郁愁闷，万念俱灰，食欲不振，极度疲劳，精神涣散等。这个阶段，病人会异常的安静，且大部分时间在哭泣或是悲伤，这种行为是一种正常反应，它是濒死的人试图断绝自己同周围事物关系的表现。

接受期。死亡是即将发生的事，病人无可奈何地默认了残酷的现实。此时病人体力处于极度疲劳、衰竭的状态，常会表现出平静，原有的恐惧、焦虑和最大的痛苦逐渐消失，这是死亡前的最后一个阶段。

没有人能够去证明个体是否是按照以上的五个阶段一步步走向死亡。库柏勒·罗斯常常觉得别人没有真正理解他的意思。他从不认为死亡的这个五个阶段具有不变性、唯一性。虽然他曾经一度强调死亡的五个阶段的重要性，但库柏勒·罗斯也认为这五个阶段可能只是一种假设。

四、怎样面对死亡

(一)老年人怎样面对死亡

老年人比中年人、青少年更多地想到死亡，也更多地与其他人探讨死亡。他们会对死亡有比较直接的体验，因为他们的朋友和亲人也许正面临着或经历了病痛和死亡，所以老年人不得不去思考生命和死亡的意义，这时，如果老人能对自己的一生有一个完整的、积极的回顾和评价，那么他就可以更从容地接受死亡。老年人相比于其他年龄阶段的人来说，很少有一些未完成的事情，他们不再承担养育子女长大的义务，他们的配偶也很有可能面临着死亡，在事业上也不需要他再继续完善了，没有了这些期许，也许对他们的心理来说就不那么悲观和痛苦了。不同的老年人对死亡的态度是不同的，一位 82 岁的老人称他已经度过了完整的一生并且已经准备好了生命的结束，另一位 82 岁的老人却觉得死亡是对她生命遗憾的终止，因为她再也感受不到她的亲人和朋友了。

当老年人面对死亡时，有意识的控制和否认便成为一种适应策略，当一个人认为他能够影响或控制某一事件时，比如延长生命，他就会觉得愉悦。否认也是个体面对死亡时经常产生的心理，它可以保护我们远离那种将要死亡的痛苦感觉。否认有很多种形式：首先，个体可以否认事实，例如一个被告知因为得了癌症要做手术的女人，她会认为这个肿瘤只是良性的；其次，个体还可能否认疾病带来的影响或是对生活的威胁，例如一个人也许接受了得病的事实却不相信疾病会导致死亡；甚至有人认为即使肉体上死亡了也不代表生命的终结，灵魂将会永远地存在于世界里。否认本身没有好坏之分，它既有可能是适宜的，也有可能是不适宜的，否认可以帮助个体避免由死亡威胁所带来的巨大的精神创伤，但是如果否认使病人拒绝做手术，那么否认便是不适宜的。

对于即将死亡的人来说，在怎样的环境下死去是很重要的。大部分人是在医院里去世的，医院可以为病人提供很多有利的条件，有专业的陪护人员和医疗器械来延长生命，但医院也许并不是离开人世的最理想地点。大部分人更想要在家中离开人世(Kalish & Reynolds，1976)，这样可以得到子孙的照顾，内心会感到更加温暖，但这无疑也会给家人增加负担，并且他们会担心家中的医疗条件是否能够应付紧急情况。

最近一项对 9000 名临危病人的研究发现，他们大都有一种自我存在感的缺失，并且和朋友、家人、医生的交流很少(Knaus & others，1995)。这些临危病人都有一种到九种以上的严重疾病，比如昏迷、呼吸困难、心脏病、癌症等，他们的平均剩余寿命只有六个月。这项研究分为两个阶段，第一阶段病人和医生之间的交流很少，并且迟迟不做何时放弃治疗的决定；第二阶段一半病人(控制组)继续之前的模式，另一半病人(实验组)会得到医生和家人的特殊帮助。在实验组中，每一个病人都有一个护士来了解他的身体状况，并保持病人和医生的沟通，医生可以获得病人状况的详细资料，包括病人的愿望。研究者希望通过这些额外的信息和更好的沟通可以得到更早的医疗决定、更好的缓解病痛的效果，或是减少医院的花费，但是他们期望的这些结果都没有发生。

（二）怎样面对他人的死亡

人的一生中会失去很多东西，比如离异、宠物的去世、失业等等，但没有任何一种失去比失去一个在乎的人更重要的了。人们不得不面对父母、亲人及朋友的离世，老年人可能会更多地目睹死亡、面临死亡，人们应该如何与一个即将离世的人沟通？如何对待一个即将去世的亲人或朋友？

大多数心理学家认为应该让个体得知他们将要离开人世，这样个体就可以与他周围的亲人和朋友做到良好的沟通，这样带来很多好处，比如可以让即将离世的人在这有限的时间里完成一些未完成的事，为活着的亲友做些安排，亲自安排自己的葬礼和追悼会；他们可以缅怀过去，与他们在乎的人交流、交谈，以自己喜欢的方式离开这个世界；即将离世的人如果知道自己身体的真实情况和治疗方案，会增加一些安全感（Kalish，1981）。除了有这样一个开放性的交流环境以外，一些专家还认为最好不要过多地与病人讨论病情和死亡这一话题，可以多交流一些病人现在所拥有的资源以及在余下的时间里个体还能做些什么，交流旨在帮助个体内在的成长。临终前的安抚工作不一定非要一个专业的心理从业人员来做，一个细心的护士、一个专业的医生、一个敏感的伴侣或是一个亲密的朋友都可以为这个临终之人提供精神上的支撑。下面呈现了一些如何与临终老人相处的有效方式。

1.建立起你的存在感，不要害怕与临终之人接触，一个即将离世的人往往渴望与他人接触。

2.一个临终老人由于能量的缺失也许已经十分虚弱了，所以拜访他的时间不要过长。

3.不要单方面认为临终老人已经接受了死亡这个事实，也许他还在否认这一现实；另一方面也不要坚持认为临终老人无法接受死亡的事实。

4.允许临终老人表达一些内疚和愤怒的情绪，并鼓励他们表达自己的感觉。

5.有时临终老人没有办法接触到他想见的人，所以如果你能联系到这个人就应该尽量满足老人的愿望。

6.鼓励临终老人回顾过去，尤其是当你们有一些共同的回忆时。

7.去表达你对临终老人的关心，不要害怕表达内心的爱，也不要害怕说再见。

面对所爱的人离开人世，人们往往会陷入悲痛之中，这是一种很复杂的情感，有麻木、伤心、绝望、焦虑和孤独。有一种观点认为，当我们面对亲人朋友的离世时会经历三个阶段：阵痛期、绝望期和恢复期（Averill，1968）。也有心理学家认为会经历四个时期，分别是麻木期、痛苦期、绝望期和恢复期。面对这样的痛苦也不是完全没有好处，它可以促使人们对人生和世界进行思考，使人们更深层次地领悟到生命和死亡的意义。老年人不得不面临丧偶这一事件，活着的老人将要承受很多痛苦，比如健康状况的下降、孤独、心态的失衡，甚至绝望。由于女性的平均寿命比男性长且一对夫妻中通常男性比女性年长，因此女性有更大的概率面临丧偶这一事件。老年女性群体应该得到应有的关注，她们在丧偶后的晚年生活是很困难的，常伴随着一些身体的疾病甚至死亡的威胁。有研究表明越贫穷、受教育程度越低的丧偶者，她们的孤独感越强，这也就需要子女和朋友与她们经常进行沟通，不只从物质上给予她们保证，更要从精神层面多加安抚。

面对丧偶，能否良好地适应受到多种因素的影响，在这一点上通常女性做得比男性要好。因为在当下社会中，妻子主要承担精神生活的角色，丈夫负责物质生活，这样，女性有更好的朋友关系网，与亲属的精神交流要更多一些，所以就会受到更多的心理抚慰。无论是夫妻双方中的哪一方丧失了配偶，社会都应该帮助他们适应这一现实(Hughes，1995；Kastenbaum，1995)。19 世纪 60 年代在美国便成立了这样的一个组织，它为新丧偶的女性提供帮助，目的是为了减少丧偶给女性带来的负面影响，这些丧偶女性团结起来共同分享自己的问题，相互交流沟通，并且组织一些社会活动，这种模式已经被很多社会组织所接受。

五、给予临终者更好的照顾

死亡通常是孤独的、漫长的、痛苦的，临终者要么得不到应有的关注，要么被照顾得太多。医疗水平的进步让死亡的期限得以延长却让死亡变得更加艰难(Muth，2000)。即便有止痛药，大部分人在生命的最后时光仍会承受巨大的疼痛(Fine & Peterson，2002)，很多临终照料者并没有接受过培训，不能给病人提供足够的生命晚期护理，甚至不明白这种护理的重要性。1997 年，一组专家建议，应改革制度从而使医生能更容易地给需要止痛药的临终病人开出止痛药(Institute of Medicine，1997)。临终护理包括对目标、病人喜好、病人选择以及病人家庭的尊重(Kirchhoff，2002；Nidetz&others，2005；Rich，2005)，很多临终者是需要同情的。在生命的晚期，几乎没有能完全避免痛苦的措施，以下一些措施可以供参考：可以立一份遗嘱，并确保医生能够注意到它；指定一个法定代理人，并确保此人了解你关于医疗护理的想法；给你的医生说明你想要怎样的医疗救治手段，从“不要抢救”到“尽一切可能挽救生命”，这些都可以和医生或家人进行商量。

六、临终关怀的目的

临终关怀，顾名思义就是对临终者的关怀，关怀的内容包括生理、心理及社会各个方面。临终关怀的英文名是“hospice care”，由于历史上的临终关怀活动与现代的临终关怀活动内容不尽相同，又因不同国家和地区的具体情况不同，学者对这一词的翻译也不一样，但究其本意，均是对垂危病人的照护。其护理目的是以整个人为对象，提供精心照料，解除躯体痛苦，缓解个体对死亡的恐惧，维护其做人的尊严，提高其尚存生命的质量，并给予其家属心理关怀，最终使逝者死而无憾、生者问心无愧。如果一个临终病人得到了成功的护理，他死时就会感到活得有价值。临终病人由于躯体疾病的折磨，其对生的渴求和对死的恐惧会产生一系列复杂的心理改变，甚至行为与人格的改变。病人从获知病情到临终时期的心理反应和行为改变可以总结为震惊与否认、协议乞求、抑郁等五个典型阶段。临终也是生活，是一种特殊类型的生活，正确认识和尊重临终病人最后生活的价值，提高其生活质量是对临终病人最有效的服务，帮助他们能较安详舒适地过好人生最后的生活。

死亡是生命的一个自然阶段，是机体生命活动和新陈代谢的终止，是不可抗拒的自然规律。临终关怀事业是物质与精神文明发展到一定阶段的社会必然需要，关怀临终者是遵循了人类社会发展的客观规律。临终关怀不但是一种医疗卫生事业，更是一种心理服务事业。随着人类社会的进步和心理学的迅速发展，临终关怀将会得到越来越多的重视。

生活中的心理学

“爱心护理工程”与“希望工程”

展望21世纪，为适应人口“老龄化”这一社会现实，开展临终关怀是社会所需、形式所趋、人心所向。1989年启动实施的“希望工程”和2005年在全国启动的“爱心护理工程”就是将心理学应用于实际生活中的契机。“希望工程是管小的，把小的扶起来；爱心护理工程是管老的，让老年人能够走好最后的人生道路”。家家有老年人，人人都要老，因此，实施爱心护理工程，是为了今天的老年人，也是为了明天的自己，谁也不敢说自己将来就不需要这样的帮助。“帮天下儿女尽孝；给天下父母解难；为国家和政府分忧”，这三句话正是心理工作者展开临终关怀的经验总结和真实写照。

临终关怀是一门新学科，对心理学来说是一种新的发展和延续。因此，心理工作者除了掌握本专业的知识以外，还必须掌握与临终关怀工作密切相关的知识。心理工作者被称为“心灵的天使”，临终关怀工作被视为是对“生命的守候”，所以心理工作者更应当在生命的最终关怀领域当中有所作为，进一步推动我国临终关怀事业的完善和发展。

复习巩固

1.简述临终关怀事业的发展历史。
2.什么是临终关怀？
3.临终关怀的服务对象是什么？

第三节　我国临终关怀事业的发展

临终关怀事业的发展需要有一定的社会背景，目前我国人口的不断老龄化加快了临终关怀事业的发展，但是依然有许多困难摆在我们面前。我们需要不断地制订各种策略以期更好地解决这些困难，从而使我国的临终关怀事业蓬勃发展，让每一位临终病人都能够在人生的最后一段历程中得到热情的照顾和关怀，感受到人间的温暖，体现出其生命的价值、生活的意义和生存的尊严。

一、我国临终关怀事业发展的社会背景

（一）人口老龄化压力增大

目前临终关怀在中国的本土化进程受很多因素的制约。但是它的出现是必然的。它的出现一方面是随着社会物质文明与精神文明的进步而提出的自然需求，另一方面更是出于中国现实国情的各种需要。

生活中的心理学

我国人口老龄化

按国际通行标准，一个地区或国家 60 岁以上的人口占总人口的 10% 以上时，就成为老年型的地区或国家。1999 年 1 月，新华社公布中国 60 岁以上的老年人已达 1.2 亿；到 2025 年，我国几乎 25% 的人口将是老年人，其中 80 岁以上的高龄老人将是增长速度非常快的一个群体。迅速增长的人口老龄化趋势对社会的经济、生活和政策各方面产生非常大的影响，使得政府、社区和家庭面临前所未有的挑战。目前，我国有相当一部分的老年人为临终病人，生活不能自理，80% 左右的老年人依靠家属照料，家属面临极大困难，众多垂危老人呼唤临终关怀。

（二）各种慢性病患病人口的增加

随着我国环境和食品安全问题的日渐严重、人口老龄化趋势的加强、慢性疾病以

及晚期肿瘤病人的不断增多，很多病人在人生终末期都需要他人在生活上给予照顾，病人的生活大多不能自理；“空巢现象”和普通人员缺乏专业护理技能导致家庭护理困难；绝大部分家庭难以承担在综合性大医院住院的费用，另外多数综合性大医院为了经济效益、周转率等问题也往往拒收那些无治疗价值且病情相对稳定的病人。

二、我国临终关怀发展中存在的现实问题

（一）传统思想的约束

在我国，受儒家、道家、佛教传统文化思想的熏陶，人们认为死亡是不祥和恐惧的象征，对死亡采取否认、蒙蔽的态度，在言语中避免谈及死亡，不能坦然地面对死亡。且在我国文化史中，儒家文化始终是中国传统文化的核心，儒家文化是一种入世文化，它所深切关注的是人的现世生活，而不是人死后的世界。所以，在我国几千年的文化传承中，死亡一直被看作是不吉利的，人们要极力去避免谈及死亡，这一方面可能是出于对死者的尊重，而另一方面也更加说明了国人对于死亡的恐惧。这种对待死亡的负面态度就在某种程度上阻碍和制约了临终关怀事业的发展。

（二）传统习俗的阻碍

“孝道”观念在中华民族文化中一直有极其重要的地位。“百善孝为先”，孝是行为的最高准则。孝道的实施，集中于病、老、死之际，民谚云“养儿防老”，所以古来皆强调子女尽心竭力送终为尽孝道。我国的传统观念总是把父母临终时子女是否亲自服侍在侧直至送终作为人们评价子女是否孝敬的一个标准。我们的社会观念是：如果子孙到老人临终时，不能够亲自去侍候和照顾，就是不肖子孙，而把患者送到临终关怀医院，不仅妨碍儿女尽孝道，更无异于宣判患者死刑、放弃治疗，这将不可避免地受到社会舆论的谴责。

（三）大众传媒及教育的影响

目前政府对临终关怀的关注较少，对社会公众生死观的教育远远不够。各种传媒报道的也只是一些负面新闻，而对临终关怀的正面宣传和引导却少得可怜，临终关怀只停留在专业人员和学术范围内。并且死亡一直以来都是人们很避讳的一个话题，人们不会去谈及死亡，即使谈及也会用别的词语代替，例如去了、走了等等。在国内也很少进行死亡教育，因此人们对于死亡的认识非常有限，教育的力度远远跟不上临终关怀发展的脚步。

（四）经济实力的制约

我国作为一个发展中国家，经济欠发达，医疗资源不足，医疗卫生人员缺乏，尤其是我国医疗保障体系还不完善，广大人民群众还存在无钱看病、看不起病等问题。随着我国人口结构老龄化的发展趋势，我国将成为世界上最大的老龄化国家。而老龄医

疗、保健需求巨大，这无疑将会对医疗卫生工作形成巨大的压力，带来许多难以克服的困难，这在一定程度上限制了临终关怀的发展。

（五）医疗体制和社会保险制度不健全

临终关怀是一个社会化的系统工程，需要全社会的共同参与和支持，而在我国，临终关怀的各种社会支持系统尚未完全建立。目前我国的医疗体制还不健全，对临终关怀的发展规划及卫生政策更是一项空白。另外，我国保险制度的不健全也是阻碍临终关怀发展的一项重要因素。

（六）专业人员总体素质不高

临终关怀是一门涉及医学、心理学、社会学、伦理学、哲学等多学科的边缘学科，它要求从事该工作的人员具备较高的素质、多学科的知识和高超的医疗、护理技能。但是目前我国内地从事临终关怀服务的工作人员主要以医护人员为主，他们的学历层次偏低，总体素质不高，尤其是护理人员，多为中专学历，并且医护人员大多数没有经过相应的培训。而在发达国家，从事临终关怀的团队中除了医护人员外，还有心理学家、社会工作者、神职人员和庞大的志愿者队伍。在国外以及我国的香港、台湾地区，从事临终关怀服务的人员都必须接受培训，并取得资格证才可以上岗。有的国家已把临终关怀纳入到医务人员学位培养教育之中。

（七）社会支持系统不完善

在我们的社会中，由于“死亡教育”非常缺乏，人们常常不知道如何面对死亡，甚至经常接触濒死病人的医护人员，对死亡也抱有恐慌甚至恐惧的态度。此外，临终关怀服务需要由医护人员、社会工作者、心理学家和志愿者等组成团队，为临终病人及其家属提供全人性化的服务，而目前我国参与临终关怀服务的志愿者还不多。

三、关于我国临终关怀发展策略的展望

（一）加强死亡教育以及宣传活动

我国应充分利用大众媒体进行群众性、普及性的死亡教育，例如通过网络、电视、报刊等媒体多形式、多渠道地向群众宣传与生死相关的医学、心理、社会、伦理、文化等方面的知识。可能的话，将死亡教育纳入中小学义务教育，尽早对幼儿园、小学、中学、大学的学生进行死亡教育。积极创造条件，实施专业性死亡教育，可在医学院校设立相关的专业和课程，同时加强对心理工作者的死亡教育。心理工作者应该是临终关怀事业的先锋队伍，只有加强对其教育，他们才能更深入更有意义地看待生命与死亡。只有首先接受死亡教育，树立科学的死亡观，才能提高处理死亡的能力，更好地履行职责。

(二)完善法律法规

目前我国临终关怀规模太小,只有很少一部分人能够得到这种护理,供需严重失衡。临终关怀作为一项重要的社会公共事业,其责任主体应是各级政府。政府应尽快敦促立法机关为临终关怀制定专门法律,以法律的形式确保人人享有临终关怀的权利。

(三)加入医疗保险

在西方,许多国家都将临终关怀纳入医疗保险体系,这样做非常有助于临终关怀在社会上的推行。而我国在这方面尚处在起步阶段,需要后期的不断努力。

(四)加强老年心理学的教育

心理学工作在某种意义上可以称为临终关怀事业的开拓者。只有加强对人们老年心理学的教育,才能使临终关怀事业继续健康地发展下去。通过学习老年心理学使人们认识到临终关怀的重要性,同时传授人们专业的理论知识和实际的操作技能。

此外,要面对临终关怀的患者,还需要有一份认真对待生命的责任心、一颗每个人都需要拥有的爱心。或许可以这样说,爱是临终关怀事业的核心,更是基础。正是出于以人为本的理念,正是出于对生命的尊重,才有了临终关怀。所以爱是一切行为的前提,没有爱的任何关怀、任何操作都如同隔靴搔痒,不能让患者感到真正的温暖。

(五)加大资金投入

没有经济支撑的事业是不能持续发展的,何况是临终关怀这样不以赢利为目的的社会事业。因此,政府需要加大资金的投入来积极开展我国的临终关怀事业,使其健康可持续地发展。同时,政府可以组织慈善机构对临终关怀事业进行援助,也可以通过其他方式让大型的企业来支持和资助我国的临终关怀事业。

四、老年人临终关怀的意义

我国步入老龄化社会后,家庭规模的缩小、功能的弱化使老年人的照护尤其是临终关怀问题突显出来。老年人对临终关怀的需求更为普遍、迫切。发展老年人临终关怀事业,具有重要的意义。

(一)提高老年临终者生存质量,维护生命尊严

较多的临终老年人在生命的最后一段日子里,不是在舒适、平静中度过,而是处于现代医疗技术、麻醉、药物的控制下,在死亡之前均有接受侵入性治疗等痛苦的经历,身上插着各种管子,充满了恐惧、痛苦和无奈。临终关怀则为临终老年人及家属提高心理上的关怀与安慰,帮助临终者减少和解除躯体上的痛苦,缓解心理上的恐惧,维护尊严、提高生命质量,使逝者平静、安宁、舒适地抵达人生的终点。因此,临终关怀护理是满足老年人“老能善终”的最好举措。

（二）安抚家属子女，解决老年人家庭照料困难

临终关怀将家庭成员的工作转移到社会。社会化的老年人的照顾，尤其是对临终老年人的照顾，不仅是老年人自身的需要，同时也是他们家属和子女的需要。对于一些家庭，特别是对一些低收入的家庭来说，临终关怀让老年人走得安详、让病人家属摆脱沉重的医疗负担的同时，也安慰了他们的亲属子女，让他们更好地投身到事业中去，也不至于受到社会上的指责。因此临终关怀是解决临终老年人家庭照料困难这一问题的一个重要途径。

（三）节省费用，减少医疗资源的浪费

尽管临终关怀需要社会支付较多的服务费用，但对于那些身患不治之症的病人来说，接受临终关怀服务可以减少大量的、甚至是巨额的医疗费用。如果将这些高额无效的费用转移到其他有希望救助的病人身上，它将发挥更大的价值。医疗保险费用能够获得最大的效益。同时建立附设的临终关怀机构，即综合医院内的专科病房或病区，可以解决目前大多数医院利用率不足、资源闲置浪费的问题，又可以综合利用医院现有的医护人员和仪器设备。

（四）转变观念，真正体现人道主义精神

推广临终关怀是一场观念上的革命。一方面教育人们要转变对死亡的传统观念，无论是临终者、家属还是医务人员都要坚持唯物主义，面对现实，承认死亡；另一方面，承认医治对某些濒死病人来说是无效的客观现实，而通过临终关怀来替代卫生资源的无谓消耗，合理分配、利用有限的卫生资源，以保证卫生服务的公平性和可及性。它实质上体现了对病人及大多数人真正的人道主义精神。

因此，临终关怀不仅是社会发展与人口老龄化的需要，也是人类文明发展的标志。

复习巩固

1.我国临终关怀事业发展的背景有哪些？
2.我国临终关怀事业发展中存在的具体问题有哪些？
3.简述我国临终关怀事业的发展策略。

拓展阅读

我国临终关怀与医疗保险计划

根据我国老龄委办公室公布的数据显示，截至2011年底，中国60岁及以上老年人口已达1.85亿人，占总人口的13.7%。预计到2013年底，中国老年人口

总数将超过2亿，到2025年，老年人口总数将超过3亿，2033年超过4亿，平均每年增加1000万老年人口。随着我国的老龄化程度日益加深，老年人需求的卫生资源大幅度上升，老年人的社会保障、健康保障及生活质量等伦理问题也逐渐凸现。政府应该完善政策，建立健全的社会保障体系，尽快把老年护理和临终关怀服务纳入医疗保险范畴。在美国，多数临终关怀照料由医疗保险提供，1995年医疗保险计划为临终关怀患者支付65.3%的费用，并每年平均以33.1%的增长率增加，在医疗保险计划中，临终关怀为医疗保险患者提供完全的个案处理，包括所有的服务及药物、设备。在我国经济较发达地区，如上海、浙江等地，已逐步建立较为完善的医疗保障体系，对广泛开展临终关怀将起到积极的促进作用。

本章要点小结

1.死亡是生命活动不可逆的终止，是人的本质特征的永久消失，是机体完整性的破坏和新陈代谢的停止。

2.在1968年以前，医学界一般以心肺死亡作为死亡的标准，1968年，哈佛大学提出“脑死亡标准”。

3.“脑死亡标准”的转变有着极其重要的意义。它的提出，有利于及时抢救假死状态的患者，维护了人的生命；为处置脑功能处于不可逆状态而有心跳的患者提供了科学依据，有利于节约卫生资源；同时也有利于器官移植的开展 。

4.临终关怀是一种特殊的卫生保健服务。其工作内容是为临终病人及其家属提供生理、心理、社会、精神等方面的支持与照护，其目的是追求生命品质，提高生活质量，提供安适、有意义、有希望的生活。

5.临终关怀的对象是指处于临终阶段的临终者。具体指诊断明确、治疗无望、估计生命期在10个月左右的患者。

6.临终病人的心理特征：否认期、愤怒期、协议期、抑郁期、接受期。

7.老年人临终护理应注意以下方面：(1)触摸；(2)耐心倾听和诚恳交谈；(3)允许家属陪护老年人，参与临终护理；(4)帮助老年人保持社会联系；(5)适时有度地宣传优死的意义；(6)重视与弥留之际老年人的心灵沟通。

8.我国临终关怀事业发展的社会背景：人口老龄化压力增大、各种慢性病患病人口的增加。

9.我国临终关怀发展中存在的现实问题：人们固有的死亡观念、传统“孝道”的影响、大众教育和社会舆论导向不力、经济实力的制约、医疗体制和保险制度不健全、工作人员总体素质不高、慈善组织和义工服务不能满足需要、社会工作者和志愿者缺乏。

10.我国临终关怀发展策略：(1)开展死亡教育，加大宣传力度；(2)制定和完善法律法规;(3)加入医疗保险;(4)提高从业人员的综合素质;(5)加大临终关怀资金投入,扩充资金来源途径;(6)鼓励学生参与义工行动。

11.老年人临终关怀的意义:(1)提高老年临终者的生存质量,维护生命尊严;(2)安抚家属子女,解决老年人家庭照料的困难;(3)节省费用,减少医疗资源的浪费;(4)转变观念,真正体现人道主义精神。

关键术语表

脑死亡标准	brain death criteria
临终关怀	hospice care
否认期	deny stage
愤怒期	angry stage
协议期	consult stage
抑郁期	depression stage
接受期	acceptance stage

选择题

1.死亡的过程在医学上分为三个时期,分别是(　　)。

A.绝望期　　B.濒死期

C.临床死亡期　　D.生物学死亡期

2.1968 年,哈佛大学提出"脑死亡标准",脑死亡诊断标准是(　　)。

A.不可逆的深度昏迷　　B.对各种内外刺激均无反应

C.自主呼吸停止　　D.脑干反射消失、脑电波消失

3.(　　)的成功"点燃了世界临终关怀运动的灯塔",影响随之波及全球。

A.Cicely Saunders　　B.黄中田

C.苏珊·托尔　　D.罗杰斯

4.(　　)年,在黄中田博士的资助下,我国成立了第一个临终关怀研究中心,这标志着中国开始了临终关怀的研究和实践。

A.1988　　B.1987

C.1986　　D.1985

5. 临终病人的心理特征包括否认期及(　　)。

A.愤怒期　　B.协议期

C.抑郁期　　D.接受期

6. 按照安乐死的执行方式可以分为(　　)。

A.主动安乐死　　B.积极安乐死

C.被动安乐死　　D.消极安乐死

7. 按照患者同意的方式分类可以分为(　　)。

A.自愿安乐死　　B.非自愿安乐死

C.主动安乐死　　D.被动安乐死

8.安乐死目前在哪些国家是合法的(　　)。

A.中国　　B.美国

C.法国　　D.荷兰

9. 下列哪些患者可以寻求安乐死(　　)。

A.晚期恶性肿瘤失去治愈机会者及器官严重衰竭并且不可逆转者

B.因各种疾病或伤残导致大脑功能丧失的部分"植物人"状态的病人

C.有严重缺陷的新生、患有严重精神疾病且经过长期治疗也不可能恢复正常者

D.先天性智力丧失、无独立生活能力并不可能恢复正常者

附录一　课后习题答案

第一章　绪论

第一节

1.从现实中可以观察到有关老年人的心理学理论和科学研究较少，但随着老年人在社会人口中的比例的增加，对老年人的关注有助于社会各项工作的开展；从科学的视角上来看，因为以往研究的样本都来自于青年人；从个人的立场上来看，有关老年期和老化的知识能给我们的生活带来很大的帮助。

2.第一阶段，农业社会或工业化之前的社会，高出生率和高死亡率；第二阶段，死亡率逐渐下降，但是出生率依然保持较高的水平；第三阶段，出生率降低，人口增长速度降低，老年人口的比例出现明显的增长；第四阶段，出生率和死亡率都极低，社会总体人口增长得十分缓慢，各个年龄阶段的人口数变得平均。

第二节

1.一般情况下，将 65 岁以上的人群定义为老年人，不同国家的界定存在些许差异。老年群体内部可以分成两个阶段，第三年龄的老人在 60 至 85 岁之间，第四年龄的老人是指 85 岁以上的高龄老人；也可以划分为初老、中老以及老老三类。

2.年代年龄；生理年龄；功能年龄；心理年龄；社会年龄。

3.年龄歧视是指对老年人的一种歧视的态度，它以一种消极的想法和刻板印象把老年人看成一个相似的群体。我们应该尽量意识到这些不正确社会评价，消除误解。

第三节

1.SOA 理论模型建立在这样一个假设上：认为每个个体的发展过程就是一个逐步适应的过程，人们能够做出改变、进一步学习，并且唤醒保存的能力，另外一个假设是，在个体发展的一生中都会体验到得到和失去，然而在老化的过程中，人们可能会体验到更多的失去，但这并不意味着会失去一切，一些策略的使用可以最大限度地得到成功老化的机会。

2.老化的生态模型认为，个体与环境间的相互作用决定了个体的适应水平，周围的环境会给个体带来挑战和压力，这种挑战和压力会对个人的能力产生需求。如果想要产生一种积极的适应，个体的能力等级就要与他所处的环境所带来的压力相匹配。

第四节

1.年龄阶段的普遍影响，社会历史因素的普遍影响，个人特殊事件的影响。

2.遗传与环境是常被提到的两个因素，遗传主要是指基因和生物学因素的影响，环境主要指一些外部条件如生活条件、教养方式、生活经历等的影响。早期的发展心理学家们对个体的发展究竟应该归因于遗传还是环境产生了很多争论，而现在人们越来越偏向于认为个体的发展是由两者之间的交互作用产生的。

选择题答案：

1.ABC　2.ABCD　3.AD　4.ACD　5.ABD　6.ABCD

第二章　老年心理学的研究方法

第一节

1.横断研究设计是指在同一时间对不同年龄组的被试进行测量，从而比较各个年龄组的被试在某个心理行为特征上的差异。

2.优点是可以确定年龄因素对心理特征改变的影响，因为是在不同时间施测同一批人。缺点是混淆年龄因素与测量时间；容易产生练习效应；耗时较长，容易造成被试流失；外部效度较差。

3.包括群组序列设计、时间序列设计、交叉序列设计以及综合年龄、群组、测量时间三因素的序列研究设计。

第二节

1.研究者必须主动对某些变量进行操纵，操纵这些变量后可能会引起因变量的变化；研究者必须控制一些自变量之外的无关变量，以消除这些变量对因变量的影响；实验研究要求随机分配被试，以消除被试间的个体差异；研究者通过实验研究可以得到自变量和因变量之间的因果关系。

2.相关研究是为了确定两个或两个以上变量之间的关联程度而进行的研究。

3.实验者可利用实际的生活情景来研究被试心理活动的变化规律，被试处于自然状态，所得的结果会比较切合实际，可以有效地应用于实践。自然研究在一定程度上避免了实验室实验中的明显的人为因素。

第三节

1.机械模型，机体模型，情景模型，生物一心理一社会模型。

2.生物一心理一社会模型强调生物、心理和社会三方面的发展力量的相互作用。生物一心理一社会模型是将发展和老化过程中的生物影响、心理影响和社会影响有机结合起来的有效方法。

3.包括人际关系、内在因素、生理因素和生命周期四部分。

选择题答案：

1.ABC　2.A　3.ABCD　4.A　5.C　6.B　7.C　8.CD　9.ABCD

第三章　生理变化

第一节

1.视觉适应分为暗适应和明适应。暗适应是指照明停止或由亮处转入暗处时视觉感受性提高的时间过程。明适应指照明开始或由暗处转入亮处时人眼感受性下降的时间过程。老年人暗适应或明适应所需要的时间都明显长于年轻人，由于老年人的感受细胞密度降低，使得他们视觉适应的时间变长。

2.老年人听觉功能的退化主要表现在音调和音响上。他们对两个不同音调声音的辨别能力逐渐降低，对高音调声音间差别的识别能力下降得更快。若想知觉到同样的音响，老年人比青年人需要更高的声音强度。老年人听觉功能的变化直接影响到他们的言语知觉能力和理解能力，也影响他们对声音方位的定向。

3.老年人皮肤感觉的灵敏度变差，定位性也显著减弱。老年人触觉的定位能力比青年人明显变差。老年人的温度感知能力和年轻人没有显著的差别，只是老年人抵抗高温和低温的能力低于年轻人。老年人的深感觉也发生了明显的退化，影响到了他们的口头语言和文字书写能力。

第二节

1.人的大脑也会伴随着人的衰老而老化。脑的老化主要表现为脑萎缩，尤以额叶及颞叶变化明显，表现为脑沟、脑裂增宽，脑回缩窄，脑室扩大。大脑重量减少大约10％～15％，脑细胞数量减少，脑的血流量也减少。

2.老年人记忆的特点是近事记忆减退、远事记忆保持，但当近事记忆减退严重时也会慢慢影响到远事记忆，严重的情况下也会出现遗忘症或记忆的丧失。老年人对有重大意义的事件记忆不差，但对生活中琐碎事情和无情景的机械记忆能力明显下降。液体智力会随着年龄的增长而逐渐下降，而晶体智力在人的一生中一直在发展。

3.老年性痴呆、脑血管性痴呆、脑中风和帕金森氏综合征。

第三节

1.老年人的感知觉等心理活动除了受客观环境及生理的影响，他们的主观世界，对客观事物的认识、态度、意志和本身的经历，也起着重要的作用。

2.首先要根据神经细胞活动的规律来进行学习和工作，保持脑力的最佳状态。其次，科学地安排用脑时间。最后，要劳逸结合。

3.老年人可以通过快走、改变呼吸方式、加强手指活动等方法锻炼大脑的功能，同时也要注意饮食，加强大脑的营养。

选择题答案：

1.A　2.C　3.ABCD　4.AC　5.C　6.ADBC　7.ABD　8.ABC　9.ABD

第四章　老年人的记忆

第一节

1.记忆是指先前的刺激不复存在时所保持的有关刺激、事件、意象、观念等信息的心理机能,是个体对其经验的识记、保持、回忆或再认的过程。从信息加工的观点来看,记忆就是对信息进行的编码、储存和提取。

2.根据信息保持时间的长短,记忆可以分为感觉记忆(即瞬时记忆)、短时记忆和长时记忆。长时记忆可以分为情景记忆和语义记忆;根据记忆过程中意识的参与程度不同,记忆可以分为内隐记忆和外显记忆;根据记忆内容的性质,记忆可以分为陈述性记忆和程序性记忆。

3.编码、存储和提取是记忆的三个基本过程。编码是人们获得个体经验的过程,或者说是对外界信息进行形式转换形成心理表征的过程;存储是把感知过的事物、体验过的情感、做过的动作等,以一定的形式保持在人们的头脑中;提取指从记忆中查找已有信息的过程。

第二节

1.传统的观点认为,人的心理机能(包括记忆)从成年期开始衰退,随着年龄的增长,衰退的趋势越来越明显,就大多数老年人来说,其记忆的总的趋势是随年龄增长而衰退。

老年人的记忆并非是全面衰退,而是和作业的性质和内容有关,有些种类的记忆甚至比年轻人还要好,如语义记忆。同时老年人的记忆衰退存在着很大的个体差异。

2.(1)短时记忆较长时记忆好;(2)再认能力明显比回忆能力好;(3)意义记忆比机械记忆减退缓慢;(4)老年人对日常生活记忆的保持较实验室记忆好;(5)前瞻性记忆:老年人以时间为基础的前瞻性记忆不如年轻人好,线索有助于减少以事件为基础的前瞻性记忆年龄差异;(6)内隐记忆始终保持稳定。

3.(1)生理原因:脑组织和脑神经的退行性变化;神经系统和心血管系统疾病;营养不良或营养缺乏;睡眠质量下降。(2)心理原因:加工速度减慢;工作记忆衰退;注意资源减少;抑制能力衰退。(3)其他原因:文化与职业的不同影响记忆老化的速度;缺乏记忆训练;消极的“自我暗示”。

第三节

1.(1)加强体育锻炼,可以延缓身体特别是大脑的早衰。(2)增强营养,合理营养。(3)利用并发挥老年期记忆的特点或优势。(4)学习并利用科学的记忆方法。(5)通过各方面努力提高老年人的社会支持程度。结合实际事例从以上几个方面来谈,言之有理即可。

2.多通道记忆法;过度学习法;备忘录记忆法;精细回忆法

多选题答案：

1.ABC　2.AB　3.ABD　4.ABC　5.D　6.ABCD　7.AB　8.ABCD　9.ABCD

第五章　老年人智力

第一节

1.斯皮尔曼认为智力由一般因素G因素和一系列特殊因素S因素构成，G因素渗透在一切智力活动当中，一个人的G因素越高，则越聪明。而S因素指个体从事特殊活动时所具备的能力。

2.成分智力：教师安排课堂教学活动。经验智力：有经验的猎人能够在险恶环境下生存。情境智力：如一个人能够快速地融入新环境。

3.流体智力是与基本心理过程有关的智力，是一种以生理为基础的认知能力，随年龄的老化而减退。晶体智力是通过掌握社会文化经验获得的智力，晶体智力在人的一生中保持相对稳定。

4.智力的因素论者认为智力由若干种因素构成；智力的结构理论者认为智力不可拆分，应该用若干种维度衡量；智力的认知理论将智力看作信息加工的过程，是信息的获得、存储、加工和使用的过程。

第二节

1.测验信度也叫测验的可靠性，指的是测验结果是否稳定可靠。效度是指测试的有效性，指测验对所要测量特质的考察程度。

2.常模团体是由具有某种共同特征的人所组成的一个群体或群体的一个样本，常模团体的分数分布，就是常模。

3.根据老人的自身条件，结合所选智力量表的特点进行回答即可。

第三节

1.智力的研究范式有横断法和纵向法两种。横断法是指在同一时期收集大量不同年龄被试的测验成绩并进行比较，纵向法又称追踪研究法，是指对相同的被试每隔一定时间便进行一次测验，并对历年来的测验成绩进行比较。横断法可以在短时间内搜集到大量个体资料，但个体之间的差异也非常明显。纵向法使个体间的差异得到很好的控制，但不足之处在于需要耗费较多的时间与精力。

2.言语能力分测验上的得分在老年阶段能够相对保持稳定，然而实践操作能力分测验上的得分则显示出随年龄增长而下降的显著趋势。

3.例如勤于锻炼，保持身体健康可以延缓由于生物学因素造成的智力衰退；关注新鲜讯息，在生活中保持较强的好奇心可以防止信息处理速度下降；养成良好的用脑习惯，改善认知能力。

第四节

1.阿尔茨海默症、帕金森症、亨廷顿舞蹈症、血管性失智症、皮克氏症。

2.前期：症状具有轻微的认知困难，影响大部分复杂的日常生活活动，出现记忆力衰退。早期：病患身上的学习和记忆障碍愈见明显。中期：患者失去独立性而无法进行大多数日常行为活动。晚期：语言能力极度退化，情感冷漠，行动能力退化至没有，等待死亡。

3.从积极参加适当的体力、脑力活动，均衡饮食，保证充足睡眠，树立良好的心态，保持愉快心情，积极参加社交活动等方面展开回答。

第五节

1.传统的心理测试虽然经过了长期发展和使用，但由于采用问卷的形式，使得考察的题目或多或少地脱离了现实。因此，为了弥补智力测验生态效度的不足，从日常任务的解决入手考察老年人的智力水平，是一种省时省力的方法，对于没有条件接受正规心理测试的老年人来说，是一种简洁有效的方式。日常生活问题种类形式多样，符合心理学家对于智力本质、智力成分构成的定义，因此可以全面反映出老年人的实际智力水平。

2.用药、理财、购买日用品、使用通信工具、烹饪、做家务等。

3.考察老年人对日常工具性活动相关的任务，这类任务需要老年人在日常生活中完成，完成的水平可以反映出老年人智力水平，具有较高的生态效度。

选择题答案：

1.BC　2.ABC　3.CD　4.AD　5.ACD　6.BC　7.AB　8.ABCD　9.BD　10.ABCD

第六章　老年人的人格和社会性发展

第一节

1.人格特质理论认为特质是个体区别于他人的可辨别的、相对稳定的方式，人格在老年期可能只会出现微小的改变；埃里克森的心理发展八阶段理论认为老年期是人格发展的最后阶段，老年人的人格仍然会改变；认知理论认为进入成年期以后，人格改变不会减弱，我们每个人都有改变的潜力，但能否改变则取决于我们对改变的渴望程度。

2.生命回顾使老年人看到全新的生活意义；帮助老年人减少对死亡的恐惧，做好接受死亡来临的准备；帮助老年人改变他们对自己的看法和认识。需要结合实际或调查资料。

3.个性变化：更加成熟，年轻时的某种性格特征的显现以及与年轻时个性特征相反的变化。既有变化的一面，也有稳定的一面。情绪情感：出现一些消极变化；情绪情感体验较深刻，重视美感；持续时间长，不会轻易随环境变化而改变。

第二节

1.分离理论，活动理论，社会崩溃与重建理论。

2.完美祖母、年长者、保守、机能衰竭、脾气坏、沮丧、离群索居。

3.中心角色，作为长者的价值，在家族中的地位，回忆和再次参与自己的过去，获得愉悦感。

第三节

1.从内控者和外控者两方面回答，观点正确即可。

2.从社会和他人对老年人的认识看法和老年人对自身的认识两方面回答，观点正确即可。

3.从提高老年人内部控制倾向，提高老年人对自己老化状态的积极认识，人格与生活环境相适应，进行全面合理正确的社会比较等几个方面回答。言之有理即可。

选择题答案：

1.A 2.ABC 3.ACD 4.C 5.ACD 6.ABCD 7.ABCD 8.B 9.A 10.ABC 11.ABD 12.BCD

第七章 老年人的心理健康与维护

第一节

1.从广义上讲，心理健康是一种高效而满意的持续的心理状态。从狭义上讲，心理健康是指人的基本心理活动的过程内容完整、协调一致，即认识、情感、意志、行为、人格完整协调，能适应周围环境，与社会保持同步。

2.许又新(2000)提出了衡量精神(心理)健康的体验标准、操作标准和发展标准。

3.感知觉下降，情绪不稳定，智力、记忆力下降，性格改变，意志异常。

4.老有所为与身心衰老的冲突，角色转变与社会适应的冲突，安度晚年与意外刺激的冲突，老有所养与经济保障不充分的冲突。

第二节

1.积极方面：良好的亲子关系会使老人感到自己的身体状况较好，使其感知到的生活质量更高，良好的亲子关系也是成功老龄化的一个必要条件，它影响老年人生活满意度、自尊和幸福感。消极方面：糟糕的亲子关系会增加老年人的心理痛苦、孤独感和自杀行为。

2.主要的影响因素有社会支持、性别与婚姻状况、经济状况、宗教信仰、身体状况、教育水平等。

3.首先，改善空巢老人的经济状况、居住条件并保障其安全。其次，加强空巢老人社会支持系统的建设。最后，需要政府与社会的介入，加快养老保障制度的完善，建立健全社区服务与教育干预系统。

第三节

1.早期症状(1～3年)：为轻度痴呆期，表现为记忆减退，对近事遗忘突出；判断能力下降。中度痴呆期2～10年：记忆严重受损，视空间能力下降，时间、地点定向障碍；情感由淡漠变为急躁不安，常走动不停，可见尿失禁。重度痴呆期(8～12年)：严重记忆力丧失，日常生活不能自理，大小便失禁，呈现缄默、肢体僵直，有强握、摸索和吸吮等原始反射。

2.(1)情绪低落是抑郁障碍的核心症状；(2)思维迟缓；(3)意志活动减退；(4)严重抑郁发作的患者常伴有消极自杀观念和行为；(5)睡眠障碍、食欲减退、体重下降、性欲减退、便秘、躯体某部位的疼痛、阳痿、闭经、乏力等。

3.认知——行为治疗(CBT)、催眠疗法、森田疗法和综合心理治疗等

第四节

1.2002年4月在西班牙召开第二届世界老龄大会提出积极老龄化，承认老龄化既是成就又是挑战，强调老年人作为重要社会资源之一，在与年轻人共享社会的同时，有责任和义务以其技能、经验和资源积极参与社会发展，强调老龄化应变被动为主动、变消极为积极。

2.(1)保持自我意识；(2)维护人际关系；(3)培养学习兴趣；(4)不断更新观念，适应社会；(5)参加劳动锻炼。

3.(1)帮助老年人正确认识和评价衰老、健康和死亡；(2)做好离退休的心理调节；(3)鼓励老年人勤用脑；(4)营造良好的社会支持系统。

选择题答案

1.ABCD　2.ACD　3.ABCD　4.ABC　5.BC　6.C　7.ABD　8.ACD　9.B　10.ABCD

第八章　工作、退休与休闲

第一节

1.再就业有助于老年人充实生活，调整健康心态，通过持续性的社会活动、人际交往和脑力劳动使老年人保持较活跃的思维和良好的心情，能够延缓与防治老化。另外，老年人再就业还有助于减轻社会负担和国家财政压力，有助于缓解人才资源结构性短缺。

2.身体状况：客观上说老年人的体力、精力决定他们能否再走上工作岗位，主观上说对于健康状况的考虑是影响老年人就业意愿的主要因素。经济状况：个人经济状况好的老年人再就业意愿会相对较低，退休金微薄的老年人更愿意继续工作以补生计。

受教育水平:受教育水平高的老年人再就业意愿更强。

3.虽然个体进入老年期后各项认知能力特别是感知觉和记忆力发生一定程度的退化,不过有研究表明这些能力是可以通过训练延缓退化或继续维持的,而且老年人丰富的经验和较强的理解力可以弥补生理上的衰退带来的不足。另外老年人的人格较年轻人来说更为稳定,自律性也较强。这些都是老年人能继续参加工作的心理学基础。

第二节

1.退休前阶段、短暂和谐阶段、觉醒阶段、再定位阶段、稳定阶段、终止阶段。

2.可从本节学习内容入手,结合自身的生活情况与兴趣,健康、科学地对退休后生活做简单设想(具体答案略)。

3.随角色改变,调整角色行为;正确认识,尽快适应离退休生活;妥善处理人际关系,克服孤独感;正确对待衰老和疾病,增强心理承受能力;保持良好的情绪,增强良好的心理应对能力。

第三节

1.老年人休闲活动的选择范围比较窄、紧张度弱,但是休闲活动所占生活的比重远比年轻人多。

2.问题包括休闲观念不足、老套,针对老年人的休闲配套设施不完善等。对策:改变观念,增加老年休闲设施、加强老年休闲场所建设;减轻老年人的家务负担。

3.休闲活动可以促使老人与社会接触、与人交往,从而减轻老年人的不安感和无所事事感,从休闲活动中增加自己的自信心和自尊心,有助于使老人杜绝自我封闭的生活方式,从而延缓衰老,健康地生活。

选择题答案:

1.ABD 2.ABCD 3.D 4.D 5.C 6.A 7.ABD 8.BC 9.BCD

第九章 死亡与临终关怀

第一节

1.死亡是生命活动不可逆的终止,是人的本质特征的永久消失,是机体完整性的破坏和新陈代谢的停止。

2.1968年,哈佛大学提出"脑死亡标准"。脑死亡诊断标准是不可逆的深度昏迷,对各种内外刺激均无反应,自主呼吸停止,脑干反射消失,脑电波消失。同时要求以上四条标准在24小时或72小时内反复测试,结果无变化。同时排除体温过低(低于32℃)及中枢神经抑制剂的影响,才能做出脑死亡的判断。"脑死亡标准"的转变有着极其重要的意义。首先,能够及时地抢救假死状态的患者,维护人的生命。其次,为处置脑功能处于不可逆状态而有心跳的患者提供了科学依据,有利于节约卫生资源。

同时也有利于器官移植的开展 。

3.包括两层含义:一是无痛苦的死亡;二是无痛致死术。安乐死是指患不治之症的患者在濒死状态下,由于精神和躯体的极端痛苦,在本人及其亲属的要求下,经医生认可,停止救治或用人道的人为方式使其无痛苦地快速死亡。

第二节

1.1974 年,美国建立了首家临终关怀医院—新港临终关怀医院。1983 年,临终关怀的理论与实践获得美国联邦政府和美国国会认可,并通过专门法案,将临终关怀列入医疗保险的项目内。1975 年加拿大成立了皇家维多利亚安息护理病区。日本于 1981 年建立起第一所临终关怀机构。1988 年,在黄中田博士的资助下,我国成立了第一个临终关怀研究中心,这标志着中国开始了临终关怀的研究和实践。

2.临终关怀是一种特殊的卫生保健服务。其工作内容是为临终病人及家属提供生理、心理、社会、精神等方面的全面支持与照护,其目的是追求生命品质,提高生活质量,提供安适、有意义、有希望的生活。

3.临终关怀的对象是指处于临终阶段的临终者,具体指诊断明确、治疗无望、估计生命期在 10 个月左右的患者。

第三节

1.(1)人口老龄化压力增大;(2)各种慢性病患病人口的增加。

2.(1)传统思想的约束;(2)传统习俗的阻碍;(3)大众传媒及教育的影响;(4)经济实力的制约;(5)医疗体制和保险制度不健全;(6)专业人员总体素质不高;(7)社会支持系统不完善。

3.(1)加强死亡教育及宣传活动;(2)完善法律法规;(3)加入医疗保险;(4)加强老年心理学的教育;(5)加大资金投入。

选择题答案:

1.BCD 2.ABCD 3.A 4.A 5.ABCD 6.AC 7.AB 8.D 9.ABCD

附录二　参考文献

[1]陈蕃，李伟长.（2004）.临终关怀与安乐死曙光[M].北京：中国工人出版社.

[2]蔺晓贤.（2001）.21世纪中国临终关怀事业展望[J].浙江中医学院学报，25(6)：73－74.

[3]李义庭，李伟，刘芳.（2000）.临终关怀学[M].北京：中国科学技术出版社.

[4]林崇德.(2002).发展心理学[M].杭州：浙江教育出版社.

[5]彭聃龄.(2004).普通心理学[M].北京：北京师范大学出版社.

[6]王东海，夏德涛，张翠萍.（2009）.我国临终关怀事业的发展及相关问题探讨[J].中国西部科技，8(16)：76－77.

[7]王大华，佟雁，周丽清，申继亮.（2004）.亲子支持对老年人主观幸福感的影响机制[J].心理学报，36(1)：78－82.

[8]吴振云，孙长华，吴志平，许淑莲.（1992）.记忆训练对改善少年、青年和老年人认知功能的作用[J].心理学报，24(2)：190－197.

[9]肖健，沈德灿.（2009）.老年心理学[M].北京：中国社会出版社.

[10]许淑莲，申继亮.(2006).成人发展心理学[M].北京：人民教育出版社.

[11]杨晶，张金环，刘玉春，王宜芝.（1998）.医护人员对待死亡及临终关怀态度的调查.中华护理杂志，33(10)：605－607.

[12]叶奕乾，何存道，梁宁建.(2004).普通心理学.上海：华东师范大学出版社.

[13]乐国安，曹晓鸥.（2002）.K.W.Schaie的"西雅图纵向研究"——成年人认知发展研究的经典模式.南开学报：哲学社会科学版(4)：79－87.

[14]余悦，周绿林.（2006）.关于我国临终关怀发展策略的思考.医学与哲学，27(1)：65－66.

[15]［美］理查德·格里格，菲利普·津巴多著，王垒，王甦等译.(2003).心理学与生活.北京：人民邮电出版社.

[16]Berg, C. A., & Sternberg, R. J. (1992).Adults' conceptions of intelligence across the adult life span. *Psychology and Aging*, 7(2), 221.

[17]Berg, C. A., & Sternberg, R. J. (1985).A triarchic theory of intellectual development during adulthood.*Developmental Review*, 5(4), 334－370.

[18]Birren, J. E., & Schroots, J. J. (1996).History, concepts, and theory in the psychology of aging.*Handbook of the Psychology of aging*.

[19]Birren, J. E., & Schroots, J. J. (2001).The history of geropsychology. *Handbook of the psychology of aging*, 5, 29－52.

[20]Bosworth, H. B., Schaie, K. W., Willis, S. L., & Siegler, I. C. (1999). Age and distance to death in the Seattle Longitudinal Study. *Research on Aging*, 21(6), 723—738.

[21]Cavanaugh, J. C., & Murphy, N. Z. (1986). Personality and metamemory correlates of memory performance in younger and older adults. *Educational Gerontology*, 12, 387—396.

[22]Cavanaugh, J. C., & Green, E. E. (1990). I believe, therefore I can: Self-efficacy beliefs in memory aging. *Aging and cognition: Mental processes, self-awareness, and interventions* (pp. 189—230). Oxford, England: North—Holland.

[23] Cherry, K. E., &LeComte, D. C. (1999). Age and individual differences influence prospective memory. *Psychology and Aging*, 14, 60—76.

[24]Einstein, G. O., &McDaniel, M. A. (1990). Normal aging and prospective memory. *Journal of Experimental Psychology: Learning, Memory, and Cognition*, 16, 717—726.

[25]Einstein, G.O., McDaniel, M.A., Manzi, J., Cochran, B., &Baker, M.(2000). Prospective memory and aging: Forgetting intentions over short delays. *Psychology and Aging*, 15, 671—683

[26]Erber, J. T., Szuchman, L. T., & Rothberg, S. T. (1992). Dimensions of self-report about everyday memory in young and older adults. *The International Journal of Aging and Human Development*, 34(4), 311—323.

[27] Erber, J. T., &Danker, D. C. (1995). Forgetting in the workplace: Attributions and recommendations for young and older employees. *Psychology and Aging*, 10, 565—569.

[28] Erber, J. T. (2011). *Aging and older adulthood*. Boston: Cengage Learning.

[29]Fine, P. G., & Peterson, D. (2002). Caring about what dying patients care about caring. *Journal of pain and symptom management*, 23(4), 267—268.

[30]Kausler, D.H.(1994). *Learning and memory in normal aging*. San Diego: Academic Press.

[31]Kausler, D.H., Kausler, B.C., &Krupshaw, J.A.(2007). *The essential guide to aging in the twenty-first century*. Columbia: University of Missouri Press.

[32]Kirchhoff, K. T. (2002). Promoting a peaceful death in the ICU. *Critical care nursing clinics of North America*, 14(2), 201—206.

[33]Kwong See, S.T., Hoffman, H.G., &Wood, T.L.(2001). Perceptions of an old female eyewitness: Is the older eyewitness believable? *Psychology and Aging*,

16,346—350.

[34]Light, L.T.(1991). Memory and aging: Four hypotheses in search of data. *Annual Review of psychology*,42,333—376.

[35] Levy, B. (1996). Improving memory in old age through implicit self-stereotyping. *Journal of personality and social Psychology*,71,1092—1107.

[36]Lovelace,E.A.,&Twohig,P.T.(1990).Healthy older adults' perceptions of their memory functioning and use of mnemonics. *Bulletin of the Psychonomic Society*, 28,115—118.

[37]Mayr,U.,Kliegl,R., & Krampe, R. T. (1996). Sequential and coordinative processing dynamics in figural transformations across the life span. *Cognition*, 59 (1), 61—90.

[38]Meinz, E. J., & Salthouse, T. A. (1998). Is age kinder to females than to males?. *Psychonomic Bulletin & Review*, 5(1), 56—70.

[39] Riggs, K. M., Lachman, M. E., &Wingfield, A. (1997). Taking charge of remembering: Locus of control and older adults' memory for speech. *Experimental Aging Research*,23,237—256.

[40] Salthouse, T. A. (2000). Aging and measures of processing speed. *Biological Psychology*, 54(1—3),35—54.

[41]Santrock, J. W. (2009). *Life-span development*. Boston, MA: McGraw-Hill.

[42] Schroots, J. J. (1996). Theoretical developments in the psychology of aging. *The Gerontologist*, 36(6), 742—748.

[43]Schaie, K. W. (1996). *Intellectual development in adulthood: The Seattle longitudinal study*. Cambridge: Cambridge University Press.

[44]Sugar, J.A.(2007).Memory, Strategies. In J.E.Birren(Ed.), *Encyclopedia of gerontology: Age, aging, and the aged* (2nd ed., Vol.2, pp.145—151). Boston: Elsevier Academic Press.

[45]Verhaeghen,P., Geraerts, N., &Marcoen, A. (2000). Memory Complaints, Coping, and Well-Being in Old Age A Systemic Approach. *The Gerontologist*, 40(5), 540—548.

[46]West,R.L.,Welch, D.C.,& Thorn,R.M.(2001).Effects of goal-setting and feedback on memory performance and beliefs among older and younger adults. *Psychology and Aging*,16,240—250.

[47]You, K. S., & Lee, H. (2006). The physical, mental, and emotional health of older people who are living alone or with relatives. *Archives of psychiatric*

nursing, 20(4), 193—201.

[48]Zacks, RT, Hasher, L., & Li, KZH (2000). Human memory In FIM Craik & TA Salthouse(Eds.), *The handbook of aging and cognition* (2nd ed., pp. 293—357).Mahwah, NJ: Erlbaum.